数学
微分方程式・複素整数
分野別 標準問題精講

木村光一 著

Standard Exercises in Differential Equations and Gaussian Integers

旺文社

はじめに

この本は数学Ⅲの副読本として書かれています．

読者としては，数学Ⅲの教科書の学習が章末問題の演習を含めて一通り済んでいて，物理については必要事項を調べるのに教科書のどこを見ればよいかを知っている好奇心旺盛な高校生を想定しています．

受験問題の演習は，解ければそれなりに楽しいものですが，個々の知識の寄せ集めになりがちです．さんざん計算した挙句，たとえ正解が得られたとしても，その意味や活用方法が分からないのでは，

「いったい何のために」

と思うのは当然でしょう．本書では，これらの結果がどう応用され，どう役立つかを明らかにすることに徹底的にこだわりました．そして，その過程を通じて生きた数学の姿を提示することを目指しています．

この目的を達成するために全体を3部に分けました．各部の内容は完全に独立していますから，他の部を参照せずに必要な部，あるいは関心のある部だけを読むことができます．しかし，各部の内側では話が重層的につながっていますから，拾い読みするのは難しいはずです．出来れば通して読むことをお勧めします．それでも急ぐ読者のために索引を用意しました．これを活用すればピンポイントで読むことができるはずです．

第１部

現行の学習指導要領では微分積分に微分方程式が含まれていません．しかし，自然法則を表現し研究するためには微分方程式が必須です．歴史的にも微分方程式は常に微分積分の中心にあって発展の原動力になって来ました．そして，現代数学や物理学において，(偏) 微分方程式の果たす役割は決定的に重要です．著者の経験では，理学，工学を専攻する諸君は，大学合格後講義が開始されるまでに，本書程度の微分方程式に関して何らかの感触を得ておくことがぜひ必要だと思います．

微分方程式の応用として，教科書の参考，発展，コラムで紹介されている事柄に証明を付けました．例えば最速降下線に関する見事な結果と，教科書で学んだ基本との距離が分からなくては不満が残ります．著者は高校生時代にこれを証明しようとしましたが，とうとうできなかった記憶があります．このようなことをなくしたいというのが一つの動機になっています．

最終目標は，万有引力の法則からケプラーの法則を導くことに置きました．それは，その証明が複素数平面の自然で格好な応用を提供することと，結果自体が中世と近代の世界観の分水嶺をなしていることが理由です．

なお，一部の大学の医学部では微分方程式が出題されることがあります．本書はそれに対応できるように十分配慮されています．

第2部

第6章から第8章までの中心部分と，第9章の補充部分に分かれます．中心部分では，慶応大学で出題された問題を題材にして，

「奇素数がいつ2つの平方数の和になるか」

を議論します．入試問題を題材にしますが，受験数学とは直接関係がありません．ここでは，問題解決の方法として，

・技巧を駆使する方法，と
・概念を積み重ねて体系を構成し，いわば新しく教科書を書くことで問題を解く方法

を比較します．受験勉強ではどうしても前者の方法に偏りがちですが，それ以外の方法もあるのだということを示して，数学に対するイメージを一新するのが狙いです．

まず問題文をしっかり読んでください．本書の読者にはいないと思いますが，安易で勝手な思い込みのせいで身動きが出来なくなってしまう人をしばしば見かけます．そのうえで，精講や解説の部分も丁寧に読んで辛抱強く話をつないでいかなければなりません．また，慣れてしまえば簡単なことでも，新しい概念にはどうしても抵抗があるものです．それに耐えて歩みを進めると，問題38で素晴らしい展望が待ち受けています．

第9章では，入試問題に戻って中心部分で学んだ概念と方法を復習します．それによって理解が一層深まることを期待しています．

第3部

ここでは微分積分の中心概念の一つである近似について扱います．例えばウォリスの公式を紹介している参考書は多数ありますが，どうして人名を冠するほど

偉いのか説明したものはほとんど見かけません．そこで，この本では期待値の近似計算に応用してその真価を実感してもらえるように工夫しています．ウォリスの公式の発展形であるスターリングの公式についても，離散から連続への橋渡し役を演じてもらうことでその威力が分かるようにしました．なお，一部に統計の話が出てきますが，必要なことはその都度説明してありますから，予備知識は一切不要です．

数学では厳密さが常に問題になるのでここで触れておきます．まず，厳密さが決して数学のすべてではないことに注意します．実際，厳密さを欠いたまま研ぎ澄まされた直感によって豊かな成果を上げた例は数学史に少なくありません．例えば，紀元前3世紀頃のユークリッド原論，18世紀の解析学，20世紀初頭の代数幾何学，等々．20世紀を代表する数学者の一人アティヤはこのことを「厳密さは時間の関数である」と言いました．つまり，厳密さは数学の進歩に連れて高まるということです．すると当然，正しさの不変性を担保するものは何か？という疑問が起こります．難しい問題ですが，達成された成果全体が逆に正しさを支えている，と考えることが出来ます．

高校から大学初年級の段階にアティヤの主張をあてはめると「厳密さは学習到達度の関数である」ということになります．したがって，高校生には高校生に相応しい厳密さがあるはずです．それは一人ひとり違っているかもしれませんが，その輪郭は自然に決まってくるはずだと著者は考えます．まとめると

厳密さとは一般の高校生が納得のいく定義の整合性と推論の確かさである

ということになります．そして，これが本書の立場です．

なお，高校数学からの飛躍のうちにはどうしても説明のつかないものがあります．その場合は「…であることが知られている」と書いておきました．その個所はそのまま飲み込んでください．信じる者は救われるというではありませんか．

最後に，一言．出来上がった数学は，その高い完成度のために，自分にできることはもう何もないという印象を与えがちです．しかし，実際には，研究が進めば進むほど，分からないことも増えて行くものです．それら未解決問題は若い君たちの挑戦を待ち受けています！

木村光一

本書の使い方

基本的には興味のあるところを選んで自由に読んでください．ただし，本書は他の参考書とは性格が異なるので，若干アドバイスします．

第1部は，目新しさに気落ちしなければ，受験参考書と同じ読み方ができます．そのために例題はすべて無理のない小問に分割してあります．しかし，中には難しい問題も含まれるので，10分ほど考えても手掛かりがつかめないときは，解答を見ることを勧めます．細部にこだわらないで勢いよく読み進めてください．そうすることで，大学で学ぶ解析学の敷居はぐっと低くなるはずです．第1部は全員に読んでもらえることを期待しています．

第2部は，例題29と例題38を主題とする読み物です．もちろん，自信のある人は解いて行ってもかまいません．そのような使い方にも十分考慮しています．著者は，読者が少なくとも例題29を鑑賞してくださることを望んでいます．一流の数学者の手に成る数学に，できるだけ早い時期に触れることには大きな意味があります．さらに頑張って，例題38まで理解できれば，素晴らしい展望を堪能できます．

第1部が連続的数学，第2部が離散的数学を扱うのに対して，第3部は連続と離散の融合を意図しています．最後の例題54の解説を除けば第1部とほぼ同程度ですから，同じような読み方ができるはずです．

なお，本書では数学の流れを優先して，それに沿うように入試問題を改変しています．そのため，出典通りの問題はほとんどないことを予め断っておきます．

目次

第1部 微分方程式

第1章 準備

第2章 整級数展開とオイラーの公式

第3章 線形微分方程式

第4章 いろいろな微分方程式

第5章 物理への応用

第2部 複素整数

第6章 ザギエからの贈り物

第7章 別証明のための準備

著者紹介

木村 光一(きむら こういち)
1954年新潟県五泉市生まれ
新津高校から東京理科大学へと進み，東北大学大学院理学研究科博士課程(数学専攻)修了．博士(理学)．専門は多変数複素関数論.
芳しくない成績だった高校二年の時，数学だけでも何とかしようと，小さな問題集を解き始めて間もなく夢中になる．解けた瞬間の喜びが新鮮だったという．結局，数学を学びながら伝えることが生業となり，駿台予備学校の講師を長年務める．『全国大学入試問題正解数学』(旺文社)の解答者の一人でもある．問題を解くよりもむしろ作るほうを得意とし，模擬試験の出題経験は豊富．著書には，『数学Ⅲ標準問題精講』(旺文社)がある．趣味は山登りとスキー．

第 1 部

微分方程式

ほら、やっぱりきみは観察してはいないんだ。
だが見ることは見ている。
その違いが、まさにぼくの言いたいことなんだ。

Conan Doyle『シャーロック・ホームズの冒険』,
鮎川信夫訳

第1章 準 備

1 最小時間の原理

平面上に直線 l と l 上にない2定点A，Bがある．A，Bより l に下ろした垂線と l との交点をそれぞれH，Kとする．線分HK上の任意の点をXとする．

Aを出発してAX上を速さ v_1 で，XB上を速さ v_2 で動く点Pがある．ただし，線分AH，BK，HK，HXの長さをそれぞれ a，b，c，x とする．

(1) 動点Pが点Aを出発して点Bに達するまでの時間 T を求めよ．

(2) 点Xで l に立てた垂線と線分AX，BXとのなす角をそれぞれ α，β とするとき，点Aから点Bまで動点Pが最小時間で達するならば

$$\frac{\sin\alpha}{v_1}=\frac{\sin\beta}{v_2}$$

が成り立つことを証明せよ． (鳥取大)

精講 (1) 点A，Bが直線 l に関して同じ側にあるときと，反対側にあるときが考えられます．しかし，T はどちらも同じ式になります．

(2) $\dfrac{dT}{dx}=0$ を満たす x を求める必要はありません．$\dfrac{dT}{dx}$ を α，β を用いて表すと分かりやすくなります．

解 答

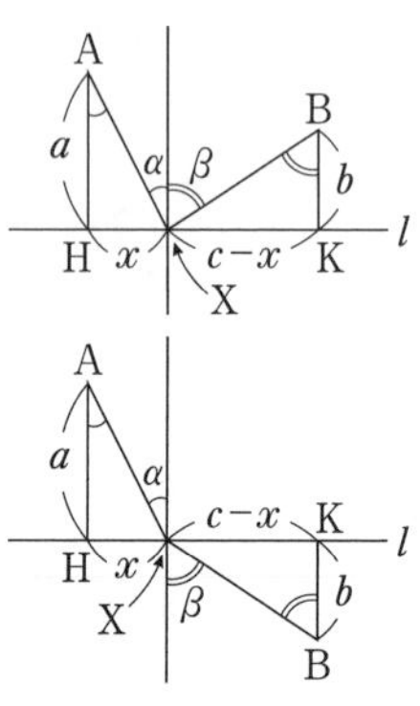

(1) 2点A，Bが直線 l に関して同じ側にあるとき，反対側にあるとき，いずれの場合も

$$\mathrm{AX}=\sqrt{a^2+x^2},\qquad \mathrm{BX}=\sqrt{b^2+(c-x)^2}$$

であるから

$$T=\boldsymbol{\frac{\sqrt{a^2+x^2}}{v_1}+\frac{\sqrt{b^2+(c-x)^2}}{v_2}}$$

(2) $T=f(x)$ とおくと，(1)より

$$f'(x)=\frac{1}{v_1}\cdot\frac{x}{\sqrt{a^2+x^2}}-\frac{1}{v_2}\cdot\frac{c-x}{\sqrt{b^2+(c-x)^2}}$$

$$=\frac{1}{v_1}\cdot\frac{\mathrm{HX}}{\mathrm{AX}}-\frac{1}{v_2}\cdot\frac{\mathrm{KX}}{\mathrm{BX}}$$

$$=\frac{\sin\alpha}{v_1}-\frac{\sin\beta}{v_2} \qquad \cdots\cdots①$$

x が 0 から c まで動くとき，α は増加し β は減少するから，$f'(x)$ は増加する．しかも

⬅ $0 \leqq \alpha,\ \beta \leqq \frac{\pi}{2}$

$$f'(0)=-\frac{c}{v_2\sqrt{b^2+c^2}}<0,\ f'(c)=\frac{c}{v_1\sqrt{a^2+c^2}}>0$$

であるから，$f'(x_0)=0$ $(0<x_0<c)$ を満たす x_0 が存在して，$f(x)$ は $x=x_0$ で最小となる．

x	0		x_0		c
$f'(x)$		$-$	0	$+$	
$f(x)$		↘		↗	

このとき，①より

$$\frac{\sin\alpha}{v_1}=\frac{\sin\beta}{v_2}$$

が成り立つ．

1° $f'(x)$ が増加関数であることを示すには，$f''(x)$ を計算する方法も考えられます．

$$f''(x)=\frac{1}{v_1}\cdot\frac{\sqrt{a^2+x^2}-x\dfrac{x}{\sqrt{a^2+x^2}}}{a^2+x^2}$$

$$-\frac{1}{v_2}\cdot\frac{-\sqrt{b^2+(c-x)^2}-(c-x)\dfrac{-(c-x)}{\sqrt{b^2+(c-x)^2}}}{b^2+(c-x)^2}$$

$$=\frac{a^2}{v_1(\sqrt{a^2+x^2})^3}+\frac{b^2}{v_2(\sqrt{b^2+(c-x)^2})^3}>0$$

したがって，$f'(x)$ は x の増加関数です．

2° 物体の運動が，可能な経路のうち

所要時間が最小の経路をとる

とき，この運動は**最小時間の原理に従う**といいます．光の進み方はこの原理に従うことが分かっています．

本問は，点Pの運動 $\mathrm{A}\xrightarrow{v_1}\mathrm{X}\xrightarrow{v_2}\mathrm{B}$ が最小時間の原理に従うならば

$$\boldsymbol{\frac{\sin\alpha}{v_1}=\frac{\sin\beta}{v_2}}$$ **(屈折の法則)**

が成り立つことを主張していることになります．

2　曲率円

座標平面上の曲線 $C: y=\sqrt{x}$ $(x \geqq 0)$ を考える．C上の異なる2点 $\mathrm{P}(p, \sqrt{p})$，$\mathrm{Q}(q, \sqrt{q})$ $(p>0, q>0)$ における，それぞれの法線 l_1，l_2 を考える．法線 l_1 と l_2 の交点をXとする．

(1)　点Xの座標を p と q で表せ．

(2)　q が p に限りなく近づくとき，線分XPの長さの極限値を p で表せ．

（九州大）

精講　やさしい問題です．本問では，XPの長さの極限値の図形的意味を考えましょう．Xが限りなく近づく点を中心としてXPの極限値を半径とする円を，点Pにおける曲線Cの曲率円といいます．曲率円は点Pで曲線Cと接する円のうち，Cと曲がり方の強度が等しい円です．

解　答

(1)　$y=\sqrt{x}$ より，$y'=\dfrac{1}{2\sqrt{x}}$ であるから，点P，Qにおける法線 l_1，l_2 の方程式はそれぞれ

⬅ l_1 の傾き m_1 は $\dfrac{1}{2\sqrt{p}}\cdot m_1=-1$ より $m_1=-2\sqrt{p}$

$$\begin{cases} y=-2\sqrt{p}(x-p)+\sqrt{p} \\ y=-2\sqrt{q}(x-q)+\sqrt{q} \end{cases}$$

$$\therefore \begin{cases} y=-2\sqrt{p}\,x+2p\sqrt{p}+\sqrt{p} & \cdots\cdots ① \\ y=-2\sqrt{q}\,x+2q\sqrt{q}+\sqrt{q} & \cdots\cdots ② \end{cases}$$

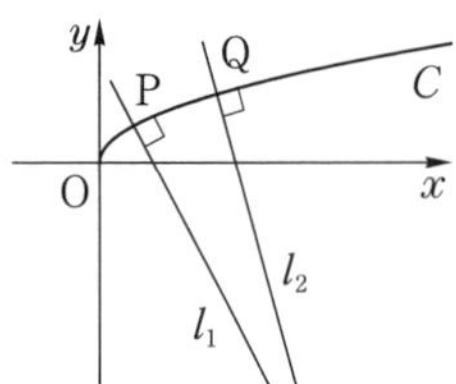

①−②より

$$2(\sqrt{p}-\sqrt{q})x=2(p\sqrt{p}-q\sqrt{q})+\sqrt{p}-\sqrt{q}$$
$$=2\{(\sqrt{p})^3-(\sqrt{q})^3\}+\sqrt{p}-\sqrt{q}$$

$p \neq q$ であるから

$$x=p+\sqrt{pq}+q+\frac{1}{2} \qquad \cdots\cdots ③$$

①，③より

$$y=-2\sqrt{p}(\sqrt{pq}+q)$$
$$=-2\sqrt{pq}(\sqrt{p}+\sqrt{q})$$

ゆえに

$$\mathbf{X}\left(\boldsymbol{p+q+\sqrt{pq}+\frac{1}{2},\ -2\sqrt{pq}(\sqrt{p}+\sqrt{q})}\right)$$

(2) X ⟶ R $(q \longrightarrow p)$ とすると，(1)より

$$\mathrm{R}\left(3p+\frac{1}{2},\ -4p\sqrt{p}\right)$$

よって

$$\mathrm{RP}^2=\left(2p+\frac{1}{2}\right)^2+p(4p+1)^2$$

$$=16\left(p+\frac{1}{4}\right)^3$$

⬅ $4\left(p+\frac{1}{4}\right)^2+16p\left(p+\frac{1}{4}\right)^2$

ゆえに，

$$\lim_{q\to p}\mathrm{XP}=\mathrm{RP}=\boldsymbol{4\left(p+\frac{1}{4}\right)^{\frac{3}{2}}}$$

1° **〈曲率円〉** 曲線 $C：y=f(x)$ 上の点 $\mathrm{P}(p,\ f(p))$ で C と接する円 K の方程式を

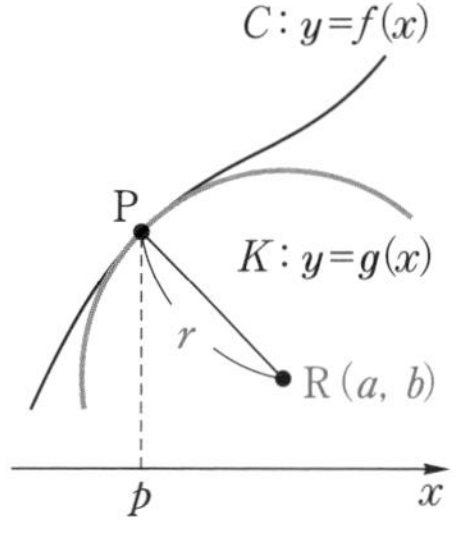

$$(x-a)^2+(y-b)^2=r^2$$

とします．点Pの近くでこれを y について解いたものを $y=g(x)$ とすると

$$(x-a)^2+(g(x)-b)^2=r^2 \quad \cdots\cdots ㋐$$

両辺を x で微分すると

$$x-a+(g(x)-b)g'(x)=0 \quad \cdots\cdots ㋑$$

もう一度 x で微分すると

$$1+(g'(x))^2+(g(x)-b)g''(x)=0 \quad \cdots\cdots ㋒$$

さて，曲線 C と円 K は点Pで接するから

$$\boldsymbol{f(p)=g(p),\ f'(p)=g'(p)} \quad \cdots\cdots ㋓$$

さらに，点Pで

$$\boldsymbol{f''(p)=g''(p)} \quad \cdots\cdots ㋔$$

が成り立つことを要請します．

㋐，㋑，㋒において $x=p$ とおき，㋓，㋔を用いて g を消去すると

$$\begin{cases}(p-a)^2+(f(p)-b)^2=r^2\\ p-a+(f(p)-b)f'(p)=0\\ 1+(f'(p))^2+(f(p)-b)f''(p)=0\end{cases}$$

これらを下から，b，a，r^2 の順に解くと

$$b=f(p)+\frac{1+(f'(p))^2}{f''(p)},\quad a=p-\frac{f'(p)\{1+(f'(p))^2\}}{f''(p)}$$

$$r^2=\frac{\{1+(f'(p))^2\}^3}{(f''(p))^2}$$

こうして定まる円 K を曲線 C の点Pにおける**接触円**といいます．p を x で置

き換えると

$$\mathbf{R}\left(x-\frac{f'(x)\{1+(f'(x))^2\}}{f''(x)},\ f(x)+\frac{1+(f'(x))^2}{f''(x)}\right)\quad\cdots\cdots ㋕$$

$$r=\frac{\{1+(f'(x))^2\}^{\frac{3}{2}}}{|f''(x)|}\quad\cdots\cdots ㋖$$

となります．本問の場合，$f(x)=x^{\frac{1}{2}}$ より

$$f'(x)=\frac{1}{2}x^{-\frac{1}{2}},\quad f''(x)=-\frac{1}{4}x^{-\frac{3}{2}}$$

これらを㋕，㋖に代入して x を p に戻すと，それぞれ本問の R，RP が得られます．つまり，本問は接触円を求める別法になっています．

2° 次に，**曲率**を定義して，接触円の図形的意味を明らかにしましょう．

点 P，Q における曲線 C の接線が x 軸方向となす角をそれぞれ θ，$\theta+\varDelta\theta$ とし，2 点がはさむ曲線 C の長さを $\varDelta s$ とするとき，点 P における曲率を

$$\lim_{\varDelta s\to 0}\left|\frac{\varDelta\theta}{\varDelta s}\right|=\left|\frac{d\theta}{ds}\right|$$

によって定義します．

単位長さ当たりの接線の方向角の変化率として定義する

$$\frac{d\theta}{ds}=\frac{d\theta}{dx}\cdot\frac{dx}{ds}=\frac{\frac{d\theta}{dx}}{\frac{ds}{dx}}\quad\cdots\cdots ㋗$$

において，$f'(x)=\tan\theta$ より

$$f''(x)=\frac{d}{d\theta}(\tan\theta)\frac{d\theta}{dx}=\frac{1}{\cos^2\theta}\cdot\frac{d\theta}{dx}=(1+\tan^2\theta)\frac{d\theta}{dx}$$

$$\therefore\quad \frac{d\theta}{dx}=\frac{f''(x)}{1+(f'(x))^2}\quad\cdots\cdots ㋘$$

一方，$s=\int_a^x\sqrt{1+(f'(t))^2}\,dt$ より

$$\frac{ds}{dx}=\sqrt{1+(f'(x))^2}\quad\cdots\cdots ㋙$$

㋘，㋙を㋗に代入すると

$$\left|\frac{d\theta}{ds}\right|=\frac{|f''(x)|}{\{1+(f'(x))^2\}^{\frac{3}{2}}}$$

一方，円Kについては，$s=r\theta$ の両辺を s で微分すると

$$1=r\frac{d\theta}{ds}$$

よって，曲率は一定であり，㋖より

$$\left|\frac{d\theta}{ds}\right|=\frac{1}{r}=\frac{|f''(x)|}{\{1+(f'(x))^2\}^{\frac{3}{2}}}$$

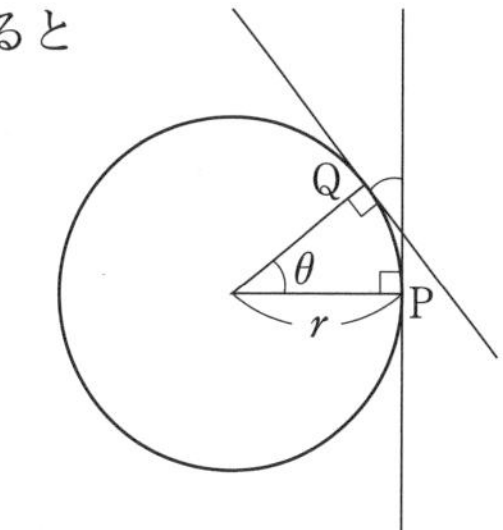

したがって，点Pにおける曲線Cと接触円Kの曲率は一致します．この意味で，Kを曲線Cの点Pにおける**曲率円**，rを**曲率半径**，Rを**曲率中心**といいます．

3° 〈パラメタ表示された曲線の曲率半径〉

曲線Cが

$$x=x(t),\ y=y(t)$$

とパラメタ表示されているとき，Cの曲率半径を求めておきましょう．

$$\frac{dy}{dx}=\frac{y'(t)}{x'(t)} \qquad \cdots\cdots ㋚$$

$$\frac{d^2y}{dx^2}=\frac{d}{dt}\left(\frac{dy}{dx}\right)\frac{dt}{dx}=\frac{d}{dt}\left\{\frac{y'(t)}{x'(t)}\right\}\cdot\frac{1}{\frac{dx}{dt}}$$

$$=\frac{y''(t)x'(t)-y'(t)x''(t)}{(x'(t))^2}\cdot\frac{1}{x'(t)}$$

$$=\frac{x'(t)y''(t)-x''(t)y'(t)}{(x'(t))^3} \qquad \cdots\cdots ㋛$$

㋚，㋛を㋖に代入して

$$r=\left\{1+\left(\frac{y'(t)}{x'(t)}\right)^2\right\}^{\frac{3}{2}}\cdot\frac{|x'(t)|^3}{|x'(t)y''(t)-x''(t)y'(t)|}$$

$$=\frac{\{(\boldsymbol{x'(t)})^2+(\boldsymbol{y'(t)})^2\}^{\frac{3}{2}}}{|\boldsymbol{x'(t)y''(t)-x''(t)y'(t)}|} \qquad \cdots\cdots ㋜$$

となります．

— 演習問題 —

(2) **2** において，曲線Cの方程式を一般化して $y=f(x)$ とする．さらに，見やすいように，$\mathrm{P}(p,\ f(p))$，$\mathrm{Q}(t,\ f(t))$ とする．

(1) tがpに限りなく近づくとき，点Xが限りなく近づく点を求めよ．

(2) tがpに限りなく近づくとき，線分PXの長さの極限値を求めよ．

コラム1．変化率

平面上を動く点Pの時刻 t における位置を $\vec{x}(t)$ で表すとき

$$\lim_{\Delta t\to 0}\frac{\vec{x}(t+\Delta t)-\vec{x}(t)}{\Delta t} \qquad \cdots\cdots ①$$

によって速度 $\vec{v}(t)$ が定義された．$\vec{v}(t)$ の偏角 θ を用いて

$$\vec{v}(t)=v(t)(\cos\theta,\ \sin\theta),\ v(t)=|\vec{v}(t)|$$

と表すと，単位ベクトル $(\cos\theta,\ \sin\theta)$ の各成分は無名数だから，$\vec{v}(t)$ の単位は $v(t)$ の単位と同じで，MKS 単位系では m/s である．

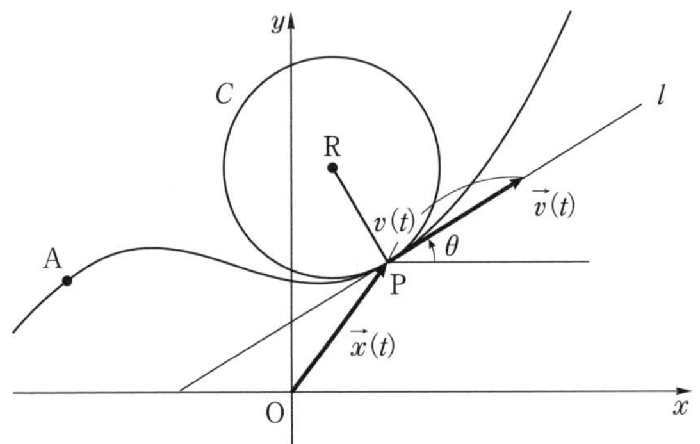

物理の教科書には，一様な直線運動を考えて

(i) 単位時間当たりの位置の変化を速度という

(ii) 1 m/s は，1 秒間に位置が 1 m の割合で変化することである

と書いてあるが，このまま実際の運動に当てはめるわけにはいかない．スピード・メーターの針は時々刻々と変化するからである．しかし，

「仮に瞬間速度①を維持したまま接線 l 上を動くとするとき」 $\cdots\cdots$ ②

という虚構を考えると，これらは了解できるようになる．加速度の場合も $\vec{v}(t)$ を位置ベクトルとする架空の点Qの運動を考えれば同じことである．

点AからPまでの軌跡の長さを s とするとき，Pにおける曲率を

$$\left|\frac{d\theta}{ds}\right| \qquad \cdots\cdots ③$$

で定義して，**2**，**解説 2°** ではこれを「**単位長さ当たりの偏角の変化**（**の絶対値**）」と呼んだ．これを理解するためにも②を変更した

「仮に瞬間の曲がり方③を維持したまま曲率円 C 上を動くとするとき」

というフィクションを考えなければならない.

あるいは, s の関数 $\theta=f(s)$ のグラフを $s\theta$ 平面上に描けば, ここでも接線の考え方を使うことができる.

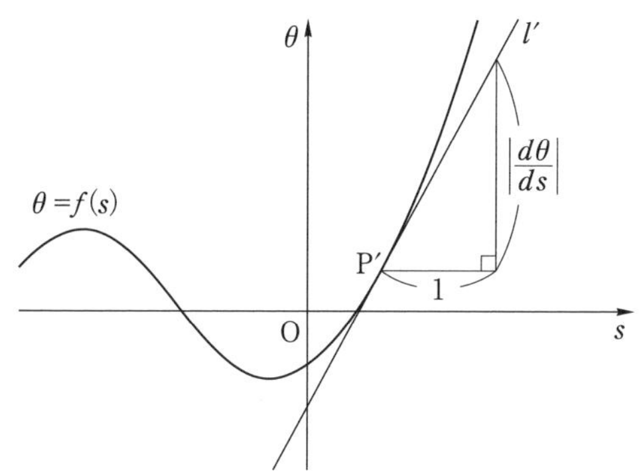

図において, P′ はPに対応する $\theta=f(s)$ 上の点, l' はP′ における接線である.

話は変わって, 曲率の定義に戻る. θ は時刻 t の関数とみることもできるから

$$\left|\frac{d\theta}{dt}\right| \qquad \cdots\cdots ④$$

と定義してはどうだろう. 数学として矛盾が生じるわけではないが, 有意義な議論は期待できない. 何故なら, 自動車でカーブを通るとき, 車のスピードが速いほどカーブの曲がり方は急に感じられる. すなわち, **④は曲線固有の量ではない**からである.

だとすれば, **Pの速さを一定にすればよい**. 一番簡単なのは

$$\frac{ds}{dt}=1$$

にすることだ. このとき

$$\frac{d\theta}{dt}=\frac{d\theta}{ds}\cdot\frac{ds}{dt}=\frac{d\theta}{ds}$$

$$\therefore \quad \left|\frac{d\theta}{dt}\right|=\left|\frac{d\theta}{ds}\right|$$

となって, 本文の定義と一致する.

なお, 多くの本では絶対値記号を付けないで

$$\frac{d\theta}{ds}$$

を定義としているから注意が必要である.

3 逆三角関数の導関数

(1) $y=\sin x\ \left(-\dfrac{\pi}{2}\leqq x\leqq\dfrac{\pi}{2}\right)$ の逆関数を $y=\arcsin x$ で表す.

$y=\arcsin x$ の導関数を求めよ.

(2) $y=\tan x\ \left(-\dfrac{\pi}{2}< x<\dfrac{\pi}{2}\right)$ の逆関数を $y=\arctan x$ で表す.

$y=\arctan x$ の導関数を求めよ.

精講 $y=f(x)$ の逆関数 $y=f^{-1}(x)$ の導関数については

$$y=f^{-1}(x) \iff x=f(y)$$

から, 逆関数の微分法より

$$\frac{dy}{dx}=\frac{1}{\dfrac{dx}{dy}}=\frac{1}{f'(y)}$$

となるのが基本です.

解 答

(1) $y=\arcsin x$ より, $x=\sin y\ \left(-\dfrac{\pi}{2}\leqq y\leqq\dfrac{\pi}{2}\right)$

したがって, $\cos y\geqq 0$ に注意すると

$$\frac{dy}{dx}=\frac{1}{\dfrac{dx}{dy}}=\frac{1}{\cos y}=\frac{1}{\sqrt{1-\sin^2 y}}$$

$$=\frac{1}{\sqrt{1-x^2}}$$

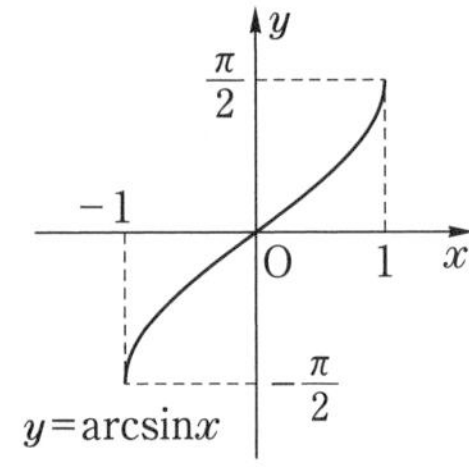

⬅ $x=\pm1$ のときは気にしなくてもよい

(2) $y=\arctan x$ より, $x=\tan y\ \left(-\dfrac{\pi}{2}< y<\dfrac{\pi}{2}\right)$

したがって

$$\frac{dy}{dx}=\frac{1}{\dfrac{dx}{dy}}=\frac{1}{\dfrac{1}{\cos^2 y}}=\cos^2 y=\frac{1}{1+\tan^2 y}$$

$$=\frac{1}{1+x^2}$$

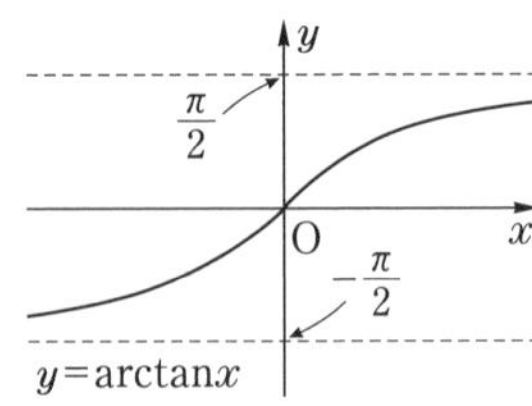

解説 1° **〈arc の意味〉** 等式 $y=\arcsin x$ は，単位円の長さ y の弧 (が表す角) に対するサインの値が x であることを意味しています．つまり，元々 **arc** は字義通りの使われ方をしていたのですが，次第に数学用語として形容詞の **inverse** と同じ意味をもつようになりました．おおげさに見えるこの記号を使う理由は

$$\sin^{-1}x=(\sin x)^{-1}$$

と混同しないようにするためです．

2° **〈積分公式〉** 本問の結果を書き直すと，次の公式が得られます．

$$\int\frac{1}{\sqrt{1-x^2}}dx=\arcsin x+C \qquad \cdots\cdots ㋐$$

$$\int\frac{1}{1+x^2}dx=\arctan x+C \qquad \cdots\cdots ㋑$$

3° **〈分数関数の積分〉** 実数係数の分数関数 $Q(x)$ の不定積分は

分数関数，$\log x$，$\arctan x$
と，それらの合成関数で表される． ……㋒

この事実の証明の大筋を見ることにします．まず，割り算によって，$Q(x)$ の分子は分母より低次にすることができます．このとき，$Q(x)$ の分母が

$$(x+a)^m,\ (x^2+2bx+c)^n \quad (b^2-c<0)$$

という形のいくつかの因子の積になるのに応じて，部分分数

$$\frac{p_1}{x+a},\ \frac{p_2}{(x+a)^2},\ \cdots\cdots,\ \frac{p_m}{(x+a)^m}$$

$$\frac{q_1x+r_1}{(x+b)^2+e^2},\ \frac{q_2x+r_2}{\{(x+b)^2+e^2\}^2},\ \cdots\cdots,\ \frac{q_nx+r_n}{\{(x+b)^2+e^2\}^n} \quad (e=\sqrt{c-b^2})$$

が現れて，$Q(x)$ はこれらの和として表せることが知られています．

〈例〉 分数関数 $Q(x)=\dfrac{\text{高々 4 次の } x \text{ の整式}}{(x-2)^3(x^2+x+1)^2}$ について

$$Q(x)=\frac{p_1}{x-2}+\frac{p_2}{(x-2)^2}+\frac{p_3}{(x-2)^3}+\frac{q_1x+r_1}{x^2+x+1}+\frac{q_2x+r_2}{(x^2+x+1)^2}$$

が成り立つように，係数 p_i，q_j，r_j を定めることができる．

そこで，これらを積分します (積分定数省略)．

$$\int\frac{1}{(x+a)^m}dx=\begin{cases}\log|x+a| & (m=1)\\ -\dfrac{1}{m-1}\cdot\dfrac{1}{(x+a)^{m-1}} & (m>1)\end{cases} \qquad \cdots\cdots ㋓$$

次に，$I=\int\frac{qx+r}{\{(x+a)^2+e^2\}^n}dx$ については，$x+a=et$ とおくと

$$I=\int\frac{q(et-a)+r}{e^{2n}(t^2+1)^n}\cdot e\,dt$$

$$=\frac{q}{e^{2(n-1)}}\int\frac{t}{(t^2+1)^n}dt+\frac{-aq+r}{e^{2n-1}}\int\frac{1}{(t^2+1)^n}dt$$

ここで，

$$\boldsymbol{\int\frac{t}{(t^2+1)^n}dt=\begin{cases}\frac{1}{2}\log(t^2+1) & (n=1)\\ -\frac{1}{2(n-1)(t^2+1)^{n-1}} & (n>1)\end{cases}} \quad \cdots\cdots ㋔$$

一方，$J_n=\int\frac{1}{(t^2+1)^n}dt$ とおくと，$n>1$ のとき

$$J_{n-1}=\int(t)'\frac{1}{(t^2+1)^{n-1}}dt$$

$$=t\frac{1}{(t^2+1)^{n-1}}-\int t(-n+1)\frac{2t}{(t^2+1)^n}dt$$

$$=\frac{t}{(t^2+1)^{n-1}}+2(n-1)\int\frac{(t^2+1)-1}{(t^2+1)^n}dt$$

$$=\frac{t}{(t^2+1)^{n-1}}+2(n-1)(J_{n-1}-J_n)$$

J_n について解くと

$$J_n=\frac{1}{2(n-1)}\cdot\frac{t}{(t^2+1)^{n-1}}+\frac{2n-3}{2(n-1)}J_{n-1}$$

この漸化式を繰り返し用いると，J_n を求めることは公式㋑

$$\boldsymbol{J_1=\int\frac{1}{t^2+1}dt=\mathrm{arctan}\,t} \quad \cdots\cdots ㋕$$

に帰着します．

㋓，㋔，㋕より，㋒の主張が成り立ちます．これを一言で

分数関数は積分できる

ということがあります．

— 演習問題

3　$y=\cos x$ $(0\leqq x\leqq\pi)$ の逆関数を $y=\mathrm{arccos}\,x$ で表す．

$y=\mathrm{arccos}\,x$ の導関数を求めよ．

4 $\sqrt{2\text{次式}}$ と $\dfrac{1}{\sqrt{2\text{次式}}}$ の積分

不定積分

$$I=\int\frac{1}{\sqrt{x^2+1}}dx$$

を，$t=\sqrt{x^2+1}+x$ と置換することにより求めよ．　（小樽商科大）

精講　指示に従うならば，$t=\sqrt{x^2+1}+x$ を x について解くことになります．$(t-x)^2=x^2+1$（x の1次方程式）としてもいいのですが，$\dfrac{1}{t}$ を考えるのが要領のいい方法です．なお，この置換を**どうやって見付けたか，そして，どうしてうまくいくのか**については，**解説**で説明します．

解答

$$t=\sqrt{x^2+1}+x \quad \cdots\cdots ①$$

両辺の逆数を考えると

$$\frac{1}{t}=\frac{1}{\sqrt{x^2+1}+x}$$

⬅ 分母を有理化する

$$=\frac{\sqrt{x^2+1}-x}{(\sqrt{x^2+1}+x)(\sqrt{x^2+1}-x)}$$

⬅ 分母$=(x^2+1)-x^2=1$

$$=\sqrt{x^2+1}-x \quad \cdots\cdots ②$$

①，②を x，$\sqrt{x^2+1}$ について解くと

$$\begin{cases} x=\dfrac{1}{2}\left(t-\dfrac{1}{t}\right) & \cdots\cdots ③ \\ \sqrt{x^2+1}=\dfrac{1}{2}\left(t+\dfrac{1}{t}\right)=\dfrac{t^2+1}{2t} & \cdots\cdots ④ \end{cases}$$

⬅ x と $\sqrt{x^2+1}$ はともに t の分数関数であるから I は t の分数関数の積分に直る．したがって，前問，**解説 2°** より積分できる

ゆえに

$$I=\int\frac{1}{\sqrt{x^2+1}}\cdot\frac{dx}{dt}dt$$

$$=\int\frac{2t}{t^2+1}\cdot\frac{1}{2}\left(1+\frac{1}{t^2}\right)dt$$

$$=\int\frac{1}{t}dt$$

$$=\log|t|+C$$

$$=\boldsymbol{\log(\sqrt{x^2+1}+x)+C}$$

解説 1° 実数を係数にもつ高々 2 次の整式 $p(x)$ に対して $y=\sqrt{p(x)}$ とおくとき

$$\int y\,dx,\ \int\frac{1}{y}\,dx$$

を求めたいとします．前問の**解説 2°** によれば，適当にパラメタを選んで

x と y をパラメタの分数関数として表す ……㋐

ことができれば，2 つの積分は計算することができます．

一方，$p(x)=ax^2+bx+c$ とおくと

$$y=\sqrt{p(x)} \iff \begin{cases} y^2=ax^2+bx+c \\ y\geqq 0 \end{cases} \quad \cdots\cdots ㋑$$

⬅ $a>0$ のとき，双曲線 / $a=0$ のとき，放物線 / $a<0$ のとき，楕円

であることより，$y=\sqrt{p(x)}$ は**2 次曲線の一部**です．

この事実を使うと，㋐のようにできることが容易に分かります．

本問の I を例にとって説明しましょう．

$$C: y=\sqrt{x^2+1} \quad \cdots\cdots ㋒$$

とおくと，これは双曲線の上の枝

$$\begin{cases} y^2-x^2=1 \\ y\geqq 0 \end{cases} \quad \cdots\cdots ㋓$$

を表します．

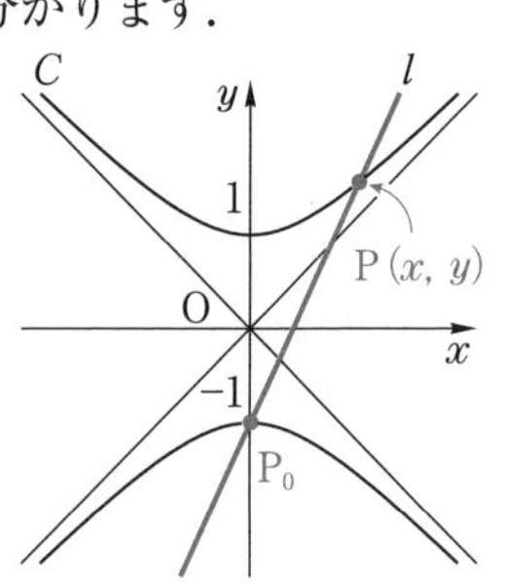

まず，㋓上の 1 点 $P_0(0,\ -1)$ をとり，P_0 を通る直線

$$l: x=m(y+1) \quad \cdots\cdots ㋔$$

と C との交点を $P(x,\ y)$ とします．すると，期待通り x と y は **m の分数関数**となります．

⬅ ただし，$|m|<1$．$|m|>1$ のときは下の枝を表す

実際，㋓，㋔より

$$y^2-m^2(y+1)^2=1$$

$$\therefore\quad (1-m^2)y^2-2m^2y-(m^2+1)=0$$

この方程式は，P_0 と P の y 座標 -1 と y を解にもつから，解と係数の関係より

⬅ -1 が必ず解になることがポイント．したがって，実質 1 次方程式を解けばよく，y は m の分数関数となる

$$-1+y=\frac{2m^2}{1-m^2}$$

$$\therefore\quad y=\frac{1+m^2}{1-m^2} \quad \cdots\cdots ㋕$$

㋔に代入すると

$$x=\frac{2m}{1-m^2} \quad \cdots\cdots ㋖$$

㋕，㋖より，㋐が成り立つことが確かめられました．なお，P_0 は㋓上のどこにとってもかまいませんが，とり方によって積分の計算量が異なることに注意

が必要です．

以上の説明が一般の㋑の場合にも通用することは明らかでしょう．

2°　**〈本問の点 P_0 はどこか〉**　本問の場合，㋒より，l に相当する直線の方程式は

$$t=\sqrt{x^2+1}+x=y+x$$

$$\therefore \quad y=-x+t \quad \cdots\cdots ㋗$$

← ただし，$t>0$．$t<0$ のときは下の枝を表す

しかし，P_0 に相当する点が見当たりません．どう考えればよいのでしょう．

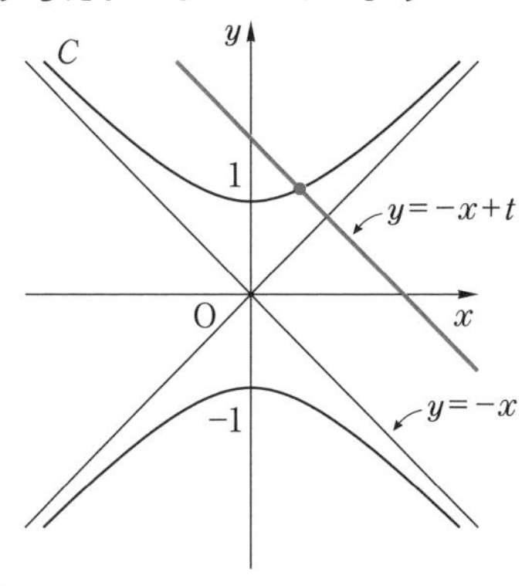

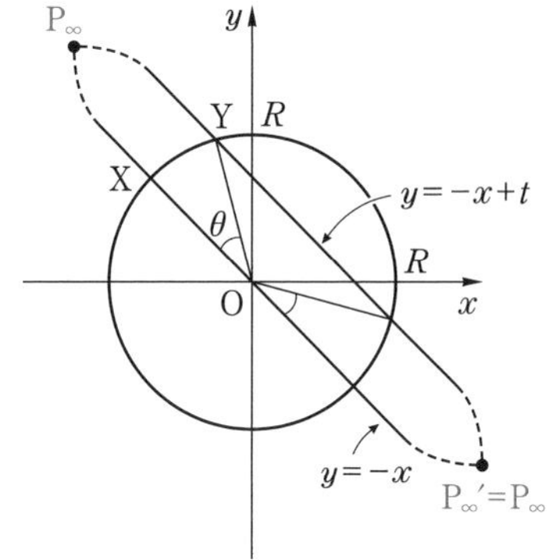

平行2直線 $y=-x$，$y=-x+t$ と円 $x^2+y^2=R^2$ の交点をそれぞれ X，Y とし，$\angle XOY=\theta$ とします．すると，t を固定するとき，$\theta \longrightarrow 0\ (R \longrightarrow \infty)$ となります．したがって，原点Oから見るとき，平行2直線は無限に遠方の点 P_∞ で交わると考えられます．ただし，図で $P_\infty'=P_\infty$ としたことには説明が必要です．P_∞ と P_∞' を区別することは，直線に向きを付けることと同じです．その向きは，次の自然な2条件を満たさなければなりません．

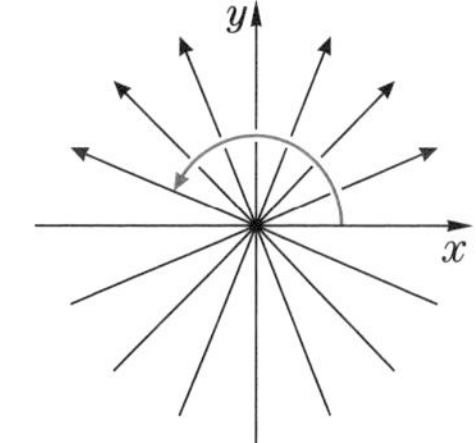

(i)　平行な直線はすべて同じ向きである

(ii)　向きは回転に関して連続的に変化する

(i)より，原点を通る直線だけに，条件(ii)を満たすように向きを付ければよいことになります．ところが，通常の向きをもつ x 軸を回転してゆくと，π だけ回転した時点で元の向きと逆になり破綻します．

したがって，すべての直線に条件(i)，(ii)を満たすような向きを付けることはできません．つまり

$$\mathbf{P_\infty'=P_\infty}$$

とする他ないことになります．

直線 $y=mx\ (-\infty<m\leqq+\infty)$ に対応する**無限遠点**を $P_\infty(m)$ で表し，xy 平面にこれらを

← $y=+\infty\cdot x$ は，y 軸を表すものとする

付け加えて拡張した平面を**射影平面**といいます．無限遠点 $P_\infty(m)$ とそれを定める直線の傾き m は，1対1かつ連続的に対応します．したがって，無限遠点の全体 l_∞ は m 軸（に $+\infty$ を付け加えたもの）と同一視できるので，l_∞ を**無限遠直線**といいます．

$$\begin{array}{ccc} l_\infty & \xrightarrow{1\text{対}1} & \boldsymbol{R}\cup\{+\infty\} \\ \Cup & & \Cup \\ P_\infty(m) & \longrightarrow & m \end{array}$$

以後，簡略化して

$$P_\infty(-1)=A_\infty,\qquad P_\infty(1)=B_\infty$$

とおきます．射影平面で考えると，双曲線の枝 C は直線 $y=-x$ と漸近するので，無限遠点 A_∞ を通ります．もちろん，直線 $y=-x+t$ も t の値にかかわらず同じ点を通るので，**解説 1°** の点 P_0 に相当する点は A_∞ だったことになります．

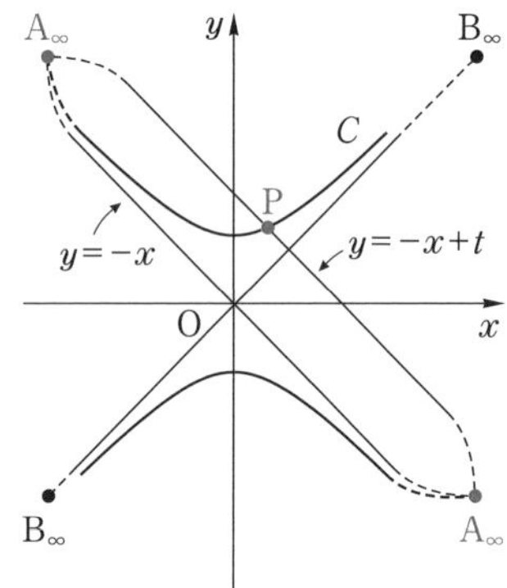

因みに，射影平面上では，双曲線は無限遠直線 l_∞ と2点 A_∞，B_∞ で交わるねじれた円とみなせることが分かります．このねじれは射影平面それ自身のねじれが原因ですから解消できません．鋭い諸君はすでに気付いているように放物線は l_∞ と $P_\infty(+\infty)$ で接する円と見なせるので，射影平面で見ると，**2次曲線は円しかないことになります．**

⬅ 連続的な変形で移り合う曲線は同一視する

3° 実は，③，④を求めるためには，双曲線全体の方程式 ㊁：$y^2-x^2=1$，すなわち，

$$(y+x)(y-x)=1$$

を利用するのが得策です．

$$㋗：y+x=t$$

より，$y-x=\dfrac{1}{t}$ となるので，

$$③：x=\frac{1}{2}\left(t-\frac{1}{t}\right),\quad ④：y=\frac{1}{2}\left(t+\frac{1}{t}\right)$$

が直ちに得られます．

演習問題

4 (1) **解説**の㋕，㋖を用いて，$I=\displaystyle\int\frac{1}{\sqrt{x^2+1}}dx$ を求めよ．

(2) **解答**の③，④を用いて，$J=\displaystyle\int\sqrt{x^2+1}\,dx$ を求めよ．

5 双曲線関数とカテナリー

$f(x)=\dfrac{e^x+e^{-x}}{2}$ とする．曲線 $C：y=f(x)$ 上の点 $\mathrm{A}(0,\ f(0))$ と点 $\mathrm{P}(t,\ f(t))$ $(t>0)$ の間の曲線の長さを L とする．また，点Pにおける曲線 C の接線 l 上に点 $\mathrm{Q}(X,\ Y)$ $(X<t)$ を $\overline{\mathrm{PQ}}=L$ となるようにとる．このとき，以下の問いに答えよ．

(1) $f(x)$ は次の関係式を満たすことを示せ．

　(i) $\{f(x)\}^2-\{f'(x)\}^2=1$

　(ii) $f''(x)=f(x)$

(2) L は $f'(t)$ に等しいことを示せ．

(3) $X,\ Y$ を $t,\ f(t),\ f'(t)$ を用いて表せ．

(4) 点Pを動かしたときに点Qの描く曲線を C' とする．曲線 C の上の点Pにおける接線と曲線 C' 上の点Qにおける接線は直交することを示せ．

（名古屋市立大）

精講　(2)以下では，(1)の結果を活用すると計算量を軽減することができます．さらに，(3)ではベクトルを利用しましょう．$\overrightarrow{\mathrm{PQ}}$ と同じ向きのベクトル $-(1,\ f'(t))$ を単位ベクトルに直して使います．

解　答

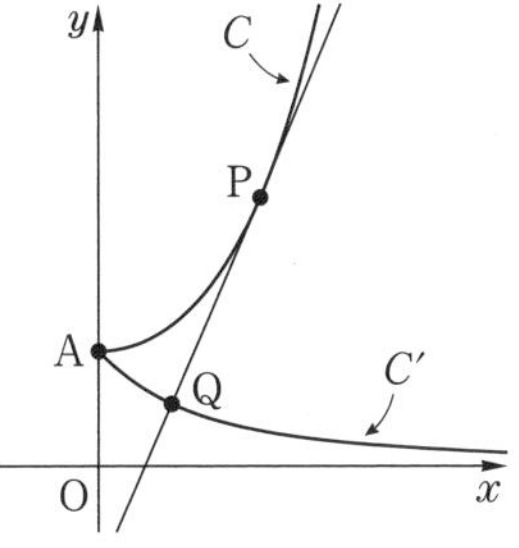

(1) [(i)の証明]

$$\{f(x)\}^2-\{f'(x)\}^2$$
$$=\left(\frac{e^x+e^{-x}}{2}\right)^2-\left(\frac{e^x-e^{-x}}{2}\right)^2$$
$$=\frac{2-(-2)}{4}=1$$

[(ii)の証明]

$$f''(x)=\frac{d}{dx}\left(\frac{e^x-e^{-x}}{2}\right)=\frac{e^x+e^{-x}}{2}=f(x)$$

(2) $L=\displaystyle\int_0^t\sqrt{1+\{f'(x)\}^2}\,dx=\int_0^t\sqrt{\{f(x)\}^2}\,dx$　⬅(i)

$=\displaystyle\int_0^t f(x)\,dx=\Big[f'(x)\Big]_0^t$　⬅(ii)

$=f'(t)$　⬅ $f'(x)=\dfrac{e^x-e^{-x}}{2}$ より $f'(0)=0$

(3) $\overrightarrow{\mathrm{PQ}}$ と同じ向きの単位ベクトルは

$$-\frac{1}{\sqrt{1+\{f'(t)\}^2}}\begin{pmatrix}1\\f'(t)\end{pmatrix}=-\frac{1}{f(t)}\begin{pmatrix}1\\f'(t)\end{pmatrix}$$

⬅ (i)

よって,

$$\begin{pmatrix}X\\Y\end{pmatrix}=\overrightarrow{\mathrm{OP}}+\overrightarrow{\mathrm{PQ}}$$

$$=\begin{pmatrix}t\\f(t)\end{pmatrix}-\frac{L}{f(t)}\begin{pmatrix}1\\f'(t)\end{pmatrix}$$

$$=\begin{pmatrix}t\\f(t)\end{pmatrix}-\frac{f'(t)}{f(t)}\begin{pmatrix}1\\f'(t)\end{pmatrix}$$

⬅ $\overrightarrow{\mathrm{PQ}}=|\overrightarrow{\mathrm{PQ}}|\dfrac{\overrightarrow{\mathrm{PQ}}}{|\overrightarrow{\mathrm{PQ}}|}=L\dfrac{\overrightarrow{\mathrm{PQ}}}{|\overrightarrow{\mathrm{PQ}}|}$

ゆえに

$$\begin{cases}X=\boldsymbol{t-\dfrac{f'(t)}{f(t)}}\\ Y=f(t)-\dfrac{\{f'(t)\}^2}{f(t)}\\ \quad=\dfrac{\{f(t)\}^2-\{f'(t)\}^2}{f(t)}=\boldsymbol{\dfrac{1}{f(t)}}\end{cases}$$

⬅ (i)

(4) 曲線 C の P における接線を l, 曲線 C' の Q における接線を m とする.

$$(l\text{ の傾き})=f'(t) \quad \cdots\cdots①$$

一方,

$$\frac{dX}{dt}=1-\frac{f''(t)f(t)-\{f'(t)\}^2}{\{f(t)\}^2}=\frac{\{f'(t)\}^2}{\{f(t)\}^2}$$

⬅ (ii)

$$\frac{dY}{dt}=-\frac{f'(t)}{\{f(t)\}^2}$$

であるから

$$(m\text{ の傾き})=\frac{dY}{dt}\Big/\frac{dX}{dt}=-\frac{1}{f'(t)} \quad \cdots\cdots②$$

⬅ $\dfrac{dY}{dX}=\dfrac{\frac{dY}{dt}}{\frac{dX}{dt}}$

①, ②より

$$(l\text{ の傾き})\times(m\text{ の傾き})=-1$$

ゆえに, l と m は直交する.

解説 1° 〈双曲線関数〉 (i)より, 2つの関数 $\dfrac{e^x+e^{-x}}{2}$ と $\dfrac{e^x-e^{-x}}{2}$ が双曲線 $X^2-Y^2=1$ をパラメトライズすることに因んで

$$\cosh x=\frac{e^x+e^{-x}}{2},\quad \sinh x=\frac{e^x-e^{-x}}{2},\quad \tanh x=\frac{\sinh x}{\cosh x}$$

と定め, 順に**双曲コサイン**, **双曲サイン**, **双曲タンジェント**といい, これらを

合わせて**双曲線関数**といいます．h は hyperbolic（双曲線の）の頭文字です．

グラフの概形は次図のようになるので覚えておきましょう．とくに，$y=\cosh x$ のグラフを**カテナリー**といいます．

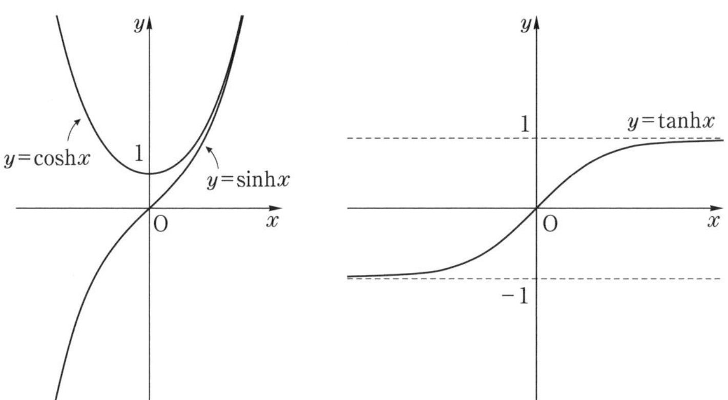

2°　$y=\sinh x$ の逆関数を $y=\mathrm{arcsinh}\,x$ で表します（**3**，**解説 1°**）．$\mathrm{arcsinh}\,x$ は x の具体的な式で表すことができます．

$$y=\mathrm{arcsinh}\,x \iff x=\sinh y=\frac{e^y-e^{-y}}{2} \quad \cdots\cdots ㋐$$

に注意すると，(i)より

$$\frac{e^y+e^{-y}}{2}=\sqrt{x^2+1} \quad \cdots\cdots ㋑$$

㋐＋㋑より，$e^y=x+\sqrt{x^2+1}$ となるので

$$\boldsymbol{y=\mathrm{arcsinh}\,x=\log(x+\sqrt{x^2+1})}$$

したがって，**4** の結果は

$$\boldsymbol{\int\frac{1}{\sqrt{x^2+1}}dx=\mathrm{arcsinh}\,x+C} \quad \cdots\cdots ㋒$$

と表すことができます．

演習問題

5　**4** の不定積分 $I=\displaystyle\int\frac{1}{\sqrt{x^2+1}}dx$ を，$x=\dfrac{e^t-e^{-t}}{2}$ とおいて求めよ．

6 サイクロイド

座標平面上で

$$\begin{cases} x=\theta-\sin\theta \\ y=1-\cos\theta \end{cases} \quad (0<\theta<2\pi)$$

によって定まる曲線をCとする．$\theta=\alpha$，β $(0<\alpha<\beta<2\pi)$ に対応する曲線C上の点をそれぞれ P，Q とすると，点 P，Q における曲線Cの接線は直交するという．

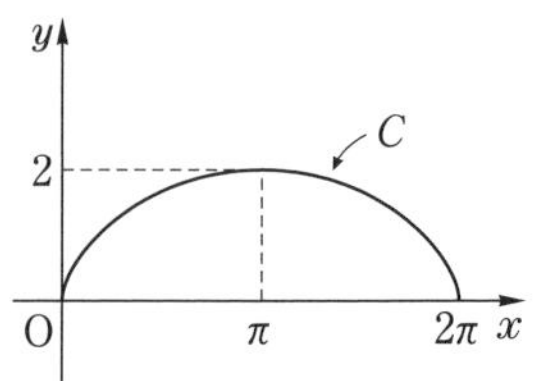

(1) βをαを用いて表せ．

(2) 点 P，Q のx座標をそれぞれa，bとする．曲線Cとx軸，および2直線 $x=a$，$x=b$ で囲まれた部分の面積Sの最大値を求めよ． （九州工大・改）

精講

(1) 前問 **5** の(4)と同様に扱えます．

(2) θの積分に置換すると，Sをαの式で表すことができます．

解 答

(1)

$$\frac{dy}{dx}=\frac{\frac{dy}{d\theta}}{\frac{dx}{d\theta}}=\frac{\cos\frac{\theta}{2}}{\sin\frac{\theta}{2}}$$

⬅ $\begin{cases} \frac{dx}{d\theta}=1-\cos\theta \\ \quad =2\sin^2\frac{\theta}{2} \\ \frac{dy}{d\theta}=\sin\theta \\ \quad =2\sin\frac{\theta}{2}\cos\frac{\theta}{2} \end{cases}$

よって，P $(\theta=\alpha)$ と Q $(\theta=\beta)$ における曲線Cの接線が直交することより

$$\frac{\cos\frac{\alpha}{2}}{\sin\frac{\alpha}{2}}\cdot\frac{\cos\frac{\beta}{2}}{\sin\frac{\beta}{2}}=-1$$

⬅ $\cos\frac{\beta}{2}\cdot\cos\frac{\alpha}{2}+\sin\frac{\beta}{2}\cdot\sin\frac{\alpha}{2}=0$

$$\therefore\quad \cos\frac{\beta-\alpha}{2}=0$$

$0<\alpha<\beta<2\pi$ ……① より，$0<\dfrac{\beta-\alpha}{2}<\pi$ ゆえ

$$\frac{\beta-\alpha}{2}=\frac{\pi}{2}$$

$$\therefore\quad \boldsymbol{\beta=\alpha+\pi} \quad \cdots\cdots ②$$

(2) ①，②より，$0<\alpha$，$\alpha+\pi<2\pi$ であるから

$0<\alpha<\pi$ ……③

②より

$$S=\int_a^b y\,dx=\int_\alpha^{\alpha+\pi} y\frac{dx}{d\theta}d\theta$$
$$=\int_\alpha^{\alpha+\pi}(1-\cos\theta)^2 d\theta$$
$$=\int_\alpha^{\alpha+\pi}\left(\frac{3}{2}-2\cos\theta+\frac{\cos 2\theta}{2}\right)d\theta$$
$$=\left[\frac{3\theta}{2}-2\sin\theta+\frac{\sin 2\theta}{4}\right]_\alpha^{\alpha+\pi}$$
$$=\frac{3\pi}{2}+4\sin\alpha$$

⬅ $(1-\cos\theta)^2$
$=1-2\cos\theta+\cos^2\theta$
$=1-2\cos\theta+\frac{1+\cos 2\theta}{2}$

ゆえに，③より，$\alpha=\frac{\pi}{2}$ のとき

$$(S\text{の最大値})=\boldsymbol{\frac{3\pi}{2}+4}$$

解説 **〈サイクロイドの成り立ち〉**

本問の曲線Cは，x軸と原点で接している半径1の円が，x軸上をすべらないように回転するとき，はじめに原点と重なっていた円周上の定点Pが描く軌跡であり，**サイクロイド**と呼ばれます．サイクロイドはいろいろな物理的性質を満たす曲線の中のエリートです．その成り立ちを確かめておきましょう．

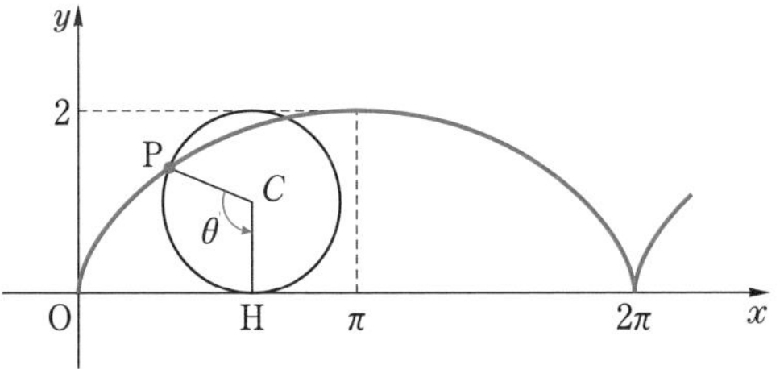

⬅ 概形を覚える

$\overrightarrow{CP}$ から $\overrightarrow{CH}$ に至る角をθとすると

$$OH=\overset{\frown}{PH}=\theta\ ,\ \overrightarrow{CP}\text{の方向角}=-\frac{\pi}{2}-\theta$$

⬅ P=O のとき $\theta=0$ としてあとは連続的に測る

より

$$\overrightarrow{OP}=\overrightarrow{OC}+\overrightarrow{CP}=\begin{pmatrix}\theta\\1\end{pmatrix}+\begin{pmatrix}\cos\left(-\frac{\pi}{2}-\theta\right)\\\sin\left(-\frac{\pi}{2}-\theta\right)\end{pmatrix}$$
$$=\begin{pmatrix}\theta-\sin\theta\\1-\cos\theta\end{pmatrix}$$

となります．

7 2次曲線の極方程式

Oを原点とする座標平面上に，定直線 $l: x=d$ $(d>0)$ と，動点 $\mathrm{P}(x,\ y)$ $(x<d)$ がある．Pから l に下ろした垂線の足をHとする．定数 $e>0$ に対して

$$\mathrm{OP}=e\mathrm{PH}$$

を満たす点Pの描く曲線を C とする．

(1) 原点Oを極，x 軸の正方向を始線にとり，C の極方程式を求めよ．

(2) C の方程式を x，y で表し，C を e の値によって分類せよ． （慶大）

精講 放物線は，OP＝PH を満たす点Pの軌跡として定義されました．本問は，この定義式を，**OP＝ePH と拡張する**ことによって，楕円と双曲線も定義できることを示すことが目標です．ただし，この方法では，**円だけは表すことができません．**

解　答

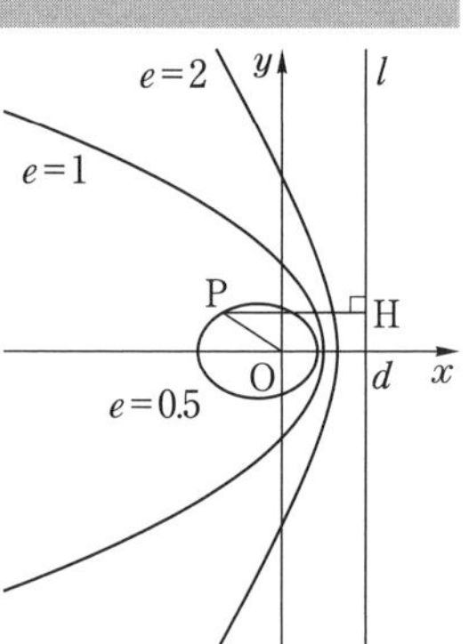

(1) $\mathrm{OP}=e\mathrm{PH}$ ……①

$\mathrm{OP}=r$，始線から動径 OP に至る角を θ とすると

$$\mathrm{P}(r\cos\theta,\ r\sin\theta),\ r\cos\theta<d$$

$$\therefore\quad \mathrm{PH}=d-r\cos\theta$$

これらを①に代入すると

$$r=e(d-r\cos\theta)$$

$$\therefore\quad \boldsymbol{r=\frac{de}{1+e\cos\theta}} \quad \cdots\cdots ②$$

(2) $\mathrm{P}(x,\ y)$ $(x<d)$ であるから，①より

$$\sqrt{x^2+y^2}=e(d-x)$$

両辺を2乗すると

$$x^2+y^2=e^2(d^2-2dx+x^2)$$

$$(1-e^2)x^2+2de^2x+y^2=e^2d^2$$

(i) **$e=1$ のとき**

$$\boldsymbol{y^2=-2dx+e^2d^2} \quad （放物線） \quad \cdots\cdots ③$$

⬅ 焦点は，原点O

$e \neq 1$ のとき

$$(1-e^2)\left(x+\frac{de^2}{1-e^2}\right)^2+y^2=\frac{d^2e^2}{1-e^2}$$

$$\frac{\left(x+\dfrac{de^2}{1-e^2}\right)^2}{\dfrac{d^2e^2}{(1-e^2)^2}}+\frac{y^2}{\dfrac{d^2e^2}{1-e^2}}=1$$

⬅ 円を表すなら $e=0$ であるが，このとき $x=y=0$（①からも分かる）

となるから

(ii) **$0<e<1$ のとき**

$$\boldsymbol{\frac{\left(x+\dfrac{de^2}{1-e^2}\right)^2}{\left(\dfrac{de}{1-e^2}\right)^2}+\frac{y^2}{\left(\dfrac{de}{\sqrt{1-e^2}}\right)^2}=1} \quad \text{(楕円)} \quad \cdots\cdots ④$$

⬅ 焦点は，原点Oと $\left(-\dfrac{2de^2}{1-e^2},\ 0\right)$

(iii) **$e>1$ のとき**

$$\boldsymbol{\frac{\left(x-\dfrac{de^2}{e^2-1}\right)^2}{\left(\dfrac{de}{e^2-1}\right)^2}-\frac{y^2}{\left(\dfrac{de}{\sqrt{e^2-1}}\right)^2}=1} \quad \text{(双曲線)} \quad \cdots\cdots ⑤$$

⬅ 焦点は，原点Oと $\left(\dfrac{2de^2}{e^2-1},\ 0\right)$

ただし，⑤と x 軸の交点の座標を x_1，x_2 $(x_1<x_2)$ とすると

$$\begin{cases} x_1=\dfrac{de^2}{e^2-1}-\dfrac{de}{e^2-1}=\dfrac{de}{e+1}<d \\ x_2=\dfrac{de^2}{e^2-1}+\dfrac{de}{e^2-1}=\dfrac{de}{e-1}>d \end{cases}$$

したがって，$x<d$ の範囲にあるのは，⑤の**左側の枝だけ**である．

解説　1°　②が双曲線の左側の枝を表す $(e>1)$ とき，θ は

$$1+e\cos\theta>0$$

を満たす範囲，すなわち，右図の角 α に対して

$$-\alpha<\theta<\alpha \quad \cdots\cdots ㋐$$

の範囲だけを動きます．

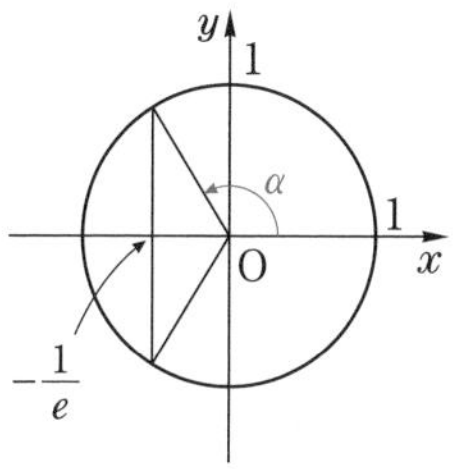

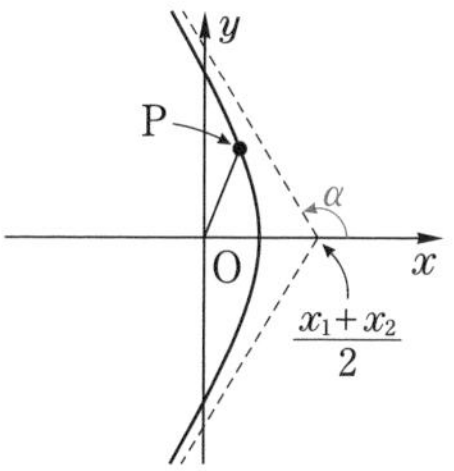

2°　②，すなわち，③，④，⑤は位置の違いを除いて形だけに注目すると，**円以外のすべての2次曲線を表します．** 放物線については明らかです．

円以外の楕円については，④と $\dfrac{x^2}{a^2}+\dfrac{y^2}{b^2}=1\ (a>b>0)$ を比較して

$$\frac{de}{1-e^2}=a,\quad \frac{de}{\sqrt{1-e^2}}=b \qquad \cdots\cdots ㋑$$

$$\therefore\quad e=\frac{\sqrt{a^2-b^2}}{a}\ (<1),\quad d=\frac{b^2}{\sqrt{a^2-b^2}}$$

⬅ $\dfrac{b}{a}\longrightarrow 1$ のとき $e=\sqrt{1-\left(\dfrac{b}{a}\right)^2}\longrightarrow 0$

双曲線については，⑤と

$\dfrac{x^2}{a^2}-\dfrac{y^2}{b^2}=1\ (a>0,\ b>0)$ を比較して

$$\frac{de}{e^2-1}=a,\quad \frac{de}{\sqrt{e^2-1}}=b$$

$$\therefore\quad e=\frac{\sqrt{a^2+b^2}}{a}\ (>1),\quad d=\frac{b^2}{\sqrt{a^2+b^2}}$$

いずれの場合も d と e が決まります．

3° **〈円を含む極方程式〉**

②において，$de=l$ とおくと

$$\boldsymbol{r=\frac{l}{1+e\cos\theta}} \qquad \cdots\cdots ㋒$$

⬅ $l>0$

逆に，㋒が与えられたとき，$e\neq 0$ ならば，$l=de$ より $d=\dfrac{l}{e}$ が定まるので本問の e の値による分類が適用できます．一方，$e=0$ ならば㋒は

$$r=l$$

となり，円を表します．ただし，①による意味付けはできません．

そこで，2次曲線の極方程式として㋒を採用することにします．定数 $e\geqq 0$ を方程式㋒が表す2次曲線の**離心率**といいます．

演習問題

7 (1) ㋐の角 α に対して，$\beta=\pi-\alpha$ とおく．このとき，双曲線⑤の右の枝の極方程式は次式で与えられることを示せ．

$$r=\frac{-de}{1-e\cos\theta}\ (-\beta<\theta<\beta)$$

(2) $r<0$ のとき，極座標 $(r,\ \theta)$ は点 $(-r,\ \theta-\pi)$ を表すものとする．

このとき，双曲線⑤の左の枝の極方程式

$$r=\frac{de}{1+e\cos\theta} \qquad \cdots\cdots ②$$

の変域を，㋐から $\alpha<\theta<2\pi-\alpha$ に変えると，それは(1)の右の枝を表すことを示せ．

第 2 章　整級数展開とオイラーの公式

8　x^n $(x>1)$ と $n!$ の増大速度の比較

n は自然数，x は $x>1$ を満たす定数とする．

(1)　自然数 n_0 を，$n_0>2x$ を満たすようにとる．このとき，$n>n_0$ ならば，次の不等式が成り立つことを示せ．

$$\frac{x}{n_0+1}\cdot\frac{x}{n_0+2}\cdot\cdots\cdot\frac{x}{n}<\left(\frac{1}{2}\right)^{n-n_0}$$

(2)　$\displaystyle\lim_{n\to\infty}\frac{x^n}{n!}=0$ となることを示せ．

精講　$x>1$ のとき，任意の自然数 p に対して

$$\lim_{n\to\infty}\frac{n^p}{x^n}=0$$

となるのでした．これは，等比数列 x^n $(x>1)$ の増大速度は，どんなに次数の高い整式 n^p の増大速度も越えることを意味しています．

本問では，**$n!$ の方が x^n $(x>1)$ よりもさらに速く増大する**ことを示します．

(1)　$\displaystyle\frac{x^n}{n!}=\frac{x}{1}\cdot\frac{x}{2}\cdot\cdots\cdot\frac{x}{k}\cdot\cdots\cdot\frac{x}{n}$

において，k が十分大きいとき

$$\frac{1}{2}>\frac{x}{k}>\frac{x}{k+1}>\cdots>\frac{x}{n}$$

となることに着目します．n_0 は x によって決まり，n には依存しないことがポイントです．

(2)　(1)の結果を使って，はさみ打ちの原理を適用します．

解　答

(1)　$n_0>2x$ より，$\dfrac{1}{2}>\dfrac{x}{n_0}$ であるから，$n>n_0$ のとき

$$\frac{1}{2}>\frac{x}{n_0}>\frac{x}{n_0+1}>\cdots>\frac{x}{n}$$

したがって

$$\frac{x}{n_0+1}\cdot\frac{x}{n_0+2}\cdot\cdots\cdot\frac{x}{n}<\underbrace{\frac{1}{2}\cdot\frac{1}{2}\cdot\cdots\cdot\frac{1}{2}}_{n-n_0\text{ 個}}=\left(\frac{1}{2}\right)^{n-n_0}$$

(2)　(1)より，$n>n_0$ のとき

$$0<\frac{x^n}{n!}=\frac{x^{n_0}}{n_0!}\cdot\frac{x}{n_0+1}\cdot\frac{x}{n_0+2}\cdot\cdots\cdot\frac{x}{n}$$

$$<\frac{x^{n_0}}{n_0!}\left(\frac{1}{2}\right)^{n-n_0}\qquad\cdots\cdots①$$

⬅ n_0 は n に依存しない

ここで，$\displaystyle\lim_{n\to\infty}\frac{x^{n_0}}{n_0!}\left(\frac{1}{2}\right)^{n-n_0}=0$ であるから

$$\lim_{n\to\infty}\frac{x^n}{n!}=0$$

⬅ $0\leqq x\leqq 1$ のときにも成り立つ

解説　1°　$a_n=\dfrac{x^n}{n!}\longrightarrow 0\ (n\longrightarrow\infty)$ の別証を考えます．

$$\log a_n=\log x^n-\log n!$$

$$=n\log x-\sum_{k=1}^{n}\log k$$

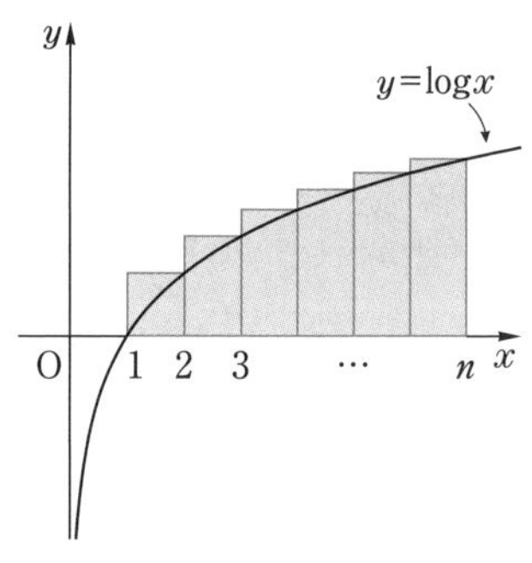

において，$\displaystyle\sum_{k=1}^{n}\log k$ は網目部分の面積を表すから

$$\sum_{k=1}^{n}\log k>\int_1^n\log x\,dx=\Big[x\log x-x\Big]_1^n$$

$$=n\log n-n+1$$

$$>n\log n-n$$

したがって

$$\log a_n<n\log x-n\log n+n$$

$$=n(\log x-\log n+1)\longrightarrow-\infty$$

$$(n\longrightarrow\infty)$$

ゆえに，$a_n\longrightarrow 0\ (n\longrightarrow\infty)$ となります．

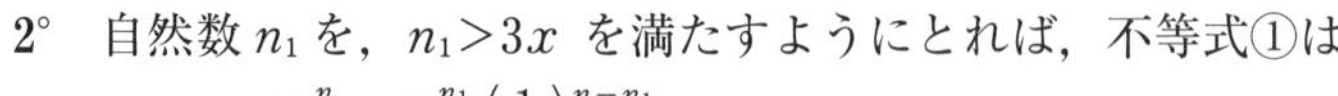

2°　自然数 n_1 を，$n_1>3x$ を満たすようにとれば，不等式①は

$$0<\frac{x^n}{n!}<\frac{x^{n_1}}{n_1!}\left(\frac{1}{3}\right)^{n-n_1}\quad(n>n_1)$$

となります．つまり，①の「$\dfrac{1}{2}$」は本質的ではありません．

9 e^x の整級数展開

(1) 等式 $e^x=1+\int_0^x e^t dt$ の右辺を次のように部分積分する.

$$e^x=1+\int_0^x \frac{d}{dt}\{-(x-t)\}e^t dt$$
$$=1-\Big[(x-t)e^t\Big]_{t=0}^{t=x}+\int_0^x (x-t)e^t dt$$
$$=1+x+\int_0^x (x-t)e^t dt$$

これを繰り返して, 次式が成り立つことを示せ.

$$e^x=1+x+\frac{x^2}{2!}+\frac{x^3}{3!}+\cdots+\frac{x^n}{n!}+\int_0^x \frac{(x-t)^n}{n!}e^t dt$$

(2) $x\geqq 0$ のとき, 次式が成り立つことを示せ.

$$e^x=\sum_{n=0}^{\infty}\frac{x^n}{n!}=1+x+\frac{x^2}{2!}+\cdots+\frac{x^n}{n!}+\cdots$$

(3) (2)で示した等式は, 任意の実数 x に対して成り立つことを示せ.

第2章

精講 (1) 1回目の部分積分をまねて

$$1+x+\int_0^x \frac{d}{dt}\left\{-\frac{(x-t)^2}{2}\right\}e^t dt$$

として計算します. 規則性がつかめたら,「以下, 同様にして…」とすれば十分です.

(2) 無限級数の定義に従って

$$\lim_{n\to\infty}\int_0^x \frac{(x-t)^n}{n!}e^t dt=0$$

を示すことになります. それには, **8** の結果が使えるように積分を評価します.

(3) $x<0$ のときも, $-x=y$ (>0) とおいた上で, 積分変数を $-t=u$ として置換すれば, $x\geqq 0$ の場合とほとんど同じことになります.

解答

(1) $e^x=1+x+\int_0^x \frac{d}{dt}\left\{-\frac{(x-t)^2}{2}\right\}e^t dt$

$$=1+x-\left[\frac{(x-t)^2}{2}e^t\right]_{t=0}^{t=x}+\int_0^x\frac{(x-t)^2}{2}e^t dt$$

$$=1+x+\frac{x^2}{2}+\int_0^x\frac{d}{dt}\left\{-\frac{(x-t)^3}{3!}\right\}e^t dt$$

$$=1+x+\frac{x^2}{2!}-\left[\frac{(x-t)^3}{3!}e^t\right]_{t=0}^{t=x}+\int_0^x\frac{(x-t)^3}{3!}e^t dt$$

$$=1+x+\frac{x^2}{2!}+\frac{x^3}{3!}+\int_0^x\frac{(x-t)^3}{3!}e^t dt$$

以下，同様にして次式を得る．

$$e^x=1+x+\frac{x^2}{2!}+\frac{x^3}{3!}+\cdots+\frac{x^n}{n!}+\int_0^x\frac{(x-t)^n}{n!}e^t dt \qquad \cdots\cdots ①$$

(2) ①より

$$e^x-\sum_{k=0}^{n}\frac{x^k}{k!}=\int_0^x\frac{(x-t)^n}{n!}e^t dt \qquad \cdots\cdots ②$$

$x\geqq 0$ のとき，$0\leqq t\leqq x$ において

$$0\leqq(x-t)^n\leqq x^n,\quad e^t\leqq e^x$$

したがって

$$0\leqq\int_0^x\frac{(x-t)^n}{n!}e^t dt\leqq\int_0^x\frac{x^n}{n!}e^x dt=xe^x\cdot\frac{x^n}{n!}$$

ここで，**8** より，$\lim_{n\to\infty}\frac{x^n}{n!}=0$ であるから

$$\lim_{n\to\infty}\int_0^x\frac{(x-t)^n}{n!}e^t dt=0 \qquad \cdots\cdots ③$$

②，③より，$x\geqq 0$ のとき

$$e^x=\sum_{n=0}^{\infty}\frac{x^n}{n!} \qquad \cdots\cdots ④$$

(3) $x<0$ のとき，②において $-x=y$ (>0) とおくと

$$\int_0^x\frac{(x-t)^n}{n!}e^t dt=\int_0^{-y}\frac{(-y-t)^n}{n!}e^t dt$$

さらに，$-t=u$ とおくと

$$\int_0^{-y}\frac{(-y-t)^n}{n!}e^t dt=\int_0^{y}\frac{(-y+u)^n}{n!}e^{-u}(-du)$$

$$=(-1)^{n+1}\int_0^{y}\frac{(y-u)^n}{n!}e^{-u}du$$

よって

$$\left|\int_0^x\frac{(x-t)^n}{n!}e^t dt\right|=\int_0^{y}\frac{(y-u)^n}{n!}e^{-u}du$$

$0 \leqq u \leqq y$ において

$$0 \leqq (y-u)^n \leqq y^n, \qquad e^{-u} \leqq 1$$

したがって

$$0 \leqq \left| \int_0^x \frac{(x-t)^n}{n!} e^t dt \right| \leqq \int_0^y \frac{y^n}{n!} \cdot 1 du = y \cdot \frac{y^n}{n!}$$

8 より，$\displaystyle\lim_{n\to\infty} \frac{y^n}{n!} = 0$ であるから，$x<0$ のときも④が成り立つ．

ゆえに，任意の実数 x に対して④が成り立つ．

解説　1°　(1)で

$$e^x = 1 + \int_0^x \frac{d}{dt}(t-x) \cdot e^t dt$$

として部分積分し，以後も同様に部分積分を繰り返す方が簡単そうに見えます．

しかし，そうすると部分積分する毎に定積分の前の符号が変化してかえって面倒です．

2°　**〈整級数展開の公式〉**

④の右辺のように，整式の項数を無限に増やした式

$$a_0 + a_1x + a_2x^2 + \cdots + a_nx^n + \cdots$$

を x の**整級数**といいます．次の問題で，e^x だけでなく，$\cos x$ と $\sin x$ も整級数に展開します．本問をそっくりまねればいいのですが，一般の関数に対する公式を作ってしまった方が簡単です．

何回でも微分できる関数 $f(x)$ に対して，部分積分を繰り返します．

$$\begin{aligned}
f(x) &= f(0) + \int_0^x f'(t)\,dt \\
&= f(0) + \int_0^x \frac{d}{dt}\{-(x-t)\} f'(t)\,dt \\
&= f(0) - \Big[(x-t)f'(t)\Big]_{t=0}^{t=x} + \int_0^x (x-t) f^{(2)}(t)\,dt \\
&= f(0) + f'(0)x + \int_0^x \frac{d}{dt}\left\{-\frac{(x-t)^2}{2}\right\} f^{(2)}(t)\,dt \\
&= f(0) + f'(0)x - \left[\frac{(x-t)^2}{2} f^{(2)}(t)\right]_{t=0}^{t=x} + \int_0^x \frac{(x-t)^2}{2} f^{(3)}(t)\,dt \\
&= f(0) + f'(0)x + \frac{f^{(2)}(0)}{2!}x^2 + \int_0^x \frac{(x-t)^2}{2!} f^{(3)}(t)\,dt
\end{aligned}$$

以下，同様にして一般に

$$f(x)=f(0)+f'(0)x+\frac{f^{(2)}(0)}{2!}x^2+\cdots+\frac{f^{(n)}(0)}{n!}x^n$$
$$+\int_0^x \frac{(x-t)^n}{n!}f^{(n+1)}(t)\,dt \quad \cdots\cdots ㋐$$

が成り立ちます．部分積分が $f(x)$ から整式成分をろ過するフィルターの役割を果たしていることに注目しましょう．

次に，(3)にならって誤差項を評価します．

(i) $x \geqq 0$ のとき

$$\left|\int_0^x \frac{(x-t)^n}{n!}f^{(n+1)}(t)\,dt\right| \leqq \int_0^x \frac{(x-t)^n}{n!}|f^{(n+1)}(t)|\,dt$$
$$\leqq \int_0^x \frac{x^n}{n!}|f^{(n+1)}(t)|\,dt$$
$$=\frac{x^n}{n!}\int_0^x |f^{(n+1)}(t)|\,dt$$

(ii) $x<0$ のとき，$-x=y\ (>0)$ とおき，さらに $-t=u$ として積分変数を変換すると

$$\int_0^x \frac{(x-t)^n}{n!}f^{(n+1)}(t)\,dt=\int_0^{-y}\frac{(-y-t)^n}{n!}f^{(n+1)}(t)\,dt$$
$$=\int_0^y \frac{(-y+u)^n}{n!}f^{(n+1)}(-u)(-du)$$
$$=(-1)^{n+1}\int_0^y \frac{(y-u)^n}{n!}f^{(n+1)}(-u)\,du$$

よって，(i)の場合と同様にして

$$\left|\int_0^x \frac{(x-t)^n}{n!}f^{(n+1)}(t)\,dt\right|=\left|\int_0^y \frac{(y-u)^n}{n!}f^{(n+1)}(-u)\,du\right|$$
$$\leqq \frac{y^n}{n!}\int_0^y |f^{(n+1)}(-u)|\,du$$

ここで，$0 \leqq u \leqq y$ より，$-y \leqq -u \leqq 0$，すなわち，

$x \leqq -u \leqq 0$

であることに注意します．

したがって

0 と x の間の任意の t と，任意の自然数 n に対して $\|f^{(n)}(t)\| \leqq M$ を満たす M(x に依存してもよい)が存在する

…… ㋑

ならば

(i)のとき

$$\left|\int_0^x \frac{(x-t)^n}{n!} f^{(n+1)}(t)\,dt\right| \leqq xM \cdot \frac{x^n}{n!}$$

(ii)のとき

$$\left|\int_0^x \frac{(x-t)^n}{n!} f^{(n+1)}(t)\,dt\right| \leqq yM \cdot \frac{y^n}{n!}$$

これらを一つにまとめると

$$\left|\int_0^x \frac{(x-t)^n}{n!} f^{(n+1)}(t)\,dt\right| \leqq |x|M \cdot \frac{|x|^n}{n!}$$

よって，**8** の結果から，任意の実数 x に対して

$$\lim_{n\to\infty}\int_0^x \frac{(x-t)^n}{n!} f^{(n+1)}(t)\,dt = 0 \qquad \cdots\cdots ㋒$$

となります．

ゆえに，条件㋑を満たす関数 $f(x)$ は，㋐，㋒より

$$\boldsymbol{f(x)=\sum_{n=0}^{\infty}\frac{f^{(n)}(0)}{n!}x^n}$$

$$\boldsymbol{=f(0)+f'(0)x+\frac{f^{(2)}(0)}{2!}x^2+\cdots+\frac{f^{(n)}(0)}{n!}x^n+\cdots} \qquad \cdots\cdots ㋓$$

と整級数に展開できることになります．

10　$\cos x$ と $\sin x$ の整級数展開

9, **解説 2°**, ㊁を用いて, 任意の実数 x に対して次式が成り立つことを示せ.

(1) $\cos x=\sum_{n=0}^{\infty}(-1)^n\frac{x^{2n}}{(2n)!}$

$$=1-\frac{x^2}{2!}+\frac{x^4}{4!}-\frac{x^6}{6!}+\cdots+(-1)^n\frac{x^{2n}}{(2n)!}+\cdots$$

(2) $\sin x=\sum_{n=0}^{\infty}(-1)^n\frac{x^{2n+1}}{(2n+1)!}$

$$=x-\frac{x^3}{3!}+\frac{x^5}{5!}-\frac{x^7}{7!}+\cdots+(-1)^n\frac{x^{2n+1}}{(2n+1)!}+\cdots$$

精講　(1) $f(x)=f^{(0)}(x)=\cos x$ とおくと, $f^{(4)}(x)=\cos x$ となるので, $f^{(n)}(x)$ は階数 n に関して**周期 4 で変化**します. このことから, $f^{(n)}(0)$ の値が決まり, **9**, **解説 2°**, 条件㋑の定数 M としてどんな値がとれるかが分かります. (2)も同様です.

解　答

(1) $f(x)=f^{(0)}(x)=\cos x$ とおくと, $f^{(n)}(x)$, したがって $f^{(n)}(0)$ は次表のように階数 n に関して周期 4 で変化する.

n	0	1	2	3	4
$f^{(n)}(x)$	$\cos x$	$-\sin x$	$-\cos x$	$\sin x$	$\cos x$
$f^{(n)}(0)$	1	0	-1	0	1

循環節（$n=0$〜3）

← $f^{(n)}(x)=\cos\left(x+\frac{n\pi}{2}\right)$ と表せることを利用してもよい

$|f^{(n)}(x)|=|\cos x|$ または $|\sin x|$ であるから

$$|f^{(n)}(x)|\leqq 1$$

よって, 条件㋑の定数 M として 1 がとれる.
ゆえに, 公式㊁より

$$\cos x=1-\frac{x^2}{2!}+\frac{x^4}{4!}-\frac{x^6}{6!}+\cdots+(-1)^n\frac{x^{2n}}{(2n)!}+\cdots$$
$$=\sum_{n=0}^{\infty}(-1)^n\frac{x^{2n}}{(2n)!}$$

(2) $g(x)=g^{(0)}(x)=\sin x$ とおくと

$$g^{(n)}(x)=\sin\left(x+\frac{n\pi}{2}\right)$$

$$\therefore \quad g^{(n)}(0)=\sin\frac{n\pi}{2}=\begin{cases} 0 & (n=4k) \\ 1 & (n=4k+1) \\ 0 & (n=4k+2) \\ -1 & (n=4k+3) \end{cases}$$

条件㋑の定数 M として1がとれるから，公式㋓より

$$\sin x=x-\frac{x^3}{3!}+\frac{x^5}{5!}-\frac{x^7}{7!}+\cdots+(-1)^n\frac{x^{2n+1}}{(2n+1)!}+\cdots$$

$$=\sum_{n=0}^{\infty}(-1)^n\frac{x^{2n+1}}{(2n+1)!}$$

解説 e^x や $\sin x$，$\cos x$ を整級数に展開するとき，その整級数は

有限和と同じように扱うことができる

という意味で理想的に収束します．具体的には

1) **自由に加える順序を変えることができる**
2) **自由に括弧でまとめることができる**
3) **無限級数の積は，有限和の積と同じ扱いができる**

ことが分かっています．さらに

4) **項別微分することができる**．すなわち，

$$\frac{d}{dx}\left(\sum_{n=0}^{\infty}a_nx^n\right)=\sum_{n=0}^{\infty}\frac{d}{dx}(a_nx^n)=\sum_{n=0}^{\infty}na_nx^{n-1}$$

5) **項別積分することができる**．すなわち，

$$\int_a^x\left(\sum_{n=0}^{\infty}a_nt^n\right)dt=\sum_{n=0}^{\infty}\int_a^x a_nt^ndt=\sum_{n=0}^{\infty}\frac{a_n}{n+1}(x^{n+1}-a^{n+1})$$

などの操作も許されます．

演習問題

10 (1) $\sin x$ が次のように因数分解できることを説明せよ．

$$\sin x=x\left\{1-\frac{x^2}{\pi^2}\right\}\left\{1-\frac{x^2}{(2\pi)^2}\right\}\cdots\cdots\left\{1-\frac{x^2}{(n\pi)^2}\right\}\cdots$$

(2) (1)の結果と，$\sin x$ の整級数展開を比較して

$$\sum_{n=1}^{\infty}\frac{1}{n^2}=1+\frac{1}{2^2}+\frac{1}{3^2}+\cdots+\frac{1}{n^2}+\cdots=\frac{\pi^2}{6}$$

となることを説明せよ．これは解と係数の関係と考えられる．

11 オイラーの公式

e^x の整級数展開

$$e^x=1+x+\frac{x^2}{2!}+\cdots+\frac{x^n}{n!}+\cdots$$

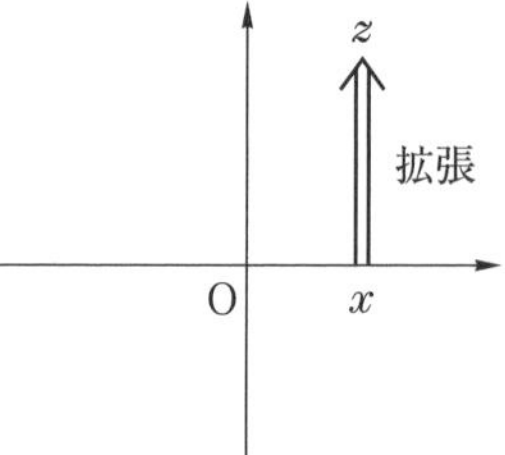

において，右辺の x を複素数平面に埋め込まれた実軸上の変数とみる．すると，複素数の変数 $z=x+iy$ まで拡張した整級数

$$1+z+\frac{z^2}{2!}+\cdots+\frac{z^n}{n!}+\cdots \quad \cdots\cdots ①$$

を考えてみたくなる．しかも，整級数①は複素数の範囲でも理想的に収束する（有限和と同じ扱いができる）ことが知られている．したがって

$$e^z=1+z+\frac{z^2}{2!}+\cdots+\frac{z^n}{n!}+\cdots \quad \cdots\cdots ②$$

と定めて，e^x の定義域を複素数平面まで拡張するのは自然なことである．

このとき，以下の問いに答えよ．ただし，θ は実数，i は虚数単位である．

(1) 次の等式が成り立つことを示せ．

$$e^{i\theta}=\cos\theta+i\sin\theta \quad \cdots\cdots ③$$

(2) z_1, z_2 を複素数とするとき，指数法則

$$e^{z_1+z_2}=e^{z_1}e^{z_2} \quad \cdots\cdots ④$$

が成り立つことを示せ．

(3) 指数法則④を用いて，コサインとサインの加法定理を証明せよ．

精講 (1) $e^{i\theta}$ を②を用いて展開して，$\cos\theta$ と $\sin\theta$ の整級数展開と比較します．その際，$\boldsymbol{i^n}$ **が周期 4 で変化**することに注意しましょう．

(2) **10**，**解説**，3)で述べたように，積 $\left(\sum_{k=0}^{\infty}\frac{{z_1}^k}{k!}\right)\left(\sum_{l=0}^{\infty}\frac{{z_2}^l}{l!}\right)$ は，z_1, z_2 に関する次数が等しい項をまとめて計算することができます．

(3) 等式③を使うと，**三角関数と指数関数を複素数の世界で結びつけることができます．**

解答

(1) i^n は周期 4 で変化するから，$e^{i\theta}$ の整級数展開を 4 項ずつまとめると

$$e^{i\theta}=\left\{1+i\theta+\frac{(i\theta)^2}{2!}+\frac{(i\theta)^3}{3!}\right\}+\left\{\frac{(i\theta)^4}{4!}+\frac{(i\theta)^5}{5!}+\frac{(i\theta)^6}{6!}+\frac{(i\theta)^7}{7!}\right\}+\cdots$$

← $i^n=\begin{cases}1 & (n=4k)\\ i & (n=4k+1)\\ -1 & (n=4k+2)\\ -i & (n=4k+3)\end{cases}$

$$=\left(1+i\theta-\frac{\theta^2}{2!}-i\frac{\theta^3}{3!}\right)+\left(\frac{\theta^4}{4!}+i\frac{\theta^5}{5!}-\frac{\theta^6}{6!}-i\frac{\theta^7}{7!}\right)+\cdots$$

$$=1-\frac{\theta^2}{2!}+\frac{\theta^4}{4!}-\frac{\theta^6}{6!}+\cdots+i\left(\theta-\frac{\theta^3}{3!}+\frac{\theta^5}{5!}-\frac{\theta^7}{7!}+\cdots\right)$$

← 前問 10

$$=\cos\theta+i\sin\theta$$

(2) z_1 と z_2 について次数の等しい項をまとめて展開する．

$$e^{z_1}e^{z_2}=\left(\sum_{k=0}^{\infty}\frac{z_1{}^k}{k!}\right)\left(\sum_{l=0}^{\infty}\frac{z_2{}^l}{l!}\right)=\sum_{n=0}^{\infty}\left(\sum_{k+l=n}\frac{z_1{}^k z_2{}^l}{k!\,l!}\right)\quad\cdots\cdots ⑤$$

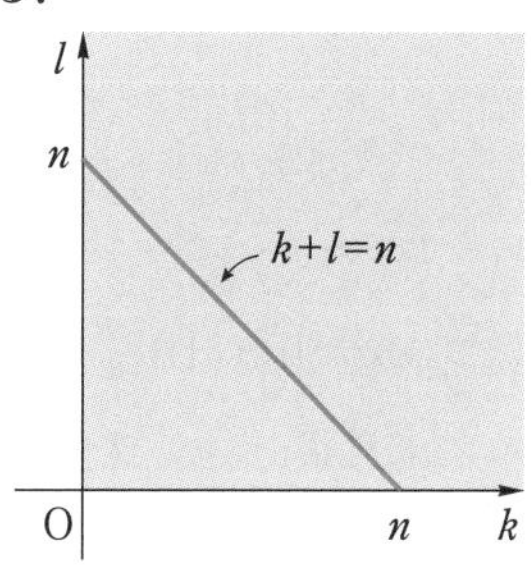

ここで，$k+l=n$ のとき

$$l=n-k,\ 0\leqq k\leqq n$$

であるから

$$\sum_{k+l=n}\frac{z_1{}^k z_2{}^l}{k!\,l!}=\sum_{k=0}^{n}\frac{z_1{}^k z_2{}^{n-k}}{k!(n-k)!}$$

$$=\frac{1}{n!}\sum_{k=0}^{n}\frac{n!}{k!(n-k)!}z_1{}^k z_2{}^{n-k}$$

← 2 項定理でまとめる

$$=\frac{1}{n!}\sum_{k=0}^{n}{}_n\mathrm{C}_k\, z_1{}^k z_2{}^{n-k}$$

$$=\frac{(z_1+z_2)^n}{n!}\quad\cdots\cdots ⑥$$

⑤，⑥より

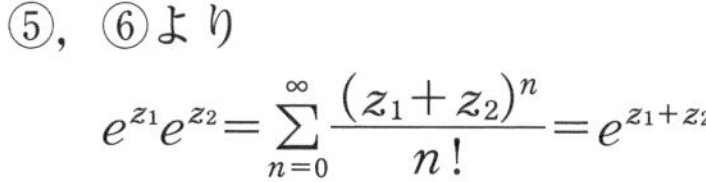

$$e^{z_1}e^{z_2}=\sum_{n=0}^{\infty}\frac{(z_1+z_2)^n}{n!}=e^{z_1+z_2}$$

(3) 実数 α，β に対して，指数法則④より

$$e^{i(\alpha+\beta)}=e^{i\alpha}e^{i\beta}\quad\cdots\cdots ⑦$$

が成り立つ．両辺を③を用いて書き直すと

$$e^{i(\alpha+\beta)}$$
$$=\cos(\alpha+\beta)+i\sin(\alpha+\beta)$$

一方

$$e^{i\alpha}e^{i\beta}$$
$$=(\cos\alpha+i\sin\alpha)(\cos\beta+i\sin\beta)$$
$$=\cos\alpha\cos\beta-\sin\alpha\sin\beta+i(\sin\alpha\cos\beta+\cos\alpha\sin\beta)$$

ゆえに

$$\begin{cases}\cos(\alpha+\beta)=\cos\alpha\cos\beta-\sin\alpha\sin\beta\\ \sin(\alpha+\beta)=\sin\alpha\cos\beta+\cos\alpha\sin\beta\end{cases}\quad\cdots\cdots ⑧$$

← 逆に，加法定理⑧から虚数の指数法則⑦を導くことができる．つまり⑦ $\Longleftrightarrow$ ⑧

解説

1° **〈オイラーの公式〉**

(1)で証明した等式③，すなわち，

$$e^{i\theta}=\cos\theta+i\sin\theta$$

を**オイラーの公式**といいます．とくに，$\theta=\pi$ とおくと

$$e^{i\pi}=-1$$

となります．これは定義の動機が異なる3つの基本定数

- $\pi=\dfrac{\text{円周}}{\text{直径}}$ **（幾何学的）**
- $i=\sqrt{-1}$ **（代数的）**
- $e=\lim\limits_{n\to\infty}\left(1+\dfrac{1}{n}\right)^n$ **（解析的）**

の間に成り立つ珠玉の等式です．

2° **〈三角関数を指数関数で表す〉**

オイラーの公式

$$e^{i\theta}=\cos\theta+i\sin\theta$$

において，θ を $-\theta$ とおくと

← $\begin{cases}\cos(-\theta)=\cos\theta\\ \sin(-\theta)=-\sin\theta\end{cases}$

$$e^{-i\theta}=\cos\theta-i\sin\theta$$

両者を $\cos\theta$ と $\sin\theta$ について解くと

$$\begin{cases}\boldsymbol{\cos\theta=\dfrac{e^{i\theta}+e^{-i\theta}}{2}}\\ \boldsymbol{\sin\theta=\dfrac{e^{i\theta}-e^{-i\theta}}{2i}}\end{cases}\quad\cdots\cdots ㋐$$

← 加法定理よりも見た目が単純な指数法則を用いて計算の見通しをよくできる可能性がある

3° 〈三角関数と双曲線関数の関係〉

5，**解説 1°** で，双曲線関数

$$\begin{cases} \cosh x = \dfrac{e^x + e^{-x}}{2} \\ \sinh x = \dfrac{e^x - e^{-x}}{2} \end{cases} \quad \cdots\cdots ⓘ$$

を定義しました．**㋐と㋑は似ていると思いませんか**．実は，複素数平面でみると三角関数と双曲線関数は密接に関連しているのです．すでに指数関数 e^x の定義域は複素数まで拡張されているので，三角関数と双曲線関数はいずれも複素数の範囲で定義できることに注意します．したがって

$$\begin{cases} \boldsymbol{\cos(ix) = \dfrac{e^{-x} + e^{x}}{2} = \cosh x} \\ \boldsymbol{\sin(ix) = \dfrac{e^{-x} - e^{x}}{2i} = i\sinh x} \end{cases} \quad \cdots\cdots ㋒$$

⬅ $\frac{1}{i} = -i$

が成り立ちます．

この関係式を使うと，三角関数の公式から直ちに双曲線関数の公式を導くことができます．

〈例 1〉 $\cos^2 x + \sin^2 x = 1$ において x を ix とおくと

$$\cosh^2 x + (i\sinh x)^2 = 1$$

$$\therefore \quad \cosh^2 x - \sinh^2 x = 1$$

〈例 2〉 $\cos(x+y) = \cos x \cos y - \sin x \sin y$ において x，y をそれぞれ ix，iy とおくと

$$\cosh(x+y) = \cosh x \cosh y - (i\sinh x)(i\sinh y)$$

$$= \cosh x \cosh y + \sinh x \sinh y$$

その他についても同様です．

演習問題

(11) $\tanh x = \dfrac{\sinh x}{\cosh x}$ について，以下の問いに答えよ．

(1) $\tan(ix)$ を $\tanh x$ を用いて表せ．

(2) $\tanh(x+y)$ を $\tanh x$，$\tanh y$ を用いて表せ．

12 オイラーの公式の応用

2π の整数倍でない実数 θ に対して

$$C_n=\sum_{k=1}^{n}\cos k\theta,\quad S_n=\sum_{k=1}^{n}\sin k\theta$$

をそれぞれ求めよ． （早大）

精講 **11**，**解説 2°** で触れた，加法定理による方法とオイラーの公式を使う方法の違いを体験するための問題です．

オイラーの公式を使う立場では，

$$\boldsymbol{C_n+iS_n}$$

を考えると，直ちに等比数列の和の公式が利用できることに気が付きます．

解 答

$$C_n+iS_n$$

$$=\sum_{k=1}^{n}(\cos k\theta+i\sin k\theta)$$

⇐ オイラーの公式を適用

$$=\sum_{k=1}^{n}e^{ik\theta}$$

⇐ 等比数列の和とみる

ここで，θ は 2π の整数倍ではないから

$$e^{i\theta}\neq 1$$

よって

$$C_n+iS_n$$

$$=\frac{e^{i\theta}(e^{in\theta}-1)}{e^{i\theta}-1}$$

$$=\frac{e^{i\theta}e^{i\frac{n\theta}{2}}(e^{i\frac{n\theta}{2}}-e^{-i\frac{n\theta}{2}})}{e^{i\frac{\theta}{2}}(e^{i\frac{\theta}{2}}-e^{-i\frac{\theta}{2}})}$$

⇐ **11**，**解説 2°** の公式 $\sin\theta=\dfrac{e^{i\theta}-e^{-i\theta}}{2i}$ が使えることを見越して変形する

$$=e^{i\frac{n+1}{2}\theta}\frac{2i\sin\dfrac{n\theta}{2}}{2i\sin\dfrac{\theta}{2}}$$

$$=\frac{\sin\dfrac{n\theta}{2}}{\sin\dfrac{\theta}{2}}\left(\cos\frac{n+1}{2}\theta+i\sin\frac{n+1}{2}\theta\right)$$

実部と虚部を比較して

$$C_n=\frac{\sin\frac{n}{2}\theta\cos\frac{n+1}{2}\theta}{\sin\frac{\theta}{2}}$$

$$S_n=\frac{\sin\frac{n}{2}\theta\sin\frac{n+1}{2}\theta}{\sin\frac{\theta}{2}}$$

解説　次の**演習問題** 12 のような出題の場合には，数学的帰納法や

$$\sin\theta\sum_{k=1}^{n}\cos 2k\theta=\sum_{k=1}^{n}\cos 2k\theta\sin\theta$$

として，$\cos 2k\theta\sin\theta$ を差に直す（加法定理の応用）方法が考えられます．いうまでもなく，これらの方法は予め結果が分かっていなければ使えません．一方，**解答**の方法は**発見的である**ことに注意しましょう．**オイラーの公式がそれを可能にしている**のです．

演習問題

12 (1) k，n を自然数とし，θ は $\sin\theta\neq 0$ を満たすとする．このとき，次の等式が成り立つことを示せ．

$$\sum_{k=1}^{n}\cos 2k\theta=\frac{\cos(n+1)\theta\sin n\theta}{\sin\theta}$$

(2) $\displaystyle\sum_{k=1}^{100}\cos^2\frac{k\pi}{100}$ の値を求めよ．　　（大阪府立大）

13　$e^{\alpha t}$ の微分と積分

(1)　α を複素数定数，t を実数変数とするとき

$$\frac{d}{dt}e^{\alpha t}=\alpha e^{\alpha t}$$

となることを示せ．

(2)　a，b を実数とするとき，不定積分

$$I=\int e^{ax}\cos bx\,dx,\quad J=\int e^{ax}\sin bx\,dx$$

をそれぞれ求めよ．ただし，$(a,\ b)\neq(0,\ 0)$ とする．

精講　実数変数 t の複素数値関数

$$z(t)=u(t)+iv(t)\quad (u(t),\ v(t)\text{ は実数値関数})$$

の微分と積分を

(i)　$z'(t)=u'(t)+iv'(t)$

(ii)　$\displaystyle\int_a^b z(t)\,dt=\int_a^b u(t)\,dt+i\int_a^b v(t)\,dt$

によって**定義**します．これは，実数値関数 $(v(t)=0)$ の場合の自然な拡張になっています．もちろん，このように一般化しても微積分の基本定理

$$\boldsymbol{\frac{d}{dx}\int_a^x z(t)\,dt=z(x)}$$

は成り立ちます．

(1)　$\alpha=a+bi$ $(a,\ b$ は実数$)$ とおいて，実数値関数の微分の問題に直します．

(2)　$I+Ji$ を作ってオイラーの公式を適用すると，(1)の結果が使えるようになります．部分積分を 2 度繰り返す方法と比べてみましょう．

解　答

(1)　$\alpha=a+bi$ $(a,\ b$ は実数$)$ とおくと

$$\begin{aligned}e^{\alpha t}&=e^{at+bti}\\&=e^{at}\cdot e^{bti}\qquad\text{← 指数法則}\\&=e^{at}(\cos bt+i\sin bt)\qquad\text{← オイラーの公式}\\&=e^{at}\cos bt+ie^{at}\sin bt\end{aligned}$$

ゆえに

$$\begin{aligned}\frac{d}{dt}e^{\alpha t}&=(e^{at}\cos bt)'+i(e^{at}\sin bt)'\\&=ae^{at}\cos bt+e^{at}(-b\sin bt)\end{aligned}$$

$$+i(ae^{at}\sin bt+e^{at}b\cos bt)$$
$$=(a+bi)e^{at}\cos bt$$
$$+(-b+ai)e^{at}\sin bt$$
$$=(a+bi)e^{at}(\cos bt+i\sin bt)$$
$$=\alpha e^{\alpha t}$$

(2) $\alpha \neq 0$ のとき，(1)より

$$\int e^{\alpha x}dx=\frac{1}{\alpha}e^{\alpha x}+C \quad (C\text{ は複素数の積分定数})$$

したがって

$$I+iJ$$
$$=\int e^{ax}(\cos bx+i\sin bx)\,dx$$
$$=\int e^{(a+bi)x}dx$$
$$=\frac{1}{a+bi}e^{(a+bi)x}+C$$
$$=\frac{a-bi}{a^2+b^2}e^{ax}(\cos bx+i\sin bx)+C$$
$$=\frac{e^{ax}}{a^2+b^2}(a\cos bx+b\sin bx)$$
$$+i\frac{e^{ax}}{a^2+b^2}(a\sin bx-b\cos bx)+C$$

$C=C_1+iC_2$ (C_1, C_2 は実数) とおいて実部と虚部を比べると

$$\begin{cases} \boldsymbol{I=\dfrac{e^{ax}}{a^2+b^2}(a\cos bx+b\sin bx)+C_1} \\ \boldsymbol{J=\dfrac{e^{ax}}{a^2+b^2}(a\sin bx-b\cos bx)+C_2} \end{cases}$$

解説　1°　$z(t)$ の微分を極限を使って定義しないのは何故か，と思った人もいると思います．それは

$$\frac{z(t+\Delta t)-z(t)}{\Delta t}=\frac{u(t+\Delta t)+iv(t+\Delta t)-\{u(t)+iv(t)\}}{\Delta t}$$
$$=\frac{u(t+\Delta t)-u(t)}{\Delta t}+i\frac{v(t+\Delta t)-v(t)}{\Delta t}$$

において，$\Delta t \longrightarrow 0$ とすれば，結局(i)と同じ式を得るからです．積分についても同じことです．

2°　実数変数の複素数値関数

$$z(t)=a(t)+ib(t),\quad w(t)=c(t)+id(t)$$

に関する微分の公式をまとめておきます．

1)　$\{\alpha z(t)+\beta w(t)\}'=\alpha z'(t)+\beta w'(t)$　(α, β は複素数の定数)

2)　$\{z(t)w(t)\}'=z'(t)w(t)+z(t)w'(t)$

3)　$\left\{\dfrac{1}{z(t)}\right\}'=-\dfrac{z'(t)}{z(t)^2}$

4)　$\dfrac{d}{dt}e^{z(t)}=e^{z(t)}\cdot z'(t)$

どれも簡単に確かめられます．ここでは，2)から3)を証明してみましょう．

2)において，$w(t)=\dfrac{1}{z(t)}$ とおくと

$$0=z'(t)\cdot\frac{1}{z(t)}+z(t)\left\{\frac{1}{z(t)}\right\}'$$

$$\therefore\quad \left\{\frac{1}{z(t)}\right\}'=-\frac{z'(t)}{z(t)^2}$$

4)は，本問の(1)と同様にして証明できるので，各自試みて下さい．これは後で用いる重要な公式です．

なお，本書では複素数変数の複素数値関数は扱いません．これを扱う分野は「**複素関数論**」といわれ，あらゆる分野の模範となる壮麗な理論が構築されています．それは大学で学ぶことになります．

第3章 線形微分方程式

14 $\dfrac{dy}{dx}+ay=f(x)$

x の関数 y が導関数をもつとき，次の問いに答えよ．e は自然対数の底，a は定数とする．

(1) $e^{ax}\dfrac{d}{dx}(e^{-ax}y)$ を計算せよ．

(2) 微分方程式 $\dfrac{dy}{dx}=ay$ の一般解を求めよ．

(3) 微分方程式 $\dfrac{dy}{dx}+2y=x^2$ の一般解を求めよ．　　　（新潟大）

精講　1°　(3)の等式のように，x の未知関数 y とその導関数 y'，y''，…を含む等式を**微分方程式**といい，そこに現れる微分の最高次数を微分方程式の**階数**といいます．そして，微分方程式を満たす未知関数を求めることを**微分方程式を解く**といいます．本書で扱う微分方程式は

$$\frac{dy}{dx}=\varphi(x,\ y) \quad \cdots\cdots ①$$

という形のものか，あるいは適当に置き換えると，それらをいくつか連立した形に直せるもの（**17** 参照）に限ります．

次に，$\varphi(x,\ y)=y$ の場合（(2)で $a=1$ の場合）を例にとり，微分方程式の図形的意味を考えてみましょう．

平面上の各点 $(x,\ y)$ に，傾きが $\varphi(x,\ y)=y$ で x の増加方向を向くベクトル（長さは適当でよい）を対応させ，これを①に付随する**ベクトル場**といいます．

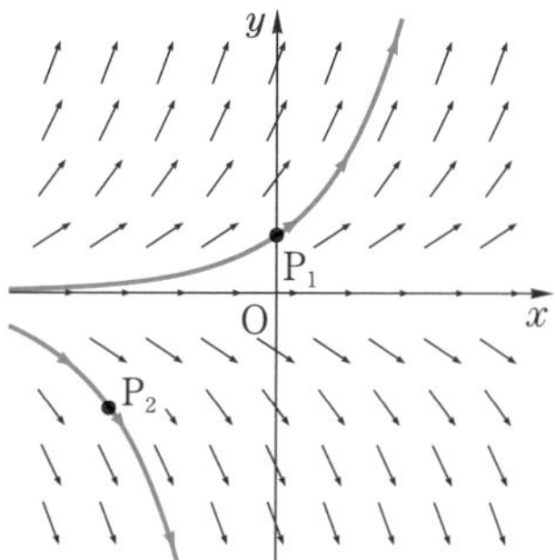

各点 $(x,\ y)$ からの①に従う微小変化 $(dx,\ dy)$ はこのベクトルに沿って起こります．したがって，ある点Pから微小間隔でベクトルを次々と乗り継いで（逆向きにもつなぐ．x が時刻なら過去にさかのぼること）得られる曲線が**解曲線**です．この過程を数学的に表現すれば積分することになります．

すなわち，$y \neq 0$ のとき，①より

$$\frac{1}{y}dy = dx$$

←いま，$\varphi(x,\ y)=y$ だから，①は $\dfrac{dy}{dx}=y$

両辺の微小変化を積分して足し合わせると

$$\int\frac{1}{y}dy = \int dx$$

$$\log|y| = x + C_1 \quad (C_1\text{ は任意定数})$$

$$y = \pm e^{C_1}e^x$$

$\pm e^{C_1} = C$ とおくと

$$y = Ce^x \quad (C \neq 0) \qquad \cdots\cdots ②$$

$y=0$ も①を満たすが，これは②で $C=0$ とおくと得られる．ゆえに，①の解は

$$y = Ce^x \quad (C\text{ は任意定数}) \qquad \cdots\cdots ③$$

2° 点Pのとり方を変えると，解曲線は無数に現れます．そのことを表すのが③の任意定数Cであり，③を①の**一般解**といいます．一般解が含む任意定数の個数は微分方程式の階数に等しくなります（**17** 参照）．これに対して，個々の解を**特殊解**といいます．

任意定数Cの値は点Pの座標によって決まります．

〈例〉 $\mathrm{P}=\mathrm{P}_1(0,\ 1)$ のとき，$Ce^0=1$ より，$C=1$.

$$\therefore\quad y = e^x$$

$\mathrm{P}=\mathrm{P}_2(-2,\ -2)$ のとき，$Ce^{-2}=-2$ より，$C=-2e^2$.

$$\therefore\quad y = -2e^{x+2}$$

このように，特殊解を指定する条件を**初期条件**といいます．

3° **〈線形微分方程式〉**

未知関数およびその導関数の1次式である微分方程式を**線形微分方程式**といいます．本書では，その中でも係数が定数で高々2階の微分方程式

- $\boldsymbol{\dfrac{dy}{dx} + ay = f(x)}$
- $\boldsymbol{\dfrac{d^2y}{dx^2} + a\dfrac{dy}{dx} + by = g(x)}$

だけを扱います．ただし，$f(x)$ と $g(x)$ は与えられた既知の関数です．とくにこの形の微分方程式をとりあげる理由は，**一般解の公式を作ることができて，多くの重要な物理現象がこれらの微分方程式に従うから**です．

本問の(1)は，$y \neq 0$ のとき，$y=0$ のとき，という場合分けが不要な解法を誘導しています．

解　答

(1)　$e^{ax}\dfrac{d}{dx}(e^{-ax}y)=e^{ax}\left(e^{-ax}\dfrac{dy}{dx}-ae^{-ax}y\right)$

$$=\boldsymbol{\frac{dy}{dx}-ay} \qquad \cdots\cdots ④$$

(2)　④より，$\dfrac{dy}{dx}=ay$ は次式と同値である．

$$\frac{d}{dx}(e^{-ax}y)=0$$

⬅ $e^{ax}>0$ より

$$e^{-ax}y=C$$

$$\therefore\quad \boldsymbol{y=Ce^{ax}} \quad (C\text{ は任意定数})$$

(3)　④において，$a=-2$ とおくと

$$\frac{dy}{dx}+2y=e^{-2x}\frac{d}{dx}(e^{2x}y)$$

よって，$\dfrac{dy}{dx}+2y=x^2$ は次式と同値である．

$$\frac{d}{dx}(e^{2x}y)=x^2e^{2x}$$

したがって

$$e^{2x}y=\int x^2e^{2x}dx$$

⬅ 2 回部分積分する

$$=\frac{1}{2}x^2e^{2x}-\frac{1}{2}xe^{2x}+\frac{1}{4}e^{2x}+C$$

$$\therefore\quad \boldsymbol{y=\frac{1}{2}x^2-\frac{1}{2}x+\frac{1}{4}+Ce^{-2x}}$$

解説　1°　(1)の技巧は，次のようにすると覚えやすくなります．

$$\frac{dy}{dx}+ay=f(x)$$

両辺に e^{ax} を掛けると

$$e^{ax}\frac{dy}{dx}+ae^{ax}y=e^{ax}f(x)$$

⬅ 積の微分法の逆さ読み $u'v+uv'=(uv)'$ を適用する

$$\therefore\quad \frac{d}{dx}(e^{ax}y)=e^{ax}f(x)$$

これで実質的に解けたことになります．

第3章

2° (2)の結果，すなわち

$$\boxed{\frac{dy}{dx}=ay \text{ の一般解は，} y=Ce^{ax}} \quad \cdots\cdots ㋐$$

であることは公式として覚えましょう.

本問ではもともと，y は実数変数 x の実数値関数，a は実数の定数であることが想定されています．しかし，**13** の結果と**解説**で説明した事実を使えば，

㋐は，y が実数変数 x の複素数値関数，a が複素数の定数でも成り立つ

ことが分かります.

〈例〉 $\dfrac{dy}{dx}=(-2+3i)y$ の一般解は，C を複素数の任意定数として

$$\begin{aligned} y&=Ce^{(-2+3i)x} \\ &=Ce^{-2x}(\cos 3x+i\sin 3x) \end{aligned}$$

で与えられる.

㋐を拡張した結果は，後で大変役立ちます.

3° (3)の別解を考えましょう.

[1] **定数変化法**

$y'+2y=0$ の一般解は，$y=Ce^{-2x}$ でした．そこで

$$y'+2y=x^2 \quad \cdots\cdots ㋑$$

の解は，定数 C を x の関数 u で置き換えて求められないか，と考えてみます.

$$y=ue^{-2x}$$

とおくと，$y'=u'e^{-2x}-2ue^{-2x}$．これらを㋑に代入して

$$\begin{aligned} &(u'e^{-2x}-2ue^{-2x})+2ue^{-2x}=x^2 \\ &u'=x^2e^{2x} \\ &u=\int x^2e^{2x}dx=\left(\frac{1}{2}x^2-\frac{1}{2}x+\frac{1}{4}\right)e^{2x}+C \\ &\therefore \quad y=\frac{1}{2}x^2-\frac{1}{2}x+\frac{1}{4}+Ce^{-2x} \end{aligned}$$

[2] **特殊解の利用**

㋑の特殊解 y_0 を一つ見付けることができると

$$y_0'+2y_0=x^2 \qquad \cdots\cdots ㋒$$

㋑－㋒ より

$$(y-y_0)'+2(y-y_0)=0$$
$$\therefore \quad y-y_0=Ce^{-2x}$$

一方，㋑の右辺が x の 2 次式であることに着目して

$$y_0=px^2+qx+r$$

とおいてみます．㋒に代入すると

$$(2px+q)+2(px^2+qx+r)=x^2$$
$$2px^2+2(p+q)x+q+2r=x^2$$

両辺の係数を比較して

$$2p=1,\ p+q=0,\ q+2r=0$$
$$\therefore \quad p=\frac{1}{2},\ q=-\frac{1}{2},\ r=\frac{1}{4}$$

ゆえに

$$y=y_0+Ce^{-2x}$$
$$=\frac{1}{2}x^2-\frac{1}{2}x+\frac{1}{4}+Ce^{-2x}$$

15 $\dfrac{dy}{dx}=ay$ (1)

1杯のコーヒーが90°Cに温められている．室温10°Cの部屋に3分間放置したら70°Cになった．コーヒーの温度が55°Cに下がるのは最初から何分後か．ただし，室温は一定とし，温度の降下速度は周囲の温度との温度差に比例するものとする．（滋賀医大）

精講 微分方程式 $\dfrac{dy}{dx}=ay+b$ は，容易に $\dfrac{dY}{dx}=aY$ の形に直せます．定数の微分が0であることに注意すれば

$$\frac{dy}{dx}=a\left(y+\frac{b}{a}\right) \text{ より，} \frac{d}{dx}\left(y+\frac{b}{a}\right)=a\left(y+\frac{b}{a}\right)$$

となるからです．

解答

t 分後のコーヒーの温度を x°Cとする．温度の降下速度 $\dfrac{dx}{dt}$ (<0) は，周囲の温度との温度差 $x-10$ (>0) に比例するから

$$\frac{dx}{dt}=-k(x-10)$$

⬅ニュートンの冷却法則

が成り立つ．ただし，$k(>0)$ は比例定数．よって

$$\frac{d}{dt}(x-10)=-k(x-10)$$

$$\therefore\quad x-10=Ce^{-kt} \quad\cdots\cdots ①$$

⬅ C は任意定数

$t=0$ のとき $x=90$，$t=3$ のとき $x=70$ ゆえ

$$\begin{cases} C=80 & \cdots\cdots ② \\ Ce^{-3k}=60 & \cdots\cdots ③ \end{cases}$$

②を③で割ると

$$e^{3k}=\frac{80}{60}=\frac{4}{3}$$

$$\therefore\quad k=\frac{1}{3}\log\frac{4}{3} \quad\cdots\cdots ④$$

一方，①，②より

$$x=10+80e^{-kt}$$

よって，55°Cに下がるのに要する時間を T 分

とすると

$$80e^{-kT}=45$$

ゆえに

$$T=\frac{1}{k}\log\frac{80}{45}=\frac{1}{k}\log\frac{16}{9}=\frac{2}{k}\log\frac{4}{3}$$ ⬅ ④を代入

$$=6$$ **(分後)**

演習問題

15-1 最初に N_0 個あったバクテリアが t 時間たつと N 個に増殖する場合，微分方程式 $\dfrac{dN}{dt}=kN$ が成り立つものとする．ただし，k は正の比例定数である．

(1) N を t の関数で表せ．

(2) 2時間後に N が2倍になったとすると，最初の1万倍になるのは何時間後か．$\log_{10}2=0.3010$ を用いて，小数第1位まで求めよ． (島根医大)

15-2 ある放射性物質の $t=0$ における放射能の強さを N_0 とする．いま，時刻 t における強さを N で表すとき，微分方程式 $\dfrac{dN}{dt}=-kN$ $(k>0)$ が成り立つ．

(1) N を t の関数で表せ．

(2) 5年後の放射能の強さ N が最初の強さ N_0 の $\dfrac{1}{10}$ になったとすると，放射能が $\dfrac{1}{2}N_0$ となるのは何年後か．ただし，$\log_{10}2=0.3010$ とする．

(順天堂大)

15-3 空気中を落下する物体は速度に比例する抵抗を受ける．すなわち，鉛直下向きを正の向きとして，物体の質量を m，速さを v，時刻を t，重力加速度の大きさを g，正の比例定数を k とするとき

$$m\frac{dv}{dt}=mg-kv$$

が成立する．初速度を0として以下の問いに答えよ．

(1) 時刻 $t\,(\geqq 0)$ における物体の速度を求めよ．

(2) 落下する物体の速度は時間がたつとどのような値に近づくか． (信州大)

16　$\dfrac{dy}{dx}=ay$ (2)

曲線Cは，式 $x=f(\theta)\cos\theta$，$y=f(\theta)\sin\theta$ $(0\leqq\theta\leqq\alpha)$ で表される．ただし，$f(\theta)>0$，$f(0)=1$ である．C上の点$(x,\ y)$をとるとき，ベクトル$(x,\ y)$からベクトル$\left(\dfrac{dx}{d\theta},\ \dfrac{dy}{d\theta}\right)$への角は常に$\dfrac{2\pi}{3}$になる．このとき

(1)　関数$f(\theta)$を求めよ．

(2)　曲線Cの長さ$l(\alpha)$を求めよ．

(3)　$\lim_{\alpha\to\infty}l(\alpha)$を求めよ．　(早大)

精講　(1)　点$(x,\ y)$に複素数 $z=x+yi$ を対応させて考えます．計算に必要な基本事項は **11** と **13** で学習済みですから，それらを活用しましょう．

(2)　$\dfrac{dz}{d\theta}=\dfrac{dx}{d\theta}+i\dfrac{dy}{d\theta}$ となるので，曲線Cの長さは次式で表せます．

$$\boldsymbol{l(\alpha)=\int_0^\alpha\sqrt{\left(\frac{dx}{d\theta}\right)^2+\left(\frac{dy}{d\theta}\right)^2}d\theta=\int_0^\alpha\left|\frac{dz}{d\theta}\right|d\theta}$$

解　答

(1)　点$(x,\ y)$に複素数 $z=x+yi$ を対応させると曲線Cの方程式は

$$z=f(\theta)(\cos\theta+i\sin\theta)$$
$$=f(\theta)e^{i\theta}$$

$\dfrac{dz}{d\theta}=z'$ と書くことにする (他も同様) と，

$$z'=f'(\theta)e^{i\theta}+f(\theta)\cdot ie^{i\theta}$$
$$=(f'(\theta)+if(\theta))e^{i\theta}\quad\cdots\cdots①$$

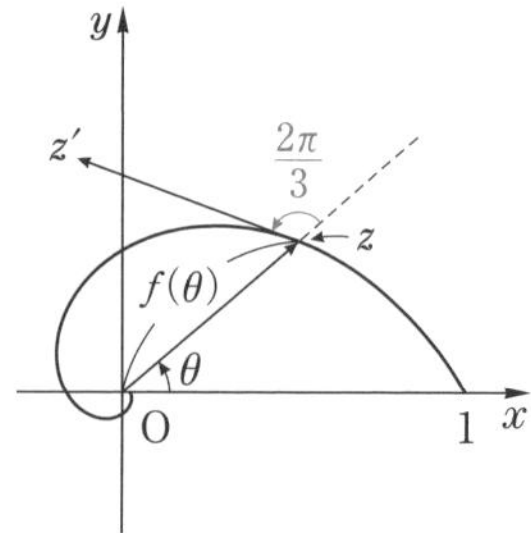

ベクトルzからベクトルz'への角は$\dfrac{2\pi}{3}$ $(=\beta$ とおく$)$ であるから，2つの複素数

$$\frac{z'}{z}=\frac{f'(\theta)}{f(\theta)}+i,$$

$$e^{i\beta}=-\frac{1}{2}+\frac{\sqrt{3}}{2}i=\frac{\sqrt{3}}{2}\left(-\frac{1}{\sqrt{3}}+i\right)$$

は同じ向きである．よって

$$\frac{f'(\theta)}{f(\theta)}=-\frac{1}{\sqrt{3}}$$

$$f'(\theta)=-\frac{1}{\sqrt{3}}f(\theta) \quad \cdots\cdots ②$$

⬅ $\frac{dy}{dx}=ay$ 型の微分方程式

$\therefore\quad f(\theta)=Ce^{-\frac{1}{\sqrt{3}}\theta}$ （C は任意定数）

$f(0)=1$ より $C=1$ であるから

$$\boldsymbol{f(\theta)=e^{-\frac{1}{\sqrt{3}}\theta}} \quad \cdots\cdots ③$$

(2) ①より

$$|z'|^2=(f'(\theta))^2+f(\theta)^2=\frac{4}{3}e^{-\frac{2}{\sqrt{3}}\theta}$$

⬅ ②，③による

ゆえに

$$\boldsymbol{l(\alpha)}=\int_0^\alpha |z'|\,d\theta=\int_0^\alpha \frac{2}{\sqrt{3}}e^{-\frac{1}{\sqrt{3}}\theta}d\theta$$

$$=\left[-2e^{-\frac{1}{\sqrt{3}}\theta}\right]_0^\alpha=\boldsymbol{2(1-e^{-\frac{1}{\sqrt{3}}\alpha})}$$

(3) (2)より，$\displaystyle\lim_{\alpha\to\infty}\boldsymbol{l(\alpha)=2}$

解説　**〈内積による(1)の別解〉**

$z=\vec{r}$，$z'=\vec{v}$ とすると

$$\vec{r}\cdot\vec{v}=|\vec{r}||\vec{v}|\cos\beta=-\frac{1}{2}f(\theta)\sqrt{(f'(\theta))^2+f(\theta)^2} \quad \cdots\cdots ㋐$$

一方，$\vec{r}=(f(\theta)\cos\theta,\ f(\theta)\sin\theta)$ であり

$$z'=(f'(\theta)+if(\theta))(\cos\theta+i\sin\theta)$$
$$=f'(\theta)\cos\theta-f(\theta)\sin\theta+i(f'(\theta)\sin\theta+f(\theta)\cos\theta)$$

より $\vec{v}$ の成分が分かるから

$$\vec{r}\cdot\vec{v}=f(\theta)\cos\theta(f'(\theta)\cos\theta-f(\theta)\sin\theta)$$
$$+f(\theta)\sin\theta(f'(\theta)\sin\theta+f(\theta)\cos\theta)$$
$$=f(\theta)f'(\theta) \quad \cdots\cdots ㋑$$

㋑を㋐に代入して，両辺を $f(\theta)$ (>0) で割ると

$$f'(\theta)=-\frac{1}{2}\sqrt{(f'(\theta))^2+f(\theta)^2}$$

$$\Longleftrightarrow\ 3(f'(\theta))^2=f(\theta)^2,\quad f'(\theta)<0$$

したがって，

$$f'(\theta)=-\frac{1}{\sqrt{3}}f(\theta)$$

以下，同様です．

第3章

17　$\dfrac{d^2y}{dx^2}+a\dfrac{dy}{dx}+by=0$ (1)

$f(x)$ は次の関係

$$\begin{cases} f''(x)+4f'(x)+3f(x)=0 \\ f(0)=1,\ f'(0)=9 \end{cases}$$

を満たす関数とする．

(1)　$g(x)=f'(x)+f(x)$ とおくとき，$g(x)$ が満たす微分方程式を求め，解 $g(x)$ を求めよ．

(2)　$h(x)=f'(x)+3f(x)$ とおくとき，$h(x)$ が満たす微分方程式を求め，解 $h(x)$ を求めよ．

(3)　$f(x)$ を求めよ．　(慶大)

精講　(1)　$f(x)$ は2階の微分方程式

$$f''(x)=-4f'(x)-3f(x)$$

を満たすので，$g(x)=f'(x)+f(x)$ は1階の微分方程式を満たすはずです．そこで

$$g'(x)=f''(x)+f'(x)$$

として，両者から $f''(x)$ を消去してみましょう．

解　答

$$\begin{cases} f''(x)=-4f'(x)-3f(x) & \cdots\cdots ① \\ f(0)=1,\ f'(0)=9 & \cdots\cdots ② \end{cases}$$

⬅ 対応する物理系の例は 18，解説2°，(i)参照

(1)　$g(x)=f'(x)+f(x)$ より

$$g'(x)=f''(x)+f'(x)$$

①を代入して $f''(x)$ を消去すると

$$g'(x)=(-4f'(x)-3f(x))+f'(x)$$
$$=-3(f'(x)+f(x))$$
$$\therefore\quad g'(x)=-3g(x)$$

よって

$$g(x)=C_1e^{-3x}\quad (C_1 \text{は任意定数})$$

②より，$g(0)=f'(0)+f(0)=10$ であるから，$C_1=10$．ゆえに

$$\boldsymbol{g(x)=10e^{-3x}}$$

(2)　(1)と同様に，$h(x)=f'(x)+3f(x)$ より

$$h'(x)=f''(x)+3f'(x)$$
$$=(-4f'(x)-3f(x))+3f'(x)$$
$$=-(f'(x)+3f(x))$$
$$\therefore\quad h'(x)=-h(x)$$

← (1)と合わせて 3 項間漸化式 $a_{n+2}-(\alpha+\beta)a_{n+1}+\alpha\beta a_n=0$ の解法との類似に気が付いてほしい

よって

$h(x)=C_2e^{-x}$ （C_2 は任意定数）

$h(0)=f'(0)+3f(0)=12$ より，$C_2=12$．ゆえに

$$\boldsymbol{h(x)=12e^{-x}}$$

(3) (1)，(2)より

$$\begin{cases} f'(x)+f(x)=10e^{-3x} \\ f'(x)+3f(x)=12e^{-x} \end{cases}$$
$$\therefore\quad \boldsymbol{f(x)=6e^{-x}-5e^{-3x}}$$

解説 微分方程式 $y''+ay'+by=0$ ……㋐ の一般解は，対応する 2 次方程式 $\boldsymbol{Y^2+aY+b=0}$ ……㋑ の解によって決まります．

(i) ㋑が異なる 2 つの実数解 α，β をもつとき，$\alpha+\beta=-a$，$\alpha\beta=b$ より㋐は，$y''-(\alpha+\beta)y'+\alpha\beta y=0$ と表せ，次の 2 通りに変形できます．

$$\begin{cases} (y'-\alpha y)'=\beta(y'-\alpha y) \\ (y'-\beta y)'=\alpha(y'-\beta y) \end{cases} \quad \cdots\cdots ㋒$$
$$\therefore\quad \begin{cases} y'-\alpha y=C_1e^{\beta x} \\ y'-\beta y=C_2e^{\alpha x} \end{cases}$$

$\alpha\neq\beta$ に注意して，$A=\dfrac{C_2}{\alpha-\beta}$，$B=\dfrac{-C_1}{\alpha-\beta}$ とおくと，一般解は

$$\boldsymbol{y=Ae^{\alpha x}+Be^{\beta x}}\quad \textbf{（}\boldsymbol{A}\textbf{，}\boldsymbol{B}\textbf{ は任意定数）}$$

となります．

(ii) ㋑が重解 $\alpha=\beta$ をもつとき，㋒の 2 式は一致して

← 対応する物理系の例は **18**，**解説 2°**，(ii)参照

$$(y'-\alpha y)'=\alpha(y'-\alpha y)$$
$$\therefore\quad y'-\alpha y=Ae^{\alpha x}$$

両辺に $e^{-\alpha x}$ を掛けると

← **14**，**解説 1°**

$$e^{-\alpha x}y'-\alpha e^{-\alpha x}y=A$$
$$\therefore\quad (e^{-\alpha x}y)'=A$$

よって，$e^{-\alpha x}y=Ax+B$ となるので，一般解は

$$\boldsymbol{y=(Ax+B)e^{\alpha x}}\quad \textbf{（}\boldsymbol{A}\textbf{，}\boldsymbol{B}\textbf{ は任意定数）}$$

で与えられます．

2 次方程式㋑を微分方程式㋐の**特性方程式**といいます．特性方程式が虚数解をもつ最も重要な場合は，次問で扱います．

18 $\dfrac{d^2y}{dx^2}+a\dfrac{dy}{dx}+by=0$ (2)

(1) a, b を実数の定数として，微分方程式

$$\frac{d^2x}{dt^2}+a\frac{dx}{dt}+bx=0 \qquad \cdots\cdots ①$$

を考える．方程式 $X^2+aX+b=0$ の解が，$\lambda\pm i\omega$ (λ, $\omega\neq 0$ は実数) のとき，微分方程式①の一般解は，A, B を任意の実数の定数として

$$x=e^{\lambda t}\,(A\cos\omega t+B\sin\omega t) \qquad \cdots\cdots ②$$

と表せることを示せ． (埼玉大)

(2) 水平で滑らかな台の上に，一端を固定されたバネがあり，その他端に質量 m のおもりがつながれている．

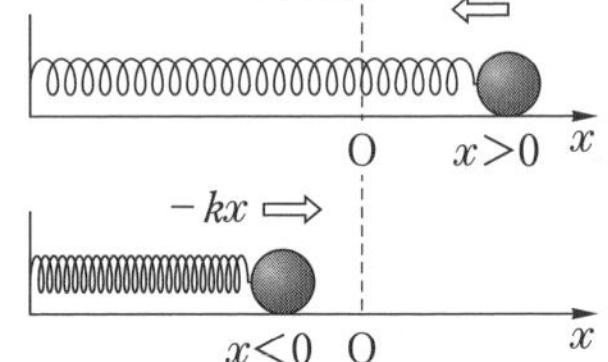

バネが伸びる方向に x 軸をとり，バネの自然長に対するおもりの位置を原点にとる．

バネ定数を $k\,(>0)$ とすると，おもりの位置が x のとき，おもりには向心力 $F=-kx$ が働く．

このとき，おもりに対する運動方程式 $m\dfrac{d^2x}{dt^2}=F$ の一般解を求めよ．

精講 (1) 何も知らなければ，まず②から x', x'' を計算し，それから任意定数 A, B を消去して，x の満たす微分方程式を求めます．そして，それが①と一致することを示すことになります．

しかし，私達は **14**，(2)の結果が y が複素数値関数で，a (本問の a ではない) が複素数の定数の場合にも成り立つことを知っています (**14**，**解説** 2° 参照)．

したがって，前問，**解説**(i)の議論が，α, β が互いに共役な複素数のときにもそのまま通用することが分かります．そこで，**解答**では拡張された前問，**解説**(i)を①に適用して，次に x を実数値関数に制限します．その際

$$\begin{aligned}\overline{e^z}&=\overline{e^x(\cos y+i\sin y)}\\&=e^x(\cos y-i\sin y)\\&=e^x\{\cos(-y)+i\sin(-y)\}\\&=e^{x-yi}\\&=e^{\bar{z}}\end{aligned}$$

⬅ $z=x+yi$ (x, y は実数) とおく

となることに注意しましょう．

解　答

(1)　$\alpha=\lambda+i\omega$, $\beta=\lambda-i\omega$ とおいて，x を複素数値関数とみると，①の一般解は

$$x=Ce^{\alpha t}+De^{\beta t}$$

で与えられる．ただし，C, D は複素数の任意定数である．

x が実数値関数のとき，$x=\overline{x}$ であるから

$$\begin{aligned}Ce^{\alpha t}+De^{\beta t}&=\overline{Ce^{\alpha t}+De^{\beta t}}\\&=\overline{C}e^{\overline{\alpha}t}+\overline{D}e^{\overline{\beta}t}\\&=\overline{C}e^{\beta t}+\overline{D}e^{\alpha t}\end{aligned}$$

← $\overline{\alpha}=\beta$, $\overline{\beta}=\alpha$

$$(C-\overline{D})e^{\alpha t}+(D-\overline{C})e^{\beta t}=0$$

$$\therefore\quad D=\overline{C}$$

ゆえに，

$$\begin{aligned}x&=Ce^{(\lambda+i\omega)t}+\overline{C}e^{(\lambda-i\omega)t}\\&=Ce^{\lambda t}(\cos\omega t+i\sin\omega t)+\overline{C}e^{\lambda t}(\cos\omega t-i\sin\omega t)\\&=e^{\lambda t}\{(C+\overline{C})\cos\omega t+i(C-\overline{C})\sin\omega t\}\end{aligned}$$

$C=C_1+C_2i$ (C_1, C_2 は実数) とおくと

$$x=e^{\lambda t}(2C_1\cos\omega t-2C_2\sin\omega t)$$

さらに，$2C_1=A$, $-2C_2=B$ とおくと

$$x=e^{\lambda t}(A\cos\omega t+B\sin\omega t)$$

を得る．ただし，A, B は実数の任意定数である．

(2)　おもりの運動方程式 $m\dfrac{d^2x}{dt^2}=-kx$　……③

← ①で $a=0$ の場合

より

$$\frac{d^2x}{dt^2}=-\frac{k}{m}x$$

対応する特性方程式は

$$X^2=-\frac{k}{m}\qquad\therefore\quad X=\pm\sqrt{\frac{k}{m}}\,i$$

ゆえに，(1)より，③の一般解は

$$\boldsymbol{x=A\cos\sqrt{\frac{k}{m}}\,t+B\sin\sqrt{\frac{k}{m}}\,t}\qquad\cdots\cdots④$$

と表せる．ただし，A, B は実数の任意定数である．

第3章

解説 1° 〈単振動〉

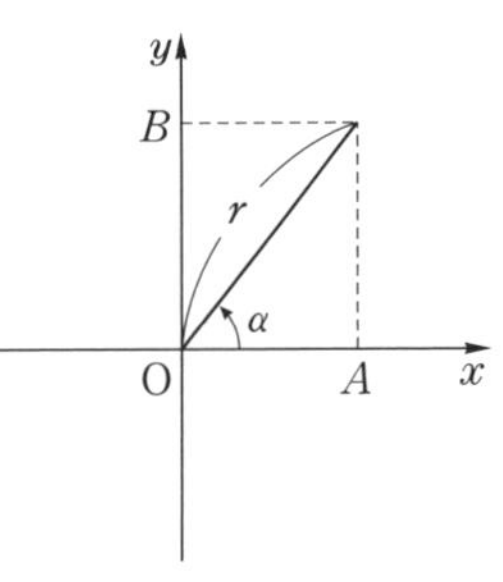

④において，ベクトル$(A,\ B)$がx軸の正方向となす角をα，$r=\sqrt{A^2+B^2}$ とすると

$$\boldsymbol{\omega}=\sqrt{\frac{\boldsymbol{k}}{\boldsymbol{m}}} \qquad \cdots\cdots ㋐$$

とおいて，②は次のように変形できます．

$$x=r\cos\alpha\cos\omega t+r\sin\alpha\sin\omega t$$
$$=r\cos(\omega t-\alpha)$$

この形では，A，Bの代わりにr，αが任意定数になります．これから，おもりは $-r\leqq x\leqq r$ の範囲を往復運動することが分かります．そこで，おもりの運動を**単振動**といい，rを**振幅**，ωを**角振動数**といいます．単振動の**周期**は

$$\boldsymbol{T}=\frac{\boldsymbol{2\pi}}{\boldsymbol{\omega}}=\boldsymbol{2\pi}\sqrt{\frac{\boldsymbol{m}}{\boldsymbol{k}}}$$

で与えられます．

2° 〈抵抗があるとき〉

この場合を考えることによって，微分方程式①の一般的な場合に対応する物理系が構成できます．

(2)の装置のおもりをダンパー（緩衝装置）につないで，速度に比例する抵抗が働くように調節します．

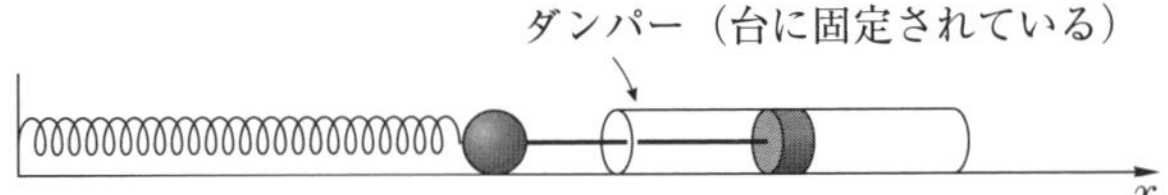

特性方程式の係数を簡単にするために，抵抗の比例定数を $2m\lambda$ とすると，おもりの運動方程式は

$$m\frac{d^2x}{dt^2}=-kx-2m\lambda\frac{dx}{dt}$$

$$\frac{d^2x}{dt^2}+2\lambda\frac{dx}{dt}+\frac{k}{m}x=0$$

時刻による微分を，$\dfrac{dx}{dt}=\dot{x}$，$\dfrac{d^2x}{dt^2}=\ddot{x}$ などと書くことにすると

$$\ddot{x}+2\lambda\dot{x}+\omega^2x=0 \qquad ⬅ ㋐による$$

よって，特性方程式とその解は

$$X^2+2\lambda X+\omega^2=0 \qquad \therefore \quad X=-\lambda\pm\sqrt{\lambda^2-\omega^2}$$

(i) $\boldsymbol{D>0}$，すなわち，$\lambda>\omega$ のとき

17，**解説**(i)より，一般解は

$$x=e^{-\lambda t}(Ae^{\sqrt{\lambda^2-\omega^2}t}+Be^{-\sqrt{\lambda^2-\omega^2}t}) \quad \cdots\cdots ㋑$$

初期条件として

$$x(0)=x_0\,(>0),\ \dot{x}(0)=0 \quad \cdots\cdots ㋒$$

を課すと

$$A=\frac{x_0}{2}\left(1+\frac{\lambda}{\sqrt{\lambda^2-\omega^2}}\right),\ B=\frac{x_0}{2}\left(1-\frac{\lambda}{\sqrt{\lambda^2-\omega^2}}\right)$$

これらを代入して微分すると，簡単な計算で

$$x=x_0e^{-\lambda t}\left\{\cosh(\sqrt{\lambda^2-\omega^2}\,t)+\frac{\lambda}{\sqrt{\lambda^2-\omega^2}}\sinh(\sqrt{\lambda^2-\omega^2}\,t)\right\} \quad \cdots\cdots ㋓$$

$$\dot{x}=-\frac{\omega^2}{\sqrt{\lambda^2-\omega^2}}x_0e^{-\lambda t}\sinh(\sqrt{\lambda^2-\omega^2}\,t)$$

となることが分かります．したがって

$$x>0,\ \dot{x}<0\quad (t>0)$$

つまり，おもりの x 座標は単調に減少しながら，㋑より 0 に近づきますが，0 には到達しません．

(ii) **$D=0$**，すなわち，$\lambda=\omega$ のとき

17，**解説** (ii)より，一般解は

$$x=(At+B)e^{-\omega t}$$

初期条件㋒より

$$A=\omega x_0,\ B=x_0$$

となるので

$$x=x_0(\omega t+1)e^{-\omega t} \quad \cdots\cdots ㋔$$

$$\dot{x}=-\omega^2x_0te^{-\omega t}$$

この場合も

$$x>0,\ \dot{x}<0\quad (t>0)$$

となり，$t\longrightarrow\infty$ のとき，おもりは(i)の場合と同じ様な動き方をします．しかし，ω を固定するとき，$\lambda\geqq\omega$ の範囲では，x は **$\lambda=\omega$ のときに最も速く 0 に近づきます**．すなわち，㋓，㋔をそれぞれ $x_\lambda(t)$，$x_\omega(t)$ とすると

$$\lim_{t\to\infty}\frac{x_\omega(t)}{x_\lambda(t)}=0\quad (\lambda>\omega) \quad \cdots\cdots ㋕$$

が成り立ちます．証明はよい練習になるので，演習問題にします．

(iii) **$D<0$**，すなわち，$\lambda<\omega$ のとき

本問，(1)より，一般解は

$$x=e^{-\lambda t}(A\cos\sqrt{\omega^2-\lambda^2}\,t+B\sin\sqrt{\omega^2-\lambda^2}\,t)$$

初期条件㋒より

$$A=x_0,\ B=\frac{\lambda x_0}{\sqrt{\omega^2-\lambda^2}}$$

第3章

となるので

$$x=x_0e^{-\lambda t}\left(\cos\sqrt{\omega^2-\lambda^2}\,t+\frac{\lambda}{\sqrt{\omega^2-\lambda^2}}\sin\sqrt{\omega^2-\lambda^2}\,t\right)$$
$$=\frac{\omega}{\sqrt{\omega^2-\lambda^2}}x_0e^{-\lambda t}\cos(\sqrt{\omega^2-\lambda^2}\,t-\alpha)$$

と表せます.

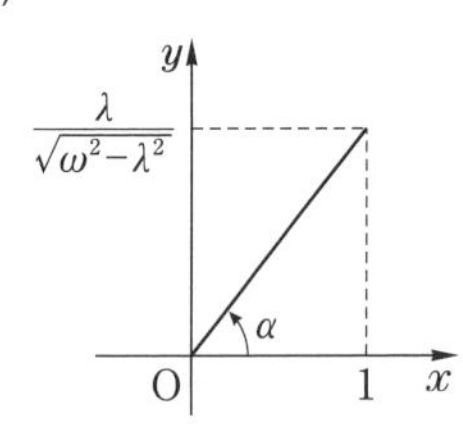

次図は，$\omega=10$ として，$\lambda=1,\ 10,\ 20$ に対する $x(t)$ のグラフを図示したものです.

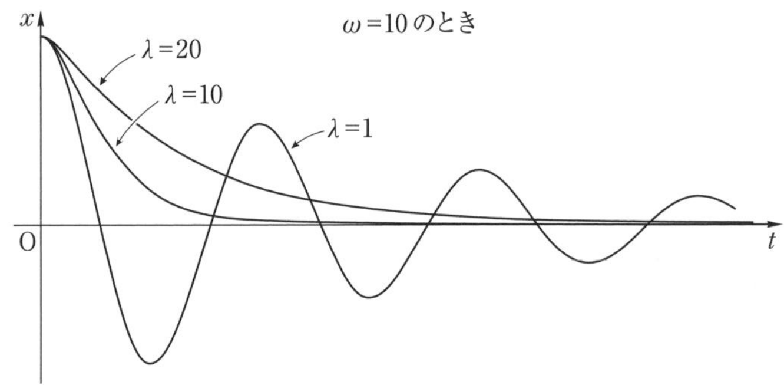

いずれの場合も，摩擦で生じた熱がダンパーに拡散するために力学的エネルギーが減少し，その結果おもりの運動は次第に減衰します．とくに，$D=0$ $(\lambda=\omega)$ の場合を**臨界減衰**といいます．開けたドアが自動的に閉じる装置は，この状態にすることで最速で減衰するように設計されているそうです.

演習問題

(18) 0でない定数αが存在して $\lim_{t\to\infty}\frac{f(t)}{g(t)}=\alpha$ となるとき，$f(t)$ と $g(t)$ は同位の主要部をもつといい，$f(t)\approx g(t)$ と表す.

(1) $f(t)\approx F(t)$，$g(t)\approx G(t)$，$\lim_{t\to\infty}\frac{F(t)}{G(t)}=0$ ならば，$\lim_{t\to\infty}\frac{f(t)}{g(t)}=0$

であることを示せ.

(2) 本問，**解説 2°** の㋕，すなわち，$\lim_{t\to\infty}\frac{x_\omega(t)}{x_\lambda(t)}=0$ $(\lambda>\omega)$ を示せ.

19 強制振動

前問 **18**, (2)の装置において，固定されたバネの左端を，振幅 F_0，角振動数 ω で単振動させるとき，おもりに対する運動方程式は

$$m\frac{d^2x}{dt^2}=-kx+F_0\sin\omega t$$

となる．とくに，$F_0=0$ のとき，おもりは単振動するが，その角振動数 $\sqrt{\frac{k}{m}}$ を ω_0 とおけば上式は

$$\frac{d^2x}{dt^2}=-\omega_0{}^2x+\frac{F_0}{m}\sin\omega t \qquad \cdots\cdots ①$$

と表せる．$\omega \fallingdotseq \omega_0$ として，以下の問いに答えよ．

(1) ①の特殊解を，$x=X\sin\omega t$ (X は定数) とおいて求めよ．

(2) ①の一般解を求めよ．

精講 指示に従って特殊解が分かれば，後は **14**，**解説** 3°，[2] と同様です．求めた特殊解を x_0 とすると，①が線形であることが効いて，$\boldsymbol{x-x_0}$ **は単振動の微分方程式を満たします．**

解答

(1) $x=X\sin\omega t$ を①に代入すると

$$\frac{dx}{dt}=X\omega\cos\omega t,\quad \frac{d^2x}{dt^2}=-X\omega^2\sin\omega t$$

より

$$-X\omega^2\sin\omega t=-X\omega_0{}^2\sin\omega t+\frac{F_0}{m}\sin\omega t$$

$$(\omega_0{}^2-\omega^2)X=\frac{F_0}{m}$$

$$\therefore\quad X=\frac{1}{\omega_0{}^2-\omega^2}\cdot\frac{F_0}{m}$$

⬅ $\omega \fallingdotseq \omega_0$ より

ゆえに，求める特殊解は

$$\boldsymbol{x=\frac{1}{\omega_0{}^2-\omega^2}\cdot\frac{F_0}{m}\sin\omega t}$$

(2) (1)で求めた特殊解を x_0 とすると

$$\frac{d^2x_0}{dt^2}=-\omega_0{}^2x_0+\frac{F_0}{m}\sin\omega t \qquad \cdots\cdots ②$$

①−② より

$$\frac{d^2}{dt^2}(x-x_0)=-{\omega_0}^2(x-x_0)$$

← $\frac{d^2x}{dt^2}-\frac{d^2x_0}{dt^2}$ $=\frac{d^2}{dt^2}(x-x_0)$

この方程式の一般解は，**18** より

$$x-x_0=A\cos\omega_0 t+B\sin\omega_0 t$$
$$=r\cos(\omega_0 t-\alpha) \quad \cdots\cdots ③$$

← 任意定数は $(A,\ B)$，$(r,\ \alpha)$ どちらでもよい

ゆえに，(1)より

$$x=r\cos(\omega_0 t-\alpha)+x_0$$
$$=r\cos(\omega_0 t-\alpha)+\frac{1}{{\omega_0}^2-\omega^2}\cdot\frac{F_0}{m}\sin\omega t$$

解説 1° **18**，**解説 2°**，(iii)では注意しませんでしたが，$\beta=\frac{\pi}{2}-\alpha$ とおけば，③はサインに合成して

$$r\sin(\omega_0 t+\beta)$$

と表すこともできます．

2° 角振動数 ω_0 の単振動を行うおもりに振動的な力 $F_0\sin\omega t$ が働くとき，このおもりの振動を**強制振動**といいます．また，$\left|\frac{1}{{\omega_0}^2-\omega^2}\right|\longrightarrow\infty\ (\omega\longrightarrow\omega_0)$ となることを**共振**といいます（ブランコを想像してください）．共振するとバネがそれ以上伸縮しなくなったり，力が変位に比例しなくなるなど，ある所で装置が壊れてしまいます．次にその実例を紹介することにします．準備として渦の話からはじめましょう．

3° **〈カルマンの渦列(うずれつ)〉**

プールに入って腕で水を掻くと，腕が左右に揺れてどうしてもまっすぐに動かせないという経験は誰でもあるはずです．これは，動かした腕の後にできる**渦が原因**です．

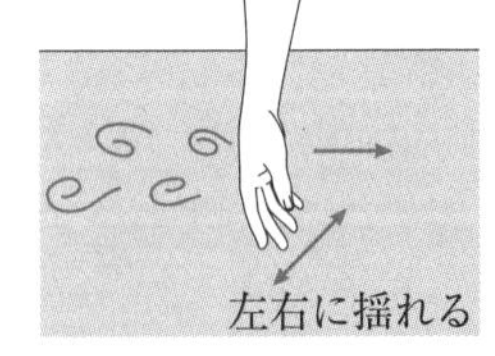

もう少し詳しく説明するために設定を理想化して，水や空気などの一様な流れの中に，流れに対して垂直に円柱を置きます．このとき，円柱のまわりの流れの様子は，流速 U，円柱の直径 D，流体の密度 ρ，流体の粘っこさを表す粘性係数 μ を用いて表されるレイノルズ数とよばれる無次元数

$$R_e = \frac{\rho U D}{\mu}$$

によって決まります．レイノルズ数が数十から数百の間にあると，円柱の左右から反対まわりに回転する渦が交互に発生します．これを**カルマンの渦列**といいます．

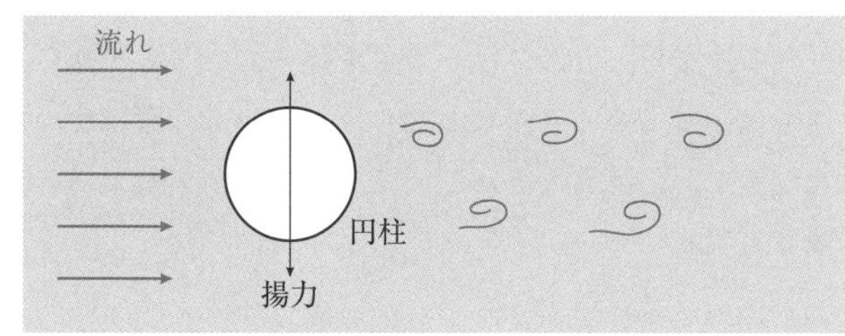

渦の部分は他よりも圧力が低いために，渦が左右交互に発生するのに同期して**揚力**とよばれる流れに垂直な振動する力の成分が現れます．これが水中の腕が左右に揺れる原因です．因みに，カルマンの渦の対が 1 秒間に発生する回数は

$$f = 0.2\frac{U}{D}$$

⬅ 対応する角振動数は $\omega = 2\pi f$

であることが実験的に知られています．

4° 〈タコマ橋の崩落〉

アメリカ・ワシントン州のタコマ海峡に架かる吊り橋が，1940 年 11 月に完成してからわずか 4 か月余りで崩落しました．当時の科学技術の粋を結集して敷設した橋が，想定内の毎秒 19 m の風で落橋したことは大きな衝撃だったようです．

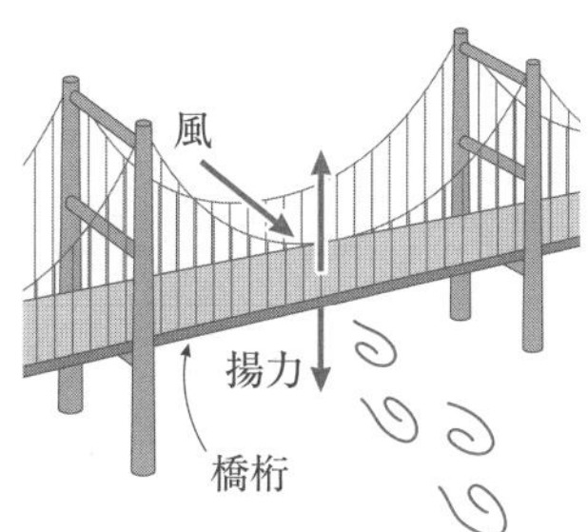

この大事故の原因は，横風を受けた橋桁の上下に空気のカルマンの渦列が発生したことだとする説が有力です．その結果，振動する揚力が現れ，その角振動数 ω が，橋の構造で決まる固有角振動数 ω_0 と近い値となったために共振したとみられています．

第4章 いろいろな微分方程式

20 変数分離形

うわさが伝わる速さは，うわさを知っている人の数xが時間的に増加する割合で定義される．また，うわさは，それを知っている人が知らない人に伝えるので，速さは知っている人の数と知らない人の数の積に比例すると考えられる．したがって，比例定数をkとして，人口N人の村では，時刻tの関数として，微分方程式

$$\frac{dx}{dt}=kx(N-x)$$

が成り立つ．

(1) ちょうど半数の人がうわさを知った時点を $t=0$ として，xを求め，xの増減凹凸を調べてグラフの概形をかけ．

(2) $x=rN\ \left(\frac{1}{2}<r<1\right)$ となるのに要する時間を求めよ．　（自治医大）

精講　微分方程式 $\frac{dy}{dx}=\varphi(x,\ y)$ は

$$\varphi(x,\ y)=f(x)g(y)$$

と表せるとき，**変数分離形**であるといいます．解を求めるには

$$\frac{1}{g(y)}\cdot\frac{dy}{dx}=f(x) \qquad \cdots\cdots ①$$

として，両辺をxで積分すると

$$\int\frac{1}{g(y)}\cdot\frac{dy}{dx}dx=\int f(x)dx$$

⬅ 左辺を置換積分する

$$\int\frac{1}{g(y)}dy=\int f(x)dx \qquad \cdots\cdots ②$$

これから一般解が求められます．

なお，$\frac{dy}{dx}$ を分数とみて，①から直接

$$\frac{1}{g(y)}dy=f(x)dx$$

と変形して②を導いても問題ありません．

解　答

(1) $\dfrac{dx}{dt}=kx(N-x)$ ……③ より

$$\int\frac{1}{x(N-x)}dx=\int k\,dt$$

$$\frac{1}{N}\int\left(\frac{1}{x}+\frac{1}{N-x}\right)dx=\int k\,dt$$

$$\log x-\log(N-x)=Nkt+C_1$$

$$\log\frac{x}{N-x}=Nkt+C_1$$

$$\therefore\quad \frac{x}{N-x}=Ce^{Nkt}\ (C=e^{C_1})$$

⬅ $0<x<N$

⬅ $\displaystyle\int\frac{1}{N-x}dx=-\log(N-x)+C$

$t=0$ のとき $x=\dfrac{N}{2}$ であるから，$C=1$.

よって

$$\frac{x}{N-x}=e^{Nkt} \quad\cdots\cdots④$$

$$\therefore\quad x=\frac{Ne^{Nkt}}{1+e^{Nkt}}=\frac{N}{1+e^{-Nkt}} \quad\cdots\cdots⑤$$

⬅ $\begin{cases}x\longrightarrow 0\ (t\longrightarrow -\infty)\\ x\longrightarrow N\ (t\longrightarrow \infty)\end{cases}$

次に，x の増減を③を用いて調べる.

$0<x<N$ より，$\dfrac{dx}{dt}>0$ であるから

⬅ x は t の増加関数

$$0<x<\frac{N}{2}\ (t<0),\ \frac{N}{2}<x<N\ (t>0)$$

一方，③を t で微分すると

⬅ ⑤を直接微分してもよいが計算が大変

$$\begin{aligned}\frac{d^2x}{dt^2}&=k\frac{dx}{dt}(N-x)+kx\left(-\frac{dx}{dt}\right)\\&=k^2x(N-x)^2-k^2x^2(N-x)\\&=k^2x(N-x)(N-2x)\end{aligned}$$

$$\therefore\quad \frac{d^2x}{dt^2}>0\ (t<0),\ \frac{d^2x}{dt^2}<0\ (t>0)$$

ゆえに，$y=x(t)$ のグラフは右図のようになる.

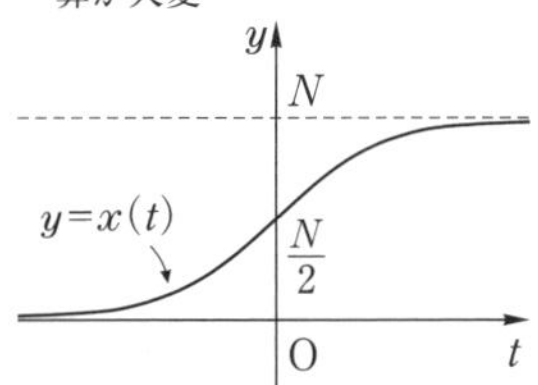

(2) ④で $x=rN$ とおくと

$$e^{Nkt}=\frac{r}{1-r}$$

$$\therefore\quad t=\boldsymbol{\frac{1}{Nk}\log\frac{r}{1-r}}$$

解説　1°　実は，⑤のグラフは y 軸との交点 $\left(0,\ \dfrac{N}{2}\right)$ に関して対称です．

$$x-\frac{N}{2}=\frac{N}{2}\cdot\frac{1-e^{-Nkt}}{1+e^{-Nkt}}$$

となり，右辺が奇関数であることから分かります．

2°　イギリスの経済学者マルサスは『人口論』(1978) において，人口は微分方程式

$$\frac{1}{x}\cdot\frac{dx}{dt}=a \quad \text{(一人当たりの増加率が一定)} \qquad \cdots\cdots ㋐$$

に従って増加すると主張しました．この方程式の解は

$$x=Ce^{at}$$

となるので，人口は指数関数的に増加することになります．

その一方で，マルサスは食料生産が直線的にしか増加しないことを実証し，食糧危機が不可避であることを示して大きな衝撃を引き起こしました．

しかし，方程式㋐は人口がある程度増えると，住空間や食料事情の悪化などの影響でそのままでは成立しなくなります．そこで，オランダの生物学者ベルハルトは，このような環境圧は人口に比例すると考え，㋐の右辺を補正して

$$\frac{1}{x}\cdot\frac{dx}{dt}=a-bx$$

としました．これは

$$\frac{dx}{dt}=bx\left(\frac{a}{b}-x\right)$$

と直せるので，本問の微分方程式③で

$$k=b,\ N=\frac{a}{b}$$

とおいたものです．

さらに，ある生態学者のグループは過去の人口統計を基に

$$a=0.029,\ b=2.695\times10^{-12}$$

と推定して，世界の人口の上限を

$$\frac{a}{b}=107.6\ \text{億人}$$

と見積っています.

演習問題

20-1 平面上の第1象限で，曲線 $C_a : y^2 = ax\ (a>0)$ を考える.

(1) 曲線 C_a 上の点 $(x_0,\ y_0)$ における接線の傾きを x_0，y_0 を用いて表せ.

(2) a を動かすと，曲線 C_a の全体は曲線群を与えるが，それらすべての曲線と直交する曲線が満たす微分方程式を求めよ.

(3) (2)で求めた微分方程式の解のうち，点 $(1,\ 1)$ を通るものを求めよ.

（横浜市大）

20-2 xy 平面上の曲線 $y=x^2\ (0 \leqq x \leqq 1)$ を y 軸のまわりに回転させてできた容器に水が満たしてある．水が底から流出し始めてから時間が t だけ経過したときの水の深さを $h(t)$ とすれば，そのときの水の流出の速さは $\sqrt{h(t)}$ であるという.

(1) $h(t)$ が満たす微分方程式を求めよ.

(2) $h(t)$ を t を用いて表せ.

（茨城大）

21 同次形 (1)

曲線 $y=f(x)$ は第1象限内にあり，点 $(1,\ 1)$ を通る．この曲線上の点における接線に，原点から下ろした垂線の長さは接点の x 座標に等しくなるという．このとき，次の各問いに答えよ．

(1) $y=f(x)$ の満たす微分方程式を求めよ．

(2) $u=\dfrac{y}{x}$ として，(1)の微分方程式を u の微分方程式に直せ．

(3) (2)の微分方程式を解き，$f(x)$ を求めよ． (山形大)

精講 次の形をした微分方程式を**同次形**といいます．

$$\frac{dy}{dx}=g\left(\frac{y}{x}\right)$$

演習問題(20-1)，(2)で求めた微分方程式

$$\frac{dy}{dx}=-\frac{2x}{y}$$

は，変数分離形であると同時に，最も簡単な同次形です．同次形の微分方程式は，(2)の置き換えによって，必ず変数分離形に直すことができます．その際，

$$u=\frac{y}{x}=\frac{f(x)}{x}$$

は x の関数であることを忘れないようにしましょう．

解 答

(1) 点 $(t,\ f(t))$ における接線の方程式は

$$y=f'(t)(x-t)+f(t)$$

$$f'(t)x-y-tf'(t)+f(t)=0$$

よって

$$\mathrm{OH}=\frac{|-tf'(t)+f(t)|}{\sqrt{f'(t)^2+1}}=t$$

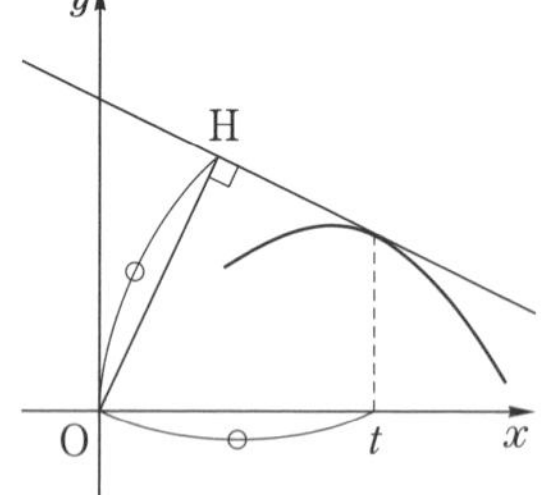

2乗してまとめると

$$\{-tf'(t)+f(t)\}^2=t^2\{f'(t)^2+1\}$$

$$\therefore\quad -2tf(t)f'(t)=t^2-f(t)^2$$

t を x とおいて書き直すと

$$-2xy\frac{dy}{dx}=x^2-y^2$$

したがって，求める微分方程式は

$$\boldsymbol{\frac{dy}{dx}=\frac{1}{2}\left(\frac{y}{x}-\frac{x}{y}\right)} \quad \cdots\cdots ①$$

(2) $u=\dfrac{y}{x}$ ……② より

← $\dfrac{dy}{dx}$ を u を用いて表したい

$$y=xu$$

両辺を x で微分すると

$$\frac{dy}{dx}=u+x\frac{du}{dx}$$

これらを①に代入すると

$$u+x\frac{du}{dx}=\frac{1}{2}\left(u-\frac{1}{u}\right)$$

$$\therefore \quad \boldsymbol{\frac{du}{dx}=-\frac{1}{x}\cdot\frac{u^2+1}{2u}} \quad \cdots\cdots ③$$

← 変数分離形

(3) ③より

$$\int\frac{2u}{u^2+1}du=-\int\frac{1}{x}dx$$

$$\log(u^2+1)=-\log x+C_1$$

← $x>0$

$$\therefore \quad x(u^2+1)=C \ (C=e^{C_1})$$

②を用いて元に戻すと

$$x\left\{\left(\frac{y}{x}\right)^2+1\right\}=C$$

$$\therefore \quad x^2+y^2=Cx$$

この曲線は点 $(1,\ 1)$ を通るから，$C=2$.

よって

$$x^2+y^2=2x$$

$y>0$ であるから

$$y=\boldsymbol{f(x)=\sqrt{2x-x^2}}$$

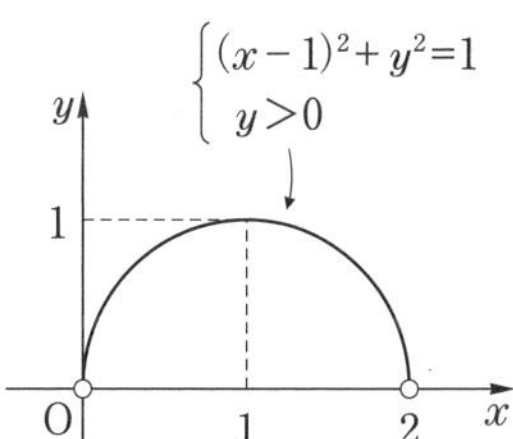

第4章

22 同次形 (2)

これから渡りたいまっすぐな川は，xy 座標を y 軸が左岸に沿うようにとると，$0 \leqq x \leqq 1$ で表されて，y 軸の正の向きに速さ a で流れている．いま，静水における速さ b の船が時刻 $t=0$ に点 A$(1,\ 0)$ を出発し，つねに原点Oを向くようにかじをとりながら，この川を渡ろうとする．ただし，$0<a<b$ である．

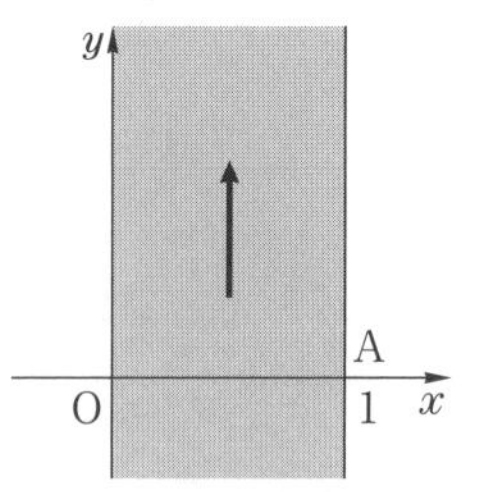

(1) 時刻 t における船の位置を $(x,\ y)$ とするとき，$\dfrac{dy}{dx}$ を x，y を用いて表せ．

(2) (1)で求めた微分方程式を解いて，y を x を用いて表せ．ただし，必要ならば **5**，**解説 2°** の公式㋒：

$$\int \frac{1}{\sqrt{x^2+1}}\,dx = \mathrm{arcsinh}\,x + C$$

を用いてよい．

(3) 船は原点Oに到達することを示し，そのときの時刻 T_0 を求めよ．

精講

(1) $\dfrac{dy}{dx}=\dfrac{\frac{dy}{dt}}{\frac{dx}{dt}}$ が成り立つので，$\dfrac{dx}{dt}$ と $\dfrac{dy}{dt}$ を x，y を用いて表せば解決します．

(2) (1)で求めた微分方程式は同次形です．

(3) (2)の結果を用いると，$\dfrac{dx}{dt}$ は x を用いて表せることに着目します．

解　答

(1) 時刻 t における船の位置を P$(x,\ y)$，x 軸の正方向から $\overrightarrow{\mathrm{OP}}$ に至る角を θ とする．

船の速度 $\vec{v}=\left(\dfrac{dx}{dt},\ \dfrac{dy}{dt}\right)$ は，川の流れの速度と船の静水に対する速度を合成したものであるから

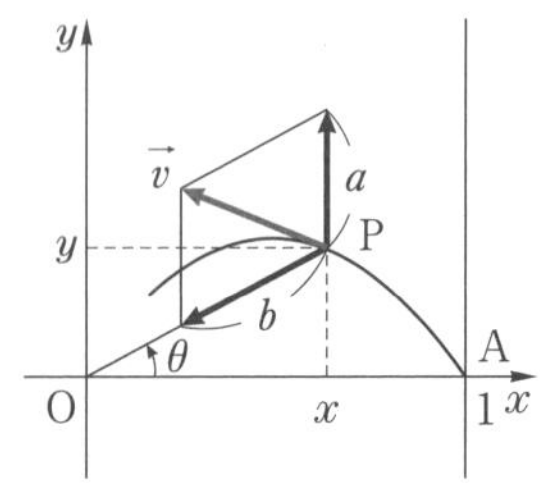

$$\begin{cases} \dfrac{dx}{dt}=-b\cos\theta=-b\dfrac{x}{\sqrt{x^2+y^2}} & \cdots\cdots ① \\ \dfrac{dy}{dt}=a-b\sin\theta=a-b\dfrac{y}{\sqrt{x^2+y^2}} & \cdots\cdots ② \end{cases}$$

②を①で割ると

$$\boldsymbol{\frac{dy}{dx}=\frac{y}{x}-\frac{a}{b}\sqrt{1+\left(\frac{y}{x}\right)^2}} \qquad \cdots\cdots ③$$

(2) ③において $\dfrac{y}{x}=u$ とおくと，$y=xu$ より

$$\frac{dy}{dx}=u+x\frac{du}{dx}$$

これらを③に代入すると

$$u+x\frac{du}{dx}=u-\frac{a}{b}\sqrt{1+u^2}$$

$$\therefore \quad x\frac{du}{dx}=-\frac{a}{b}\sqrt{1+u^2}$$

$\dfrac{a}{b}=k$ とおくと

$$\int\frac{1}{\sqrt{1+u^2}}du=-k\int\frac{1}{x}dx$$

⬅ $x>0$

$$\therefore \quad \mathrm{arcsinh}\,u=-k\log x+C$$

$t=0$ のとき，$(x,\ y)=(1,\ 0)$ より $u=0$ であるから，$C=0$．よって

⬅ $\mathrm{arcsinh}(0)=0$

$$u=\frac{y}{x}=\sinh(\log x^{-k})$$

$$=\frac{x^{-k}-x^k}{2}$$

⬅ $\sinh(\log X)=\dfrac{e^{\log X}-e^{-\log X}}{2}=\dfrac{X-X^{-1}}{2}$

$$\therefore \quad \boldsymbol{y=\frac{x^{1-k}-x^{1+k}}{2}} \qquad \cdots\cdots ④$$

ただし，$0<a<b$ より，$0<k<1$ である．

(3) ④より

$$x^2+y^2=x^2+\left(\frac{x^{1-k}-x^{1+k}}{2}\right)^2$$

$$=\left(\frac{x^{1-k}+x^{1+k}}{2}\right)^2$$

⬅ この等式のおかげで議論がうまく運ぶ

これを①に代入すると

$$\frac{dx}{dt}=-b\frac{2x}{x^{1-k}+x^{1+k}}$$

$$\therefore \quad dt=-\frac{1}{2b}(x^{-k}+x^k)dx$$

第4章

よって，時刻 $t=T$ で $x=\varepsilon$ $(0<\varepsilon<1)$ に達するとすると，$t:0\longrightarrow T$ のとき $x:1\longrightarrow\varepsilon$ であるから

$$\begin{aligned}
T&=\int_0^T dt\\
&=-\frac{1}{2b}\int_1^{\varepsilon}(x^{-k}+x^k)\,dx \qquad \cdots\cdots ⑤\\
&=-\frac{1}{2b}\left[\frac{x^{1-k}}{1-k}+\frac{x^{1+k}}{1+k}\right]_1^{\varepsilon}\\
&=-\frac{1}{2b}\left(\frac{\varepsilon^{1-k}}{1-k}+\frac{\varepsilon^{1+k}}{1+k}\right)+\frac{1}{2b}\left(\frac{1}{1-k}+\frac{1}{1+k}\right)\\
&=-\frac{1}{2b}\left(\frac{\varepsilon^{1-k}}{1-k}+\frac{\varepsilon^{1+k}}{1+k}\right)+\frac{b}{b^2-a^2}
\end{aligned}$$

⬅ $k=\dfrac{a}{b}$ より

$0<k<1$ より，$\varepsilon\longrightarrow 0$ のとき

$$\varepsilon^{1-k}\longrightarrow 0,\ \ \varepsilon^{1+k}\longrightarrow 0$$

であるから，T は収束する．すなわち，船は時刻

$$\boldsymbol{T_0=\lim_{\varepsilon\to 0}T=\frac{b}{b^2-a^2}}$$

に原点Oに到達する．

解説 **〈航跡の概形〉**

航跡④は，k の値に応じて右図のように変化します．$k=1$ のときは放物線

$$y=\frac{1}{2}(1-x^2)$$

となりますが，⑤より

$$\begin{aligned}
T&=-\frac{1}{2b}\int_1^{\varepsilon}\left(\frac{1}{x}+x\right)dx\\
&=-\frac{1}{2b}\left[\log x+\frac{x^2}{2}\right]_1^{\varepsilon}\\
&=-\frac{1}{2b}\left(\log\varepsilon+\frac{\varepsilon^2-1}{2}\right)\longrightarrow +\infty\ \ (\varepsilon\longrightarrow 0)
\end{aligned}$$

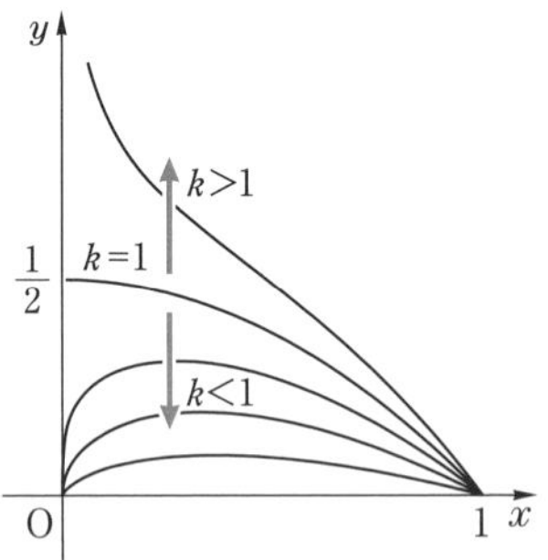

となるので，船は点 $\left(0,\ \dfrac{1}{2}\right)$ に**限りなく近づきますが，決して到達しません．**

第 5 章　物理への応用

23　懸垂線（カテナリー）

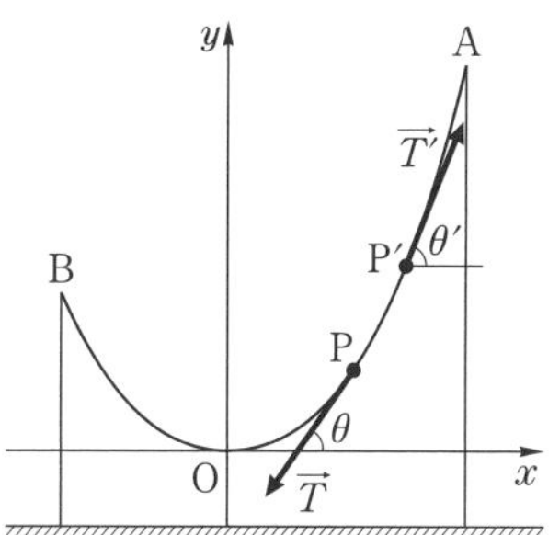

直立した2本の柱に，太さが無視できる線密度がμの糸を吊すとき，糸の描く曲線を求めたい．

頂点をOとして，水平にx軸，鉛直上向きにy軸をとり，次の量を考える．

- 原点Oから2点P，P′までの糸の長さをs，s'とする．ただし，P′はPの十分近くにあり，この2点にはさまれた糸の部分は剛体とみなせるものとする．
- 2点P，P′における曲線の接線とx軸がなす角をθ，θ'とする．
- 2点P，P′にはさまれた糸の部分に働く張力を$\vec{T}$，$\vec{T'}$，その大きさをT，T'とする．

このとき，以下の問いに答えよ．ただし，重力加速度の大きさをgとする．

(1)　2点P，P′にはさまれた糸の部分に働く力のつり合いの式を，x成分とy成分に分けてかけ．

(2)　$T\cos\theta$は一定であることを示せ．その一定値をkとする．また，$\dfrac{d}{ds}(T\sin\theta)=\mu g$ であることを示せ．

(3)　以下，P$(x,\ y)$とする．$\dfrac{k}{\mu g}=a$ とおくと，$\dfrac{dy}{dx}=\dfrac{s}{a}$ であることを示せ．

(4)　$\dfrac{ds}{dx}$ と $\dfrac{ds}{dy}$ をsを用いて表せ．

(5)　sをxを用いて表せ．また，yをsを用いて表せ．

(6)　yをxを用いて表せ．

(7)　以上は，P$(x,\ y)$が $x\geqq 0$ の範囲にある場合である．そこで，$x\leqq 0$ の範囲にある場合を考察せよ．

精講　(2)　後半では，(1)で求めた y 成分のつり合いの式で，$\mathrm{P}' \longrightarrow \mathrm{P}$ として極限をとります．

(3)　(2)の結果から，$\dfrac{d}{ds}\tan\theta$ が分かるので，$\tan\theta=\dfrac{dy}{dx}$ に注意します．

(4)　$ds=\sqrt{dx^2+dy^2}$ と(3)の結果を組み合わせます．

(5)　前問と同様，ここでも **5**，**解説 2°** の積分公式㋒が役立ちます．

(7)　いろいろな考え方ができます．**解答**では後ろから見て x 軸の向きを逆にした新座標をとることにします．

解　答

(1)　x 軸方向のつり合いの式は

$$\boldsymbol{T'\cos\theta'=T\cos\theta} \quad \cdots\cdots ①$$

y 軸方向のつり合いの式は

$$\boldsymbol{T'\sin\theta'-T\sin\theta=\mu g(s'-s)} \quad \cdots\cdots ②$$

(2)　①は $T\cos\theta$ が一定であることを示しているから

$$T\cos\theta=k \quad (一定) \quad \cdots\cdots ③$$

一方，②より

$$\frac{T'\sin\theta'-T\sin\theta}{s'-s}=\mu g$$

ここで，$\mathrm{P}' \longrightarrow \mathrm{P}$，すなわち，$s' \longrightarrow s$ とすると

$$\frac{d}{ds}(T\sin\theta)=\mu g \quad \cdots\cdots ④$$

⬅ ③，④を用いて T と θ を消去して，x，y と s の関係式を求め，そこから s を消去したい

(3)　③，④より T を消去すると

$$\frac{d}{ds}\left(\frac{k}{\cos\theta}\cdot\sin\theta\right)=\mu g$$

$$\therefore \quad \frac{d}{ds}(\tan\theta)=\frac{\mu g}{k}=\frac{1}{a}$$

$\tan\theta$ は点Pにおける接線の傾き $\dfrac{dy}{dx}$ に等しいから

$$\frac{d}{ds}\left(\frac{dy}{dx}\right)=\frac{1}{a}$$

$$\therefore \quad \frac{dy}{dx}=\frac{s}{a}+C_1$$

$s=0$ のとき $\dfrac{dy}{dx}=0$ であるから，$C_1=0$．よって

$$\frac{dy}{dx}=\frac{s}{a} \qquad \cdots\cdots ⑤$$

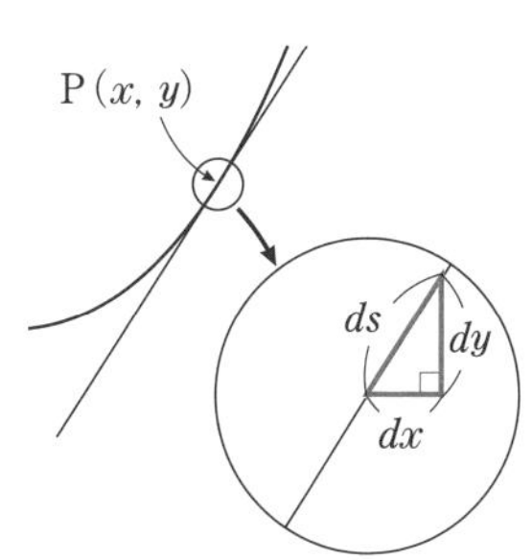

(4)　$ds=\sqrt{dx^2+dy^2}$ より

$$\boldsymbol{\frac{ds}{dx}}=\sqrt{1+\left(\frac{dy}{dx}\right)^2}=\boldsymbol{\sqrt{1+\left(\frac{s}{a}\right)^2}} \qquad \cdots\cdots ⑥$$

$$\boldsymbol{\frac{ds}{dy}}=\sqrt{1+\left(\frac{dx}{dy}\right)^2}=\boldsymbol{\sqrt{1+\left(\frac{a}{s}\right)^2}} \qquad \cdots\cdots ⑦$$

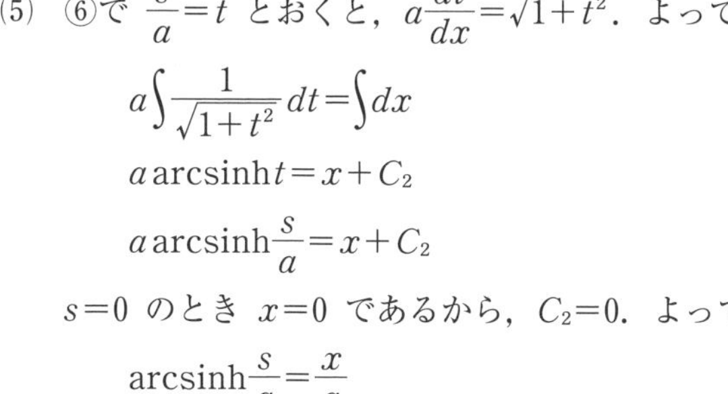

(5)　⑥で $\dfrac{s}{a}=t$ とおくと，$a\dfrac{dt}{dx}=\sqrt{1+t^2}$．よって

$$a\int\frac{1}{\sqrt{1+t^2}}dt=\int dx$$

← **5**，解説 2°，㋒

$$a\,\mathrm{arcsinh}\,t=x+C_2$$

$$a\,\mathrm{arcsinh}\frac{s}{a}=x+C_2$$

$s=0$ のとき $x=0$ であるから，$C_2=0$．よって

$$\mathrm{arcsinh}\frac{s}{a}=\frac{x}{a}$$

$$\therefore\quad \boldsymbol{s=a\sinh\frac{x}{a}} \qquad \cdots\cdots ⑧$$

一方，⑦より

$$\int\frac{s}{\sqrt{s^2+a^2}}ds=\int dy$$

$$\sqrt{s^2+a^2}=y+C_3$$

$s=0$ のとき $y=0$ であるから，$C_3=a$．よって

$$\boldsymbol{y=\sqrt{s^2+a^2}-a} \qquad \cdots\cdots ⑨$$

(6)　⑧，⑨より s を消去すると

$$\boldsymbol{y}=a\sqrt{1+\sinh^2\frac{x}{a}}-a$$

← $\cosh^2 x-\sinh^2 x=1$

$$=a\cosh\frac{x}{a}-a$$

$$\boldsymbol{=a\frac{e^{\frac{x}{a}}+e^{-\frac{x}{a}}}{2}-a} \qquad \cdots\cdots ⑩$$

(7)　P$(x,\ y)$，$x\leqq 0$ のとき，後ろから糸を見て，x 軸の向きだけを逆にした新座標での点Pの座標を $(X,\ Y)$ とすると

$$X=-x\ (\geqq 0),\quad Y=y$$

第5章

であり，$(X,\ Y)$は⑩を満たす，すなわち，

$$Y=a\frac{e^{\frac{X}{a}}+e^{-\frac{X}{a}}}{2}-a$$

$X,\ Y$を消去すると

$$y=a\frac{e^{-\frac{x}{a}}+e^{\frac{x}{a}}}{2}-a$$

となり，$x\leqq 0$ のときも同じ方程式⑩を満たす．

解説　1°　ガリレオは投射体の軌跡が，直円錐をただ1つの母線と平行な平面で切ったときにできる曲線と一致することを発見しました．当時はまだデカルトによる解析幾何の発明以前ですから，放物線を方程式 $y=ax^2+bx+c$ の表す曲線として認識することができなかったことに注意しましょう．それを考えると，これは大発見です．

そして，ガリレオは放物線を直円錐に頼らないで手軽に作る方法として糸を吊すことを思い付いたようです．それは**間違いだった**のですが，いくばくかの真理を含んでいます．

9 で学んだ e^x の整級数展開を使うと

$$\begin{aligned}\frac{e^x+e^{-x}}{2}&=\frac{1}{2}\left(1+x+\frac{x^2}{2!}+\frac{x^3}{3!}+\frac{x^4}{4!}+\cdots\right)\\&\quad+\frac{1}{2}\left(1-x+\frac{x^2}{2!}-\frac{x^3}{3!}+\frac{x^4}{4!}-\cdots\right)\\&=1+\frac{x^2}{2!}+\frac{x^4}{4!}+\cdots\end{aligned}$$

あるいは **11**，**解説 3°**，㋒と **10** の $\cos x$ の整級数展開を用いて

$$\begin{aligned}\frac{e^x+e^{-x}}{2}&=\cosh x=\cos(ix)\\&=1-\frac{(ix)^2}{2!}+\frac{(ix)^4}{4!}-\cdots\\&=1+\frac{x^2}{2!}+\frac{x^4}{4!}+\cdots\end{aligned}$$

とすることもできる．

よって，xが十分0に近いとき

$$\begin{aligned}y&=\frac{a(e^{\frac{x}{a}}+e^{-\frac{x}{a}})}{2}-a\\&=a\left\{1+\frac{1}{2!}\left(\frac{x}{a}\right)^2+\frac{1}{4!}\left(\frac{x}{a}\right)^4+\cdots\right\}-a\end{aligned}$$

$$=\frac{1}{2!}\cdot\frac{x^2}{a}+\frac{1}{4!}\cdot\frac{x^4}{a^3}+\cdots \qquad \cdots\cdots ㋐$$

⬅ x^4 以降の項を捨てる

$$\sim\frac{1}{2a}x^2$$

⬅ 近似的に等しいことを表す **46**，解説 1° 参照

したがって，**頂点付近では確かに放物線に近い形**をしています．

2°　実は，⑩はまだ未知の定数 k を含んでいます．しかし，それは糸の一端Aの座標 $(x_0,\ y_0)$（あるいはBの座標）から決まります．

実際，⑩で $x=x_0$ とおいて，y を a の関数

⬅ $x_0>0$，$y_0>0$

$$f(a)=a\cosh\left(\frac{x_0}{a}\right)-a$$

とみると

$$\begin{cases}\text{単調減少}\\ f(a)\longrightarrow\infty \quad (a\longrightarrow 0)\\ f(a)\longrightarrow 0 \quad (a\longrightarrow\infty)\end{cases} \qquad \cdots\cdots ㋑$$

であることから（証明は演習問題），$y=f(a)$ のグラフは右図のようになります．したがって，

$$y_0=f(a)$$

を満たす a がただ1つ存在し，$k=\mu ga$ が定まります．

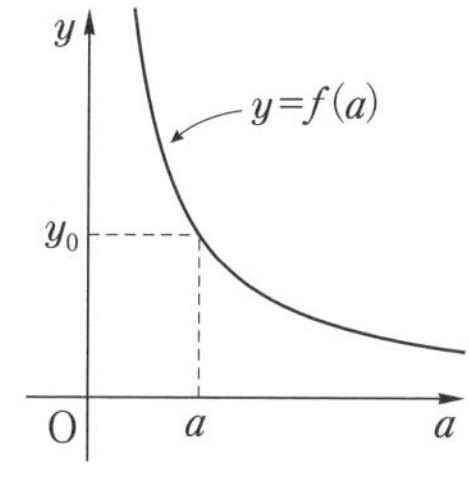

3°　**〈懸垂線（カテナリー）の形〉**

糸の描く曲線，すなわち

$$y=a\cosh\left(\frac{x}{a}\right)=\frac{a\left(e^{\frac{x}{a}}+e^{-\frac{x}{a}}\right)}{2}$$

のグラフを**懸垂線**（カテナリー）といいます．

⬅ **5** の曲線は $a=1$ の場合

$a=1$ とおいた

$$y=\cosh x$$

のグラフを，原点を中心にして a 倍すると

$$\frac{y}{a}=\cosh\left(\frac{x}{a}\right)$$

$$\therefore\quad y=a\cosh\left(\frac{x}{a}\right)$$

のグラフになります．つまり，カテナリーはすべて**相似**です．

演習問題

23　**解説 2°** の関数

$$f(a)=a\cosh\left(\frac{x_0}{a}\right)-a \quad (a>0)$$

が，条件㋑を満たすことを示せ．

第5章

24 等時曲線

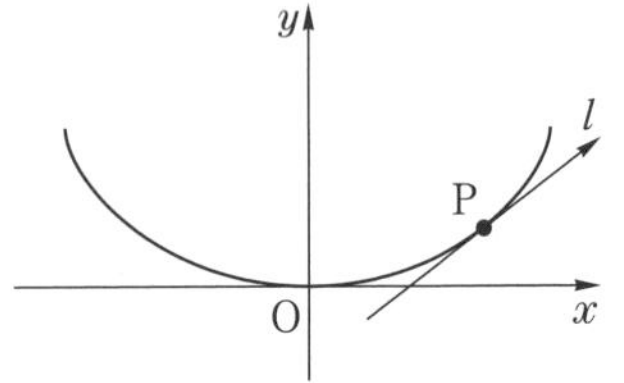

aを正の定数とする．サイクロイド(**解説1°** 参照)

$$\begin{cases} x=a(\theta+\sin\theta) \\ y=a(1-\cos\theta) \end{cases} \quad (-\pi \leqq \theta \leqq \pi)$$

の形をしたすべり台と，質量がmで大きさの無視できるボールがある．

時刻 $t=0$ に，すべり台のどの位置にボールを置いても，最下点に到達するのに要する時間T_0は一定であることを示したい．

時刻t $(0\leqq t\leqq T_0)$におけるボールの位置を$\mathrm{P}(x,\ y)$ $(x\geqq 0)$，これに対応するパラメタの値をθとする．また，点Pにおけるすべり台の接線をl，原点OからPまでのすべり台の長さをsとする．ただし，lはsの増加方向に向き付ける．

重力加速度の大きさをgとして，以下の問いに答えよ．

(1) 接線lとx軸のなす角をθを用いて表せ．

(2) sをθを用いて表せ．

(3) ボールの運動はs軸上の直線運動と同一視できる．このことに注意して，$\dfrac{d^2s}{dt^2}$をθを用いて表せ．

(4) $\dfrac{d^2s}{dt^2}=-\dfrac{g}{4a}s$ が成り立つことを示せ．

(5) T_0を求めよ．

精講 (3) ボールのs軸上の運動方程式は

$$m\frac{d^2s}{dt^2}=(\text{重力 } mg \text{ の } l \text{ 方向成分})$$

となります．ただし，右辺は負です．

(4) (2)，(3)の結果からθを消去します．

(5) (4)で求めた微分方程式は，**18** で学んだ単振動の方程式です．このことからT_0は簡単に求まります．

解　答

(1) $$\frac{dx}{d\theta}=a(1+\cos\theta)=2a\cos^2\frac{\theta}{2}$$

$$\frac{dy}{d\theta}=a\sin\theta=2a\sin\frac{\theta}{2}\cos\frac{\theta}{2}$$

したがって

$$\left(\frac{dx}{d\theta},\ \frac{dy}{d\theta}\right)=2a\cos\frac{\theta}{2}\left(\cos\frac{\theta}{2},\ \sin\frac{\theta}{2}\right)\quad\cdots\cdots①$$

$\cos\frac{\theta}{2}>0$ であるから，接線 l は x 軸と角 $\boldsymbol{\frac{\theta}{2}}$ をなす．

(2) s は，$\begin{cases}x=a(u+\sin u)\\ y=a(1-\cos u)\end{cases}$ $(0\leqq u\leqq\theta)$ の長さであるから

$$s=\int_0^\theta\sqrt{\left(\frac{dx}{du}\right)^2+\left(\frac{dy}{du}\right)^2}\,du$$

$$=\int_0^\theta 2a\cos\frac{u}{2}\,du$$

⬅ ①による

$$=\left[4a\sin\frac{u}{2}\right]_0^\theta$$

$$=\boldsymbol{4a\sin\frac{\theta}{2}}\quad\cdots\cdots②$$

⬅ $\theta=\pi$ のとき，$s=4a$

(3) (1)より，ボールには接線方向に

$$-mg\sin\frac{\theta}{2}\quad\cdots\cdots③$$

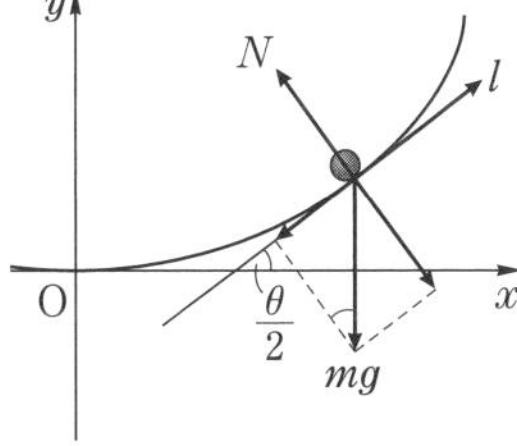

の力が働くから，s 軸上の運動方程式は

$$m\frac{d^2s}{dt^2}=-mg\sin\frac{\theta}{2}\quad\cdots\cdots④$$

$$\therefore\quad \boldsymbol{\frac{d^2s}{dt^2}=-g\sin\frac{\theta}{2}}$$

(4) ②，④より $\sin\frac{\theta}{2}$ を消去すると

$$m\frac{d^2s}{dt^2}=-mg\cdot\frac{s}{4a}$$

$$\therefore\quad \frac{d^2s}{dt^2}=-\frac{g}{4a}s\quad\cdots\cdots⑤$$

(5) 単振動の方程式⑤の一般解は

⬅ **18**

$$s=r\cos\left(\sqrt{\frac{g}{4a}}t-\alpha\right)$$

⬅ r，α は任意定数

よって

$$v=\frac{ds}{dt}=-\sqrt{\frac{g}{4a}}r\sin\left(\sqrt{\frac{g}{4a}}t-\alpha\right)$$

$t=0$ のとき，$v=0$，$s=s_0$ ($\leqq 4a$) とすると

$$r\cos\alpha=s_0,\ \sqrt{\frac{g}{4a}}r\sin\alpha=0$$

つまり，$\alpha=0$，$r=s_0$ であるから

$$s=s_0\cos\left(\sqrt{\frac{g}{4a}}t\right)$$

T_0 は，$s:s_0\longrightarrow 0$ となるのに要する時間であるから

$$\sqrt{\frac{g}{4a}}T_0=\frac{\pi}{2}$$

$$\therefore\quad \boldsymbol{T_0=\pi\sqrt{\frac{a}{g}}} \qquad \cdots\cdots ⑥$$

したがって，T_0 は s_0 に依存しない．

解説 1° 本問の曲線と **6** で扱った曲線を a 倍した曲線

$$\begin{cases} x=a(\theta-\sin\theta) \\ y=a(1-\cos\theta) \end{cases} (0\leqq\theta\leqq 2\pi) \qquad \cdots\cdots ㋐$$

は**合同**です．実際，㋐において $\pi-\theta=\varphi$ とおくと，$-\pi\leqq\varphi\leqq\pi$ であり

$$\begin{cases} x=a\{\pi-\varphi-\sin(\pi-\varphi)\}=a(\pi-\varphi-\sin\varphi) \\ y=a\{1-\cos(\pi-\varphi)\}=a(1+\cos\varphi) \end{cases} \qquad \cdots\cdots ㋑$$

㋐ (=㋑) 上の点 $(x,\ y)$ と点 $\mathrm{M}\left(\frac{\pi a}{2},\ a\right)$ に関して対称な点を $(X,\ Y)$ とすると

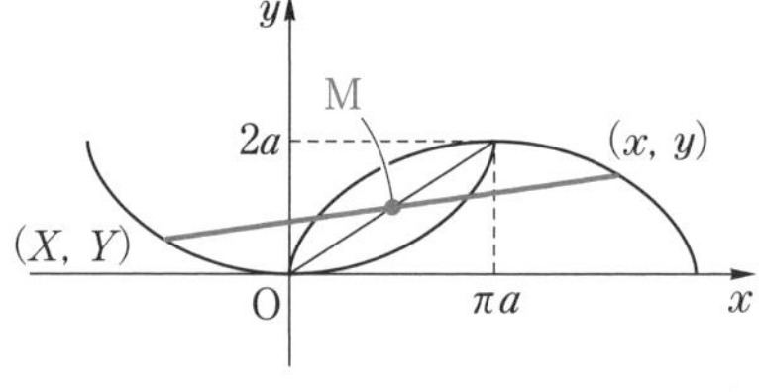

$$\frac{x+X}{2}=\frac{\pi a}{2},\ \frac{y+Y}{2}=a$$

$$\therefore\quad x=\pi a-X,\ y=2a-Y \qquad \cdots\cdots ㋒$$

㋒に㋑を代入すると

$$\begin{cases} X=a(\varphi+\sin\varphi) \\ Y=a(1-\cos\varphi) \end{cases} (-\pi\leqq\varphi\leqq\pi)$$

これは本問の表示と同じです．したがって，本問の曲線と㋐は点 M に関して対称です．

2° **〈運動方程式の方向成分〉**

s 軸上の運動方程式④を数学的に求めてみます．

s が増える向きの l と平行な単位ベクトルを

$$\vec{l}=\frac{1}{\sqrt{(\dot{x})^2+(\dot{y})^2}}(\dot{x},\ \dot{y})$$

⬅ $\dot{x}=\frac{dx}{dt}$，$\dot{y}=\frac{dy}{dt}$

とおいて，ボールの加速度ベクトルを

$$\vec{a}=(\ddot{x},\ \ddot{y})$$

⬅ $\ddot{x}=\frac{d^2x}{dt^2}$，$\ddot{y}=\frac{d^2y}{dt^2}$

とすると

xy 座標系におけるボールの運動方程式は

$$m\vec{a}=-\left(mg\sin\frac{\theta}{2}\right)\vec{l}$$ ⬅ ③による

両辺と $\vec{l}$ との内積をとると

$$\vec{a}\cdot\vec{l}=\frac{\dot{x}\ddot{x}+\dot{y}\ddot{y}}{\sqrt{(\dot{x})^2+(\dot{y})^2}}=\frac{d}{dt}\sqrt{(\dot{x})^2+(\dot{y})^2}=\frac{d^2s}{dt^2}$$ ⬅ $\frac{ds}{dt}=\sqrt{(\dot{x})^2+(\dot{y})^2}$

$$\therefore\quad \frac{d^2s}{dt^2}=-g\sin\frac{\theta}{2}$$ ⬅ $\vec{l}\cdot\vec{l}=1$

したがって，④は**運動方程式の接線方向成分**と呼ぶ方が適切です．

3° **〈完全な等時性をもつ振り子〉**

本問のボールの周期 T は

$$T=4T_0=4\pi\sqrt{\frac{a}{g}}$$

であり，**振幅 s_0 には依存しません**．このことをボールの運動の**等時性**といいます．しかし，実際にすべり台の摩擦を減らすことは難しいので，サイクロイドの壁にはさまれた振り子を作ってみます．

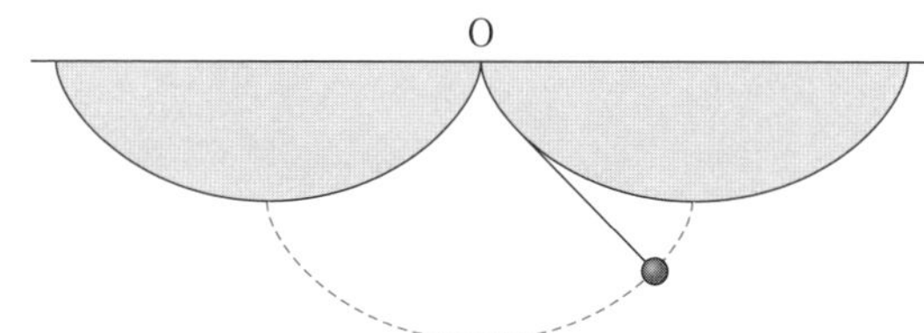

上図のおもりがサイクロイドを描けば，糸の張力が本問の台の抗力 N の代わりをするので，おもりの振動には完全な等時性があることになります．次の演習問題で確かめましょう．

演習問題

24 $\begin{cases} x=\theta-\sin\theta \\ y=1-\cos\theta \end{cases}$ $(0\leqq\theta\leqq 2\pi)$ で表される曲線を C とし，C 上に定点 A$(\pi,\ 2)$ をとる．C 上の動点 T$(t-\sin t,\ 1-\cos t)$ $(0<t<\pi)$ をとり，T における C の接線を l とする．

(1) 2点TとAの間の曲線 C の弧の長さ L を求めよ．

(2) l 上の点Pで PT$=L$ となる点の座標を求めよ．ただし，Pの x 座標はTの x 座標よりも大きいとする．

(3) Tが $0<t<\pi$ の範囲で C 上を動くとき，Pが描く曲線を C' とする．C' を平行移動すれば，C の一部に重なることを示せ． （大阪府立大）

第5章

25 最速降下線

原点Oと点A$(x_0,\ y_0)$を結ぶすべり台がある．質量がmの大きさが無視できるボールを，時刻$t=0$にO地点から転がしたとき，最も速くA地点に到達するすべり台の形を求めたい．ただし，時刻tにおけるボールの位置をP$(x,\ y)$，速さをvとし，重力加速度の大きさをgとする．

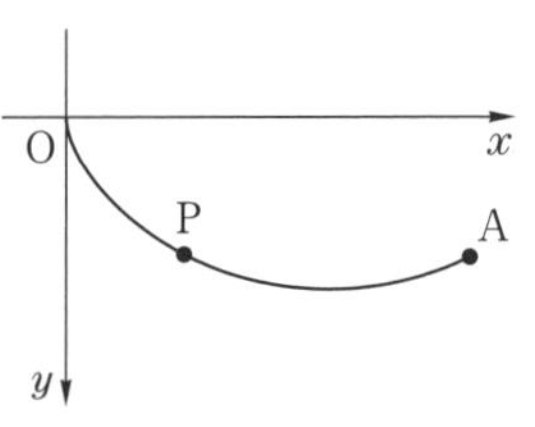

エネルギーの保存則より，$\dfrac{1}{2}mv^2-mgy=0$ ← y軸は鉛直下向き

$$\therefore\quad v=\sqrt{2gy}$$

となるので，vはyに応じて定まる．よって，$y\geqq 0$の部分を幅$\dfrac{1}{n}$の帯に分けてnを十分大きくとれば，各帯の内部でvは一定であるとみなせる．

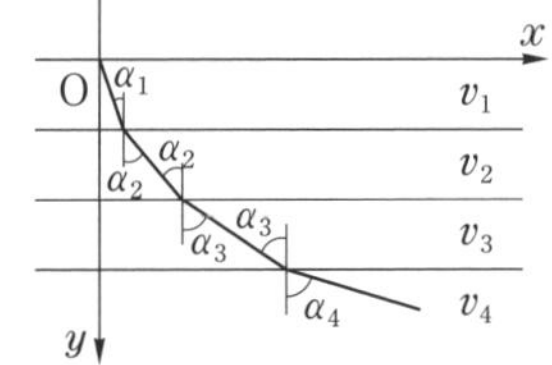

一方，**1**，**解説 2°** より，最小時間の原理に従う運動は屈折の法則を満たすから

$$\frac{\sin\alpha_1}{v_1}=\frac{\sin\alpha_2}{v_2}=\cdots=\text{一定}$$

である．そこで，$n\longrightarrow\infty$として極限をとると，Pにおける接線と鉛直線のなす角をαとして

$$\frac{\sin\alpha}{v}=c\quad(\text{一定})$$

が成り立つ．

(1) $a=\dfrac{1}{4gc^2}$とおいて，$\dfrac{dy}{dx}$をyとaを用いて表せ．

(2) (1)の結果から，$y=a-a\cos\theta$とおくと都合がよいことを説明せよ．

(3) xをθを用いて表せ．

(4) 定数aの定め方を説明せよ．ただし，$\dfrac{y}{x}$は$\theta\,(0<\theta<2\pi)$の減少関数で，$\dfrac{y}{x}\longrightarrow\infty\ (\theta\longrightarrow 0)$，$\dfrac{y}{x}\longrightarrow 0\ (\theta\longrightarrow 2\pi)$となることを用いてよい．

精講 (1) $\sin\alpha$ は $\dfrac{dy}{dx}$ を用いて表せます.

(2) (1)より, y は $0<y<2a$ の範囲を動きます. さらに, $\theta=0$ のとき $y=0$ となるようにするには, どうおくのが適当でしょうか.

(3) (2)の置き換えを用いて $\dfrac{dy}{dx}$ を θ を用いて表せば, $\dfrac{dx}{d\theta}$ も θ の式で表せます.

(4) $\dfrac{y}{x}=\dfrac{y_0}{x_0}$ を満たす θ がただ1つ存在することに着目します.

解答

(1) $v=\sqrt{2gy}$ ……①, $\dfrac{\sin\alpha}{v}=c$ ……②

$\beta=\dfrac{\pi}{2}-\alpha$ とおくと, β は接線と x 軸のなす角であるから

$$\sin\alpha=\cos\beta=\frac{1}{\sqrt{1+\tan^2\beta}}$$

⬅ $\tan\beta=\left|\dfrac{dy}{dx}\right|$

$$=\frac{1}{\sqrt{1+\left(\dfrac{dy}{dx}\right)^2}} \quad \cdots\cdots ③$$

①, ③を②に代入すると

$$\sqrt{2gy}\sqrt{1+\left(\frac{dy}{dx}\right)^2}=\frac{1}{c}$$

$$y\left\{1+\left(\frac{dy}{dx}\right)^2\right\}=\frac{1}{2gc^2}$$

⬅ $\dfrac{1}{2gc^2}=2a$

$$\therefore\quad \boldsymbol{\frac{dy}{dx}=\pm\sqrt{\frac{2a-y}{y}}} \quad \cdots\cdots ④$$

(2) ④より, $\dfrac{2a-y}{y}\geqq 0$ であるから

$0\leqq y\leqq 2a$

したがって, 簡単な置き換えとして

$y=a\pm a\cos\theta$, $y=a\pm a\sin\theta$

などが考えられるが, $\theta=0$ のとき $y=0$ となるのは

$y=a-a\cos\theta \quad (0\leqq\theta\leqq 2\pi)$ ……⑤ ⬅

に限る.

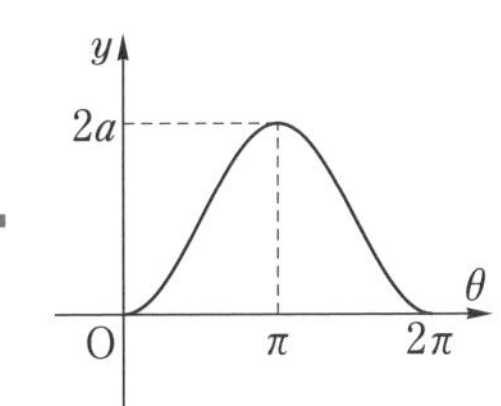

そこで, ⑤を用いて④の複号を

$\begin{cases} y\text{ が }\theta\text{ の増加関数のとき, }+ \\ y\text{ が }\theta\text{ の減少関数のとき, }- \end{cases}$

と定める.

⬅ 物理的に自然な要請

第5章

(3)　(i)　$\theta:0\longrightarrow\pi$ のとき，$y:0\longrightarrow 2a$ であるから

$$\frac{dy}{dx}=\sqrt{\frac{2a-y}{y}} \qquad \cdots\cdots ⑥$$

⑤を⑥に代入すると

$$\frac{dy}{dx}=\sqrt{\frac{1+\cos\theta}{1-\cos\theta}}=\sqrt{\frac{2\cos^2\frac{\theta}{2}}{2\sin^2\frac{\theta}{2}}}=\frac{1}{\tan\frac{\theta}{2}}$$

⬅ $\tan\frac{\theta}{2}\geqq 0$

よって

$$\frac{dx}{d\theta}=\frac{dx}{dy}\cdot\frac{dy}{d\theta}$$
$$=\tan\frac{\theta}{2}\cdot 2a\sin\frac{\theta}{2}\cos\frac{\theta}{2}$$
$$=2a\sin^2\frac{\theta}{2}$$
$$=a(1-\cos\theta)$$

⬅ ⑤より $\frac{dy}{d\theta}=a\sin\theta=2a\sin\frac{\theta}{2}\cos\frac{\theta}{2}$

$\therefore\quad x=a(\theta-\sin\theta)+C$　(Cは任意定数)

$\theta=0$ のとき，$y=0$，したがって，$x=0$ であるから，$C=0$．ゆえに

$$x=a(\theta-\sin\theta) \qquad \cdots\cdots ⑦$$

(ii)　$\theta:\pi\longrightarrow 2\pi$ のとき，$y:2a\longrightarrow 0$ であるから

$$\frac{dy}{dx}=-\sqrt{\frac{2a-y}{y}}$$
$$=-\frac{1}{\sqrt{\tan^2\frac{\theta}{2}}}=-\frac{1}{-\tan\frac{\theta}{2}}$$
$$=\frac{1}{\tan\frac{\theta}{2}}$$

⬅ ⑤を代入

⬅ $\pi\leqq\theta\leqq 2\pi$ において $\tan\frac{\theta}{2}\leqq 0$

したがって，⑦は $\pi\leqq\theta\leqq 2\pi$ の範囲でも成り立つ．

(i)，(ii)より

$$\boldsymbol{x=a(\theta-\sin\theta)\quad(0\leqq\theta\leqq 2\pi)}$$

(4)　(3)より，すべり台の形はサイクロイド

$$\begin{cases}x=a(\theta-\sin\theta)\\ y=a(1-\cos\theta)\end{cases}\quad(0\leqq\theta\leqq 2\pi)$$

の $0\leqq x\leqq x_0$ の範囲にある部分である．

$$\frac{y}{x}=\frac{1-\cos\theta}{\theta-\sin\theta}$$

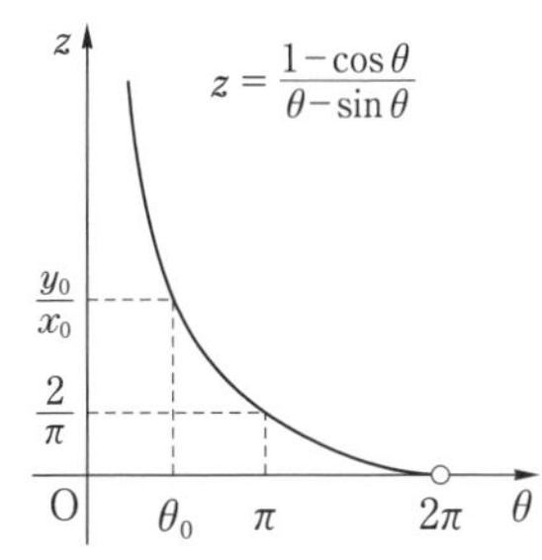

のグラフは，設問の但し書きより右図のようになる．

したがって，点 $A(x_0,\ y_0)$ に対応する θ がただ1つ存在する．その値を θ_0 とすると

$$x_0 = a(\theta_0 - \sin\theta_0)$$

$$\therefore \quad a = \frac{x_0}{\theta_0 - \sin\theta_0} \quad \cdots\cdots ⑧$$

ゆえに，すべり台の形は，⑧の a に対して

$$\begin{cases} x = a(\theta - \sin\theta) \\ y = a(1-\cos\theta) \end{cases} \quad (0 \leqq \theta \leqq \theta_0) \quad \cdots\cdots ⑨$$

で与えられる．

解説　1°　〈サイクロイド型トンネル〉

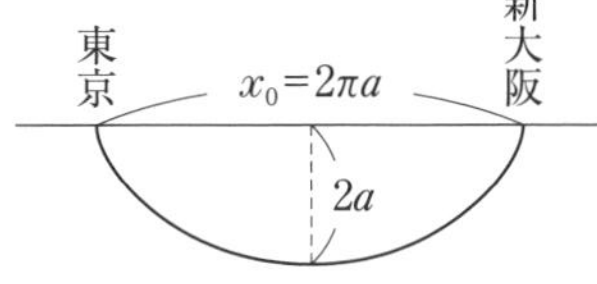

東京－新大阪間（約 550 km）をサイクロイド型のトンネルで結んで，列車を自然落下させます．地球の半径は約 6400 km ですから，東京－新大阪間は直線とみることができます．

$(x_0,\ y_0) = (550,\ 0)$ のとき，$\theta_0 = 2\pi$ となるので，⑧より

$$a = \frac{x_0}{2\pi} = 87.5$$

したがって，トンネルの最下点は地下約 175 km です．これは地殻を貫いて上部マントルに達する深さです．地殻とマントルの境界（もちろん場所によりますが，地下 10～60 km）でも千数百℃もあると推定されていますから，特別仕様の耐熱列車でなければ，中の乗客は焼け死んでしまいます．

さて，最下点での列車の最高速度は，①より

$$\begin{aligned} v &= \sqrt{2g\cdot 2a} \\ &= \sqrt{2\times 9.8\times 175\times 10^3} \\ &= 1852\ \mathrm{m/s} \\ &= 6667\ \mathrm{km/h} \end{aligned}$$

⬅ $\begin{cases} g = 9.8\ \mathrm{m/s^2} \\ y = 2a \end{cases}$

これは音速の 5.4 倍の速さです．最新鋭の戦闘機でも高々マッハ 3 ですから想像を絶する速さといってよいでしょう．

その結果，東京－新大阪間の所要時間は，**24**，**解答**の⑥より

$$\begin{aligned} 2T_0 &= 2\pi\sqrt{\frac{a}{g}} \\ &= 2\times 3.14\times\sqrt{\frac{87.5\times 10^3}{9.8}} = 590\ \mathrm{s} \\ &= 9.8\ \mathrm{min} \end{aligned}$$

となります．しかし，現在の掘削技術では，十数 km 掘るのがせいぜいです．仮にそれができたとしても，空気抵抗や摩擦の問題を解決しなければならず，いくら重力が無料でも，実現するのは不可能でしょう．

2°　〈乗客に働く遠心力〉

2，**解説 3°** の公式㋜を用いてサイクロイドの曲率半径 r を計算します．⑨より

$$\begin{cases} x'=a(1-\cos\theta) \\ y'=a\sin\theta \end{cases},\quad \begin{cases} x''=a\sin\theta \\ y''=a\cos\theta \end{cases}$$

よって

$$\begin{aligned} x'y''-x''y' &= a^2(1-\cos\theta)\cos\theta-a^2\sin^2\theta=-a^2(1-\cos\theta) \\ &= -2a^2\sin^2\frac{\theta}{2} \end{aligned}$$

$$\begin{aligned} (x')^2+(y')^2 &= 2a^2(1-\cos\theta) \\ &= 4a^2\sin^2\frac{\theta}{2} \end{aligned}$$

したがって

$$r=\frac{\{(x')^2+(y')^2\}^{\frac{3}{2}}}{|x'y''-x''y'|}=\frac{\left\{4a^2\sin^2\frac{\theta}{2}\right\}^{\frac{3}{2}}}{2a^2\sin^2\frac{\theta}{2}}=4a\sin\frac{\theta}{2}$$

ここで，①より

$$v^2=2gy=2ag(1-\cos\theta)=4ag\sin^2\frac{\theta}{2}$$

ゆえに，この列車の**乗客に働く遠心力の加速度の大きさ**は

$$\frac{v^2}{r}=g\sin\frac{\theta}{2}\leqq g\quad (\text{等号は}\ \theta=\pi\ \text{で成立する})$$

したがって，最下点では重力と合わせて $2G$ の体感重力が生じます．

ジェットコースターでは 2 ～ 3 G 程度といわれているので，大体似たものと思ってよさそうです．

― 演習問題

(25)　**25**，(4)の但し書きを証明せよ．ただし，極限の証明には **10** の結果を用いてよい．

26 空間ベクトルの外積

空間の座標系を右手系 (x, y, z 軸の向きが，それぞれ右手の親指，人さし指，中指の向きに対応する) にとる．このとき，$\vec{a}$ と $\vec{b}$ の外積と呼ばれるベクトル $\vec{a}\times\vec{b}$ を次のように定める．

(ア) $\vec{a}=\vec{0}$ または $\vec{b}=\vec{0}$ または $\vec{a}/\!/\vec{b}$ のとき

$$\vec{a}\times\vec{b}=\vec{0}$$

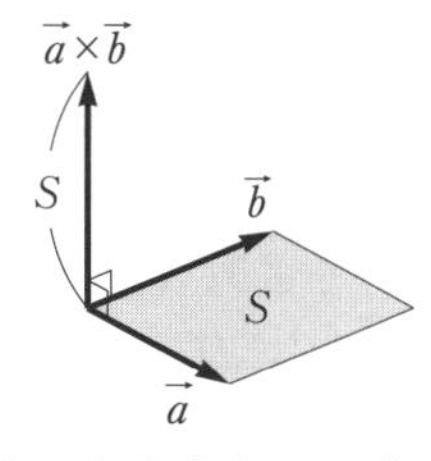

(イ) (ア)以外のとき

(i) $\vec{a}$ と $\vec{b}$ に垂直

(ii) 大きさは，$\vec{a}$ と $\vec{b}$ を隣り合う 2 辺とする平行四辺形の面積に等しい

(iii) 向きは，$\vec{a}$ から $\vec{b}$ まで π より小さい角だけ回転するとき右ネジの進む向きと同じ

定義より

$$\vec{a}\times\vec{b}=-\vec{b}\times\vec{a},\ \vec{a}\times\vec{a}=\vec{0}$$

$$(k\vec{a})\times\vec{b}=\vec{a}\times(k\vec{b})=k(\vec{a}\times\vec{b})\quad (k \text{ は実数})$$

が成り立つ．

単位ベクトル $\vec{e}$ を 1 つとり固定する．このとき，任意のベクトル $\vec{b}$ の $\vec{e}$ に対する直交成分 $\vec{b}_{\perp}$ と，平行成分 $\vec{b}_{/\!/}$ を右図のように定める．

(1) $\vec{e}\times\vec{b}=\vec{e}\times\vec{b}_{\perp}$ を示せ．

(2) $(\vec{b}+\vec{c})_{\perp}=\vec{b}_{\perp}+\vec{c}_{\perp}$ を示せ．

(3) 原点を通る $\vec{e}$ に垂直な平面を π とする．π の表裏を，$\vec{e}$ が π を裏から表に貫くとして定める．π の表側を複素数平面とみて，π 上のベクトルを複素数と同一視するとき

$$\vec{e}\times\vec{b}_{\perp}=i\vec{b}_{\perp}$$

が成り立つことを示せ．

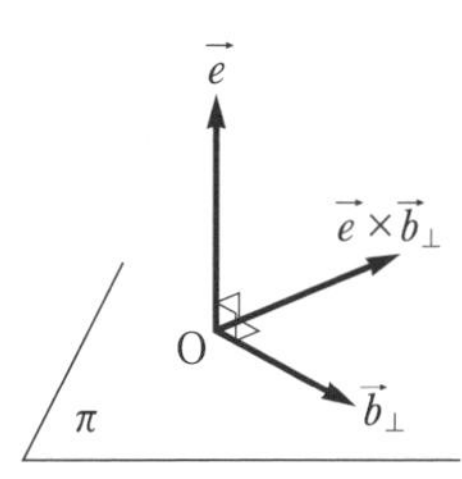

(4) $\vec{e}\times(\vec{b}+\vec{c})=\vec{e}\times\vec{b}+\vec{e}\times\vec{c}$ を示せ．

(5) $\vec{a}\times(\vec{b}+\vec{c})=\vec{a}\times\vec{b}+\vec{a}\times\vec{c}$ を示せ．

(6) $\vec{a}=(a_1,\ a_2,\ a_3)$，$\vec{b}=(b_1,\ b_2,\ b_3)$ のとき，$\vec{a}\times\vec{b}$ の成分表示を求めよ．

精講 (2) $\vec{b}_{/\!/}=(\vec{b}\cdot\vec{e})\vec{e}$ と表されることに着目します.

(3) $\vec{e}\times\vec{b}_{\perp}$ は, 始点を原点にとると平面 π 上にあるので, その方向を考えます.

(4) (1), (2), (3)の結果を使うと, 計算だけで証明できます.

(5) 空間の基本ベクトルを用いて, $\vec{a}$, $\vec{b}$ を表してみましょう.

解答

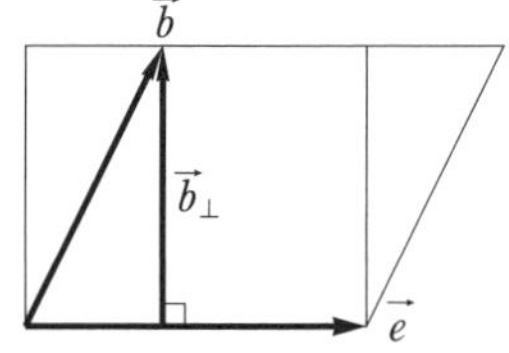

(1) $\vec{e}\times\vec{b}$ と $\vec{e}\times\vec{b}_{\perp}$ は同じ向きであり, $\vec{e}$ と $\vec{b}$ を隣り合う 2 辺とする平行四辺形の面積は, $\vec{e}$ と $\vec{b}_{\perp}$ を隣り合う 2 辺とする長方形の面積に等しい. よって

$$\vec{e}\times\vec{b}=\vec{e}\times\vec{b}_{\perp}$$

(2) 一般に, $\vec{b}_{/\!/}=(\vec{b}\cdot\vec{e})\vec{e}$ であるから

$$\begin{aligned}(\vec{b}+\vec{c})_{/\!/}&=\{(\vec{b}+\vec{c})\cdot\vec{e}\}\vec{e}\\&=(\vec{b}\cdot\vec{e})\vec{e}+(\vec{c}\cdot\vec{e})\vec{e}\\&=\vec{b}_{/\!/}+\vec{c}_{/\!/}\end{aligned}$$

ゆえに

$$\begin{aligned}(\vec{b}+\vec{c})_{\perp}&=\vec{b}+\vec{c}-(\vec{b}+\vec{c})_{/\!/}\\&=\vec{b}+\vec{c}-(\vec{b}_{/\!/}+\vec{c}_{/\!/})\\&=\vec{b}-\vec{b}_{/\!/}+(\vec{c}-\vec{c}_{/\!/})\\&=\vec{b}_{\perp}+\vec{c}_{\perp}\end{aligned}$$

← 一般に, $\vec{b}=\vec{b}_{/\!/}+\vec{b}_{\perp}$

(3) $\vec{e}\times\vec{b}_{\perp}$ は, 大きさが $|\vec{b}_{\perp}|$ であるから, 複素数平面 π 上で $\vec{b}_{\perp}$ を原点のまわりに $+90°$ だけ回転したものである. したがって,

$$\vec{e}\times\vec{b}_{\perp}=i\vec{b}_{\perp}$$

π 上で $\vec{b}_{\perp}=b_1+b_2i$ のとき

← $e\times\vec{b}_{\perp}=-b_2+b_1i$

(4)

$$\begin{aligned}\vec{e}\times(\vec{b}+\vec{c})&=\vec{e}\times(\vec{b}+\vec{c})_{\perp} &&\leftarrow (1)\\&=i(\vec{b}+\vec{c})_{\perp} &&\leftarrow (3)\\&=i(\vec{b}_{\perp}+\vec{c}_{\perp}) &&\leftarrow (2)\\&=i\vec{b}_{\perp}+i\vec{c}_{\perp}\\&=\vec{e}\times\vec{b}_{\perp}+\vec{e}\times\vec{c}_{\perp} &&\leftarrow (3)\\&=\vec{e}\times\vec{b}+\vec{e}\times\vec{c} &&\leftarrow (1)\end{aligned}$$

(5) $\dfrac{\vec{a}}{|\vec{a}|}=\vec{e}$ とすると, (4)より

$$\vec{e}\times(\vec{b}+\vec{c})=\vec{e}\times\vec{b}+\vec{e}\times\vec{c}$$

次に, 両辺を $|\vec{a}|$ 倍すると

$$\vec{a}\times(\vec{b}+\vec{c})=\vec{a}\times\vec{b}+\vec{a}\times\vec{c}$$

(6) 空間の基本ベクトルを $\vec{e_1}$, $\vec{e_2}$, $\vec{e_3}$ とすると

$$\vec{a}=a_1\vec{e_1}+a_2\vec{e_2}+a_3\vec{e_3}$$
$$\vec{b}=b_1\vec{e_1}+b_2\vec{e_2}+b_3\vec{e_3}$$

したがって，(5)を繰り返し用いると

$$\begin{aligned}
&\vec{a}\times\vec{b}\\
&=b_1\vec{a}\times\vec{e_1}+b_2\vec{a}\times\vec{e_2}+b_3\vec{a}\times\vec{e_3}\\
&=b_1(a_1\vec{e_1}\times\vec{e_1}+a_2\vec{e_2}\times\vec{e_1}+a_3\vec{e_3}\times\vec{e_1})\\
&\quad+b_2(a_1\vec{e_1}\times\vec{e_2}+a_2\vec{e_2}\times\vec{e_2}+a_3\vec{e_3}\times\vec{e_2})\\
&\quad\quad+b_3(a_1\vec{e_1}\times\vec{e_3}+a_2\vec{e_2}\times\vec{e_3}+a_3\vec{e_3}\times\vec{e_3})\\
&=b_1(\qquad -a_2\vec{e_3}\qquad +a_3\vec{e_2})\\
&\quad+b_2(a_1\vec{e_3}\qquad\qquad -a_3\vec{e_1})\\
&\quad\quad+b_3(-a_1\vec{e_2}\quad +a_2\vec{e_1}\qquad\qquad)\\
&=(a_2b_3-a_3b_2)\vec{e_1}+(a_3b_1-a_1b_3)\vec{e_2}\\
&\qquad\qquad+(a_1b_2-a_2b_1)\vec{e_3}
\end{aligned}$$

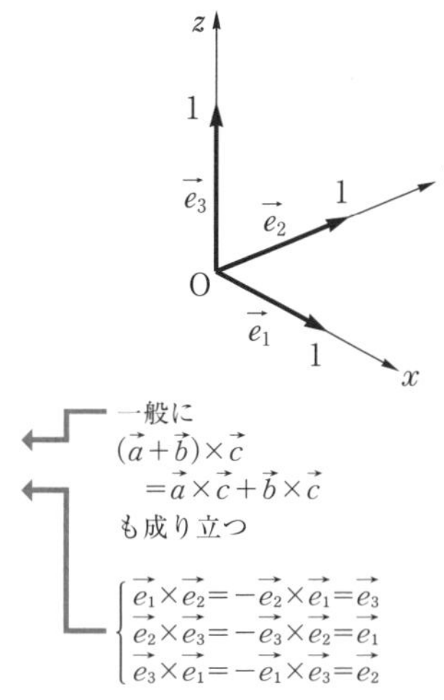

ゆえに，

$$\vec{a}\times\vec{b}$$
$$=(\boldsymbol{a_2b_3-a_3b_2},\ \boldsymbol{a_3b_1-a_1b_3},\ \boldsymbol{a_1b_2-a_2b_1})$$

解説 **〈ベクトルの外積の微分〉**

$\vec{a}=(a_1,\ a_2,\ a_3)$, $\vec{b}=(b_1,\ b_2,\ b_3)$ の各成分が t の関数であるとします．各成分の t による微分をドットで表すと

$$\begin{aligned}
&\frac{d}{dt}\,(\vec{a}\times\vec{b}\text{ の }x\text{ 成分})\\
&=\dot{a}_2b_3+a_2\dot{b}_3-(\dot{a}_3b_2+a_3\dot{b}_2)\\
&=\dot{a}_2b_3-\dot{a}_3b_2+(a_2\dot{b}_3-a_3\dot{b}_2)\\
&=\left(\frac{d\vec{a}}{dt}\times\vec{b}\text{ の }x\text{ 成分}\right)+\left(\vec{a}\times\frac{d\vec{b}}{dt}\text{ の }x\text{ 成分}\right)
\end{aligned}$$

他も同様なので，外積に関する積の微分法則

$$\frac{d}{dt}(\vec{a}\times\vec{b})=\frac{d\vec{a}}{dt}\times\vec{b}+\vec{a}\times\frac{d\vec{b}}{dt}$$

が成り立ちます．

演習問題

(26) 空間ベクトル $\vec{a}$, $\vec{b}$, $\vec{c}$ に対して

$$(\vec{a}+\vec{b})\times\vec{c}=\vec{a}\times\vec{c}+\vec{b}\times\vec{c}$$

が成り立つことを示せ．

27 ケプラーの法則

地球を含む惑星が太陽のまわりを巡る運動は，ケプラーによって3つの法則にまとめられた.

第1法則　惑星は太陽を1つの焦点とする楕円軌道を描く.

第2法則　惑星と太陽を結ぶ動径が通過する部分の面積の，時間に対する変化率（面積速度）は一定である.

第3法則　惑星の公転周期の2乗は，楕円軌道の長半径の3乗に比例する.

これらをニュートンの万有引力の法則に基づいて証明したい.

太陽の質量をM，惑星の質量をmとすると，最も重い木星でもその比は10^{-3}程度であるから，太陽を座標系の原点にとる．また，球体の引力は全質量がその中心に集まったと考えてよいことがニュートンによって示されているので，太陽と惑星の大きさは無視することができる.

時刻tにおける惑星の位置ベクトルを$\vec{r}$ $(r=|\vec{r}|)$とすると，惑星に働く太陽からの引力$\vec{F}$は

$$\boldsymbol{\vec{F}=-G\frac{Mm}{r^2}\cdot\frac{\vec{r}}{r}}\quad (G\text{は万有引力定数})$$

で与えられる．したがって，惑星の運動方程式は

$$m\frac{d^2\vec{r}}{dt^2}=-G\frac{Mm}{r^2}\cdot\frac{\vec{r}}{r}\qquad \cdots\cdots ①$$

となる.

(1)　$\vec{L}=\vec{r}\times\vec{v}$ $\left(\vec{v}=\dfrac{d\vec{r}}{dt}\right)$とする．万有引力がつねに原点を向いていることに注意して，$\vec{L}$は一定であることを示せ.

(2)　惑星は原点Oを含む一定の平面上を動くことを示せ．以下，この平面をπとする.

(3)　平面πを，Oを原点とする複素数平面とみる．惑星を表す複素数を

$$z=re^{i\theta}$$

とすると，運動方程式①は

$$m\ddot{z}=-G\frac{Mm}{r^2}e^{i\theta}\qquad \cdots\cdots ②$$

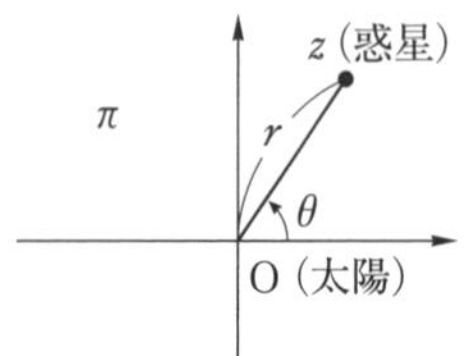

と書き直せる．

②の左辺を計算して，両辺を比較することによって次の等式が成り立つことを示せ．ただし，$\mu=GM$ である．

$$\begin{cases} \boldsymbol{r\ddot{\theta}+2\dot{r}\dot{\theta}=0} & \cdots\cdots ③ \\ \boldsymbol{\ddot{r}-r\dot{\theta}^2=-\dfrac{\mu}{r^2}} & \cdots\cdots ④ \end{cases}$$

(4)　時刻が t から $t+\Delta t$ まで変化する間に，線分 OP が通過する部分の面積を ΔS とすると

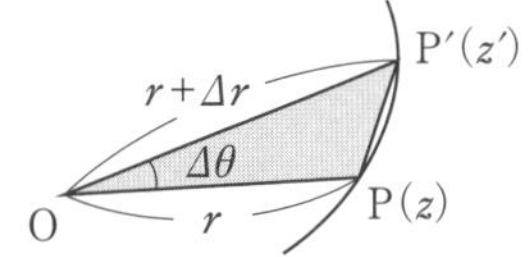

$$\lim_{\Delta t\to 0}\frac{\Delta S}{\Delta t}=\frac{1}{2}r^2\dot{\theta}$$

が成り立つことを示せ．

また，③を用いて $r^2\dot{\theta}$ は一定であること，すなわち，**第 2 法則が成り立つことを示せ．**この一定値を h とすれば，第 2 法則は

$$\frac{dS}{dt}=\frac{1}{2}r^2\dot{\theta}=\frac{1}{2}h \qquad \cdots\cdots ⑤$$

と表せる．

(5)　$\dfrac{1}{r}=u$ とおいて，$\dfrac{du}{d\theta}=u'$，$\dfrac{d^2u}{d\theta^2}=u''$ と表す．⑤：$r^2\dot{\theta}=h$ を用いて $\dot{r}$，$\ddot{r}$ を u'，u'' で表せ．

また，この結果と④より，θ の関数 u の満たす微分方程式を求めよ．

(6)　(4)で求めた微分方程式を解いて

$$r=\frac{\dfrac{h^2}{\mu}}{1+\dfrac{h^2}{\mu}A\cos(\theta-\alpha)}$$

が成り立つことを示せ．ただし，$A\ (\geqq 0)$ と α は初期条件から決まる定数である．

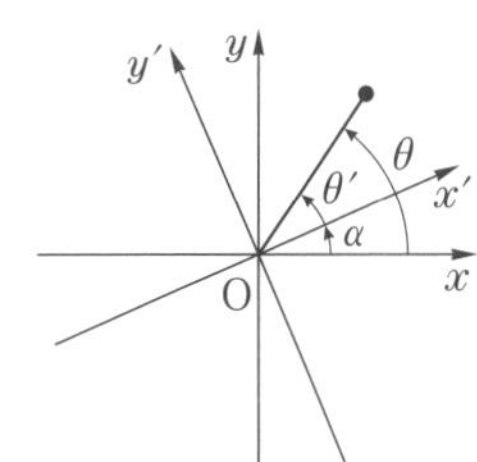

そこで，図のように x'，y' 軸をとり，$\theta'=\theta-\alpha$ を改めて θ と書くと

$$r=\frac{\dfrac{h^2}{\mu}}{1+\dfrac{h^2}{\mu}A\cos\theta} \qquad \cdots\cdots ⑥$$

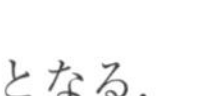

となる．

(7) ⑥を **7**，**解説 3°** の㋒と比較すると，離心率は

$$e=\frac{h^2}{\mu}A \qquad \cdots\cdots ⑦$$

であり，$0 \leqq e < 1$ を満たす．よって，惑星は原点（太陽）を1つの焦点とする楕円軌道を描くことになり，**第1法則が成り立つ**．位置を無視した軌道の形を $\frac{x^2}{a^2}+\frac{y^2}{b^2}=1$ $(a>b>0)$ とおくと，**7**，**解説 2°** の㋑より

$$a=\frac{\frac{h^2}{\mu}}{1-e^2} \quad \cdots\cdots ⑧,\quad b=\frac{\frac{h^2}{\mu}}{\sqrt{1-e^2}} \quad \cdots\cdots ⑨$$

一方，惑星の公転周期を T とすると，楕円の面積は πab，面積速度は $\frac{1}{2}h$ であるから

$$T^2=\left(\frac{\pi ab}{\frac{1}{2}h}\right)^2=4\pi^2\frac{a^2b^2}{h^2} \qquad \cdots\cdots ⑩$$

⑧，⑨，⑩より，T^2 は a^3 に比例し，比例定数は個々の惑星に依らないこと，すなわち，**第3法則が成り立つ**ことを示せ．

精講 (3) 複素数は，はじめから**回転という操作を積として内蔵している**ので，ある点のまわりをぐるぐる回る運動を表すのに最適です．実際，**13** で学んだ微分法則を使えば，③，④を簡単に導くことができます．

なお，②の右辺は力が虚数であることを意味するのではありません．右辺はベクトル $-G\frac{Mm}{r^2}(\cos\theta,\ \sin\theta)$ を表すと考えます．

(5) 変数を時刻 t から偏角 θ に変換するのは，軌道の形を知るだけならば，**その方が易しいから**です．

また，**7** で学んだ2次曲線の極方程式 $r=\frac{l}{1+e\cos\theta}$ を覚えていれば $\frac{1}{r}-\frac{1}{l}=\frac{e}{l}\cos\theta$ が単振動の方程式を満たすことが分かります．したがって，$\frac{1}{r}=u$ とおくのは当然の成り行きです．

(7) ⑧，⑨を b と h^2 について解いて⑩に代入してみます．

解　答

(1) **26**，解説より

$$\frac{d\vec{L}}{dt}=\frac{d\vec{r}}{dt}\times\vec{v}+\vec{r}\times\frac{d\vec{v}}{dt}$$

← $\frac{d\vec{v}}{dt}=\frac{d^2\vec{r}}{dt^2}=\frac{\vec{F}}{m}$

$$=\vec{v}\times\vec{v}+\vec{r}\times\left(\frac{\vec{F}}{m}\right)=\vec{0}$$

← 条件より，$\vec{F}\,/\!/\,\vec{r}$

よって，$\vec{L}$ は一定である．

(2) (1)より，$\vec{L}$ は一定のベクトルであり，

$$\vec{L}=\vec{r}\times\vec{v}\perp\vec{r}$$

ゆえに，惑星は原点Oを通る $\vec{L}$ に垂直な平面上を動く．

(3) $z=re^{i\theta}$ より

$$\dot{z}=\dot{r}e^{i\theta}+r\cdot i\dot{\theta}e^{i\theta}$$

← $\frac{d}{dt}e^{i\theta}=i\dot{\theta}e^{i\theta}$

$$=(\dot{r}+ir\dot{\theta})e^{i\theta} \quad \cdots\cdots ⑪$$

$$\ddot{z}=(\ddot{r}+i\dot{r}\dot{\theta}+ir\ddot{\theta})e^{i\theta}+(\dot{r}+ir\dot{\theta})i\dot{\theta}e^{i\theta}$$

$$=\{\ddot{r}-r\dot{\theta}^2+i(r\ddot{\theta}+2\dot{r}\dot{\theta})\}e^{i\theta}$$

これを運動方程式②に代入すると

$$m\{\ddot{r}-r\dot{\theta}^2+i(r\ddot{\theta}+2\dot{r}\dot{\theta})\}e^{i\theta}=-G\frac{Mm}{r^2}e^{i\theta} \quad \cdots\cdots ⑫$$

$$\therefore\quad \ddot{r}-r\dot{\theta}^2+i(r\ddot{\theta}+2\dot{r}\dot{\theta})=-GM\frac{1}{r^2}$$

$\mu=GM$ とおいて両辺の実部と虚部を比較すると

$$\begin{cases} r\ddot{\theta}+2\dot{r}\dot{\theta}=0 & \cdots\cdots ③ \\ \ddot{r}-r\dot{\theta}^2=-\dfrac{\mu}{r^2} & \cdots\cdots ④ \end{cases}$$

(4) $\varDelta t\,(>0)$ が十分小さいとき，時刻 t が $\varDelta t$ だけ経過する間に線分OPが通過する部分の面積 $\varDelta S$ は，△OPP′ の面積

$$\frac{1}{2}r(r+\varDelta r)\sin\varDelta\theta$$

で近似できる．よって

$$\lim_{\varDelta t\to 0}\frac{\varDelta S}{\varDelta t}$$

$$=\lim_{\varDelta t\to 0}\frac{1}{2}r(r+\varDelta r)\frac{\sin\varDelta\theta}{\varDelta\theta}\cdot\frac{\varDelta\theta}{\varDelta t}$$

$$=\frac{1}{2}r^2\dot{\theta} \quad \cdots\cdots ⑬$$

← $\varDelta t\longrightarrow 0$ のとき
$\varDelta r\longrightarrow 0$，$\varDelta\theta\longrightarrow 0$
$\frac{\sin\varDelta\theta}{\varDelta\theta}\longrightarrow 1$

このとき，

$$\frac{d}{dt}(r^2\dot{\theta})=2r\dot{r}\dot{\theta}+r^2\ddot{\theta}$$

$$=r(r\ddot{\theta}+2\dot{r}\dot{\theta})=0$$ ⬅ ③

よって，$r^2\dot{\theta}$ は一定であるから，その一定値を h とすると

$$r^2\dot{\theta}=h \quad \cdots\cdots ⑤$$

(5)　$u=\frac{1}{r}$ とおくと，⑤より

$$\frac{d\theta}{dt}=\dot{\theta}=\frac{h}{r^2}=hu^2$$

したがって

$$\dot{r}=\frac{dr}{dt}=\frac{d}{d\theta}\left(\frac{1}{u}\right)\frac{d\theta}{dt}$$ ⬅ $r=\frac{1}{u}$

$$=-\frac{1}{u^2}\cdot u'\cdot hu^2$$ ⬅ $\frac{du}{d\theta}=u'$

$$=\boldsymbol{-hu'}$$

$$\ddot{r}=\frac{d}{dt}\dot{r}=\frac{d}{d\theta}(-hu')\frac{d\theta}{dt}$$

$$=-hu''\cdot hu^2$$

$$=\boldsymbol{-h^2u^2u''}$$

これらを④に代入すると

$$-h^2u^2u''-\frac{1}{u}(hu^2)^2=-\mu u^2$$ ⬅ 両辺を $-u^2h^2$ で割る

$$u''+u=\frac{\mu}{h^2}$$

$$\therefore\quad \boldsymbol{u''=-\left(u-\frac{\mu}{h^2}\right)}$$

(6)　(5)より

$$\frac{d^2}{d\theta^2}\left(u-\frac{\mu}{h^2}\right)=-\left(u-\frac{\mu}{h^2}\right)$$

すなわち，$u-\frac{\mu}{h^2}$ は単振動の方程式を満たすから ⬅ **18**

$$u-\frac{\mu}{h^2}=A\cos(\theta-\alpha)$$ ⬅ $A\,(\geqq 0)$ と α は任意定数

と表せる．ゆえに

$$r=\frac{1}{\frac{\mu}{h^2}+A\cos(\theta-\alpha)}$$

$$=\frac{\frac{h^2}{\mu}}{1+\frac{h^2}{\mu}A\cos(\theta-\alpha)}$$

(7)　⑧, ⑨を h^2 と b について解くと

$$\begin{cases} h^2=\mu(1-e^2)a \\ b=\sqrt{1-e^2}\,a \end{cases}$$

これらを⑩に代入すると

$$T^2=4\pi^2\frac{(1-e^2)a^4}{\mu(1-e^2)a}$$

⬅ $\mu=GM$

$$=\frac{4\pi^2}{GM}a^3$$

⬅ GM は個々の惑星に依存しない

解説　1°　**〈(1)の結果は第 2 法則を含む〉**

実は, $\vec{L}$ が一定であることから直接, 面積速度が一定であることを示すことができます.

$\vec{v}$ の $\vec{r}$ に対する直交成分を $\vec{v}_\perp$ とすると, 外積の定義より

$$|\vec{L}|=|\vec{r}||\vec{v}_\perp| \quad \cdots\cdots ㋐$$

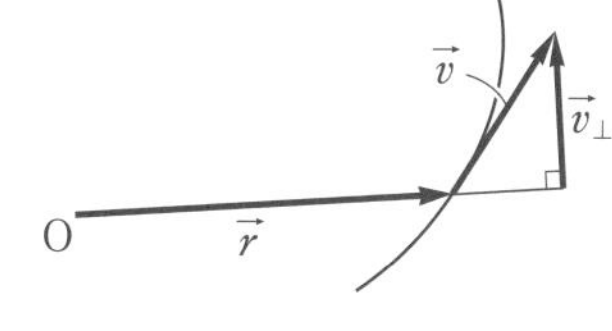

一方

$$\frac{dS}{dt}=\lim_{\Delta t\to 0}\frac{1}{\Delta t}\cdot\frac{1}{2}r(r+\Delta r)\sin\Delta\theta$$

$$=\frac{1}{2}r\lim_{\Delta t\to 0}\frac{(r+\Delta r)\sin\Delta\theta}{\Delta t}$$

$$=\frac{1}{2}r\lim_{\Delta t\to 0}\frac{\mathrm{P'H}}{\Delta t}$$

$$=\frac{1}{2}|\vec{r}||\vec{v}_\perp| \quad \cdots\cdots ㋑$$

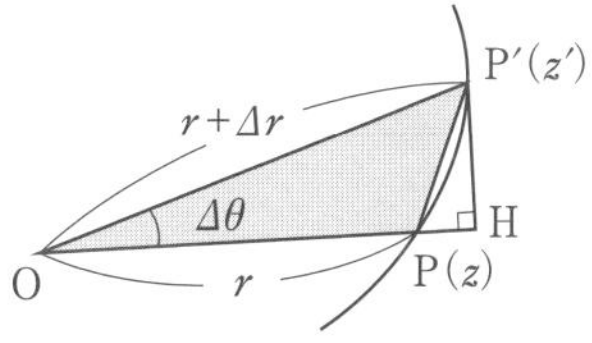

したがって, ㋐, ㋑より

$$\frac{dS}{dt}=\frac{1}{2}|\vec{L}|=一定$$

2°　⑦の離心率 $e=\frac{h^2}{\mu}A$ が $e<1$ を満たすことを数学的に**証明することはできません**. しかし, ⑥が導かれた段階で惑星の軌道は 2 次曲線に限定されます.

したがって, $e\geqq 1$ ならば, 惑星は放物線あるいは双曲線を描きながら, 太陽系のかなたに飛び去ってしまいます. つまり, **惑星が現に太陽系内に留まっていることが, $e<1$ であることを保証している**のです.

なお, 定数 h, A, α は, 惑星が生まれたときの条件によって決まります.

第5章

3°　**〈運動方程式⑫と，③，④の関係〉**　← 24，解説 2°

複素数で表した運動方程式⑫

$$m(\ddot{r}-r\dot{\theta}^2)e^{i\theta}+m(r\ddot{\theta}+2\dot{r}\dot{\theta})ie^{i\theta}$$
$$=-G\frac{Mm}{r^2}e^{i\theta}+0\cdot ie^{i\theta} \quad \cdots\cdots ㋒$$

は，$e^{i\theta}$，$ie^{i\theta}$ をそれぞれ

$(\cos\theta,\ \sin\theta)$ ……㋓

$(-\sin\theta,\ \cos\theta)$ ……㋔

に戻せば，xy 座標系で表示された運動方程式になります．そこで，㋒の両辺と㋓の内積をとると

$$m(\ddot{r}-r\dot{\theta}^2)=-G\frac{Mm}{r^2}$$

$ie^{i\theta}$
$e^{i\theta}$
r
θ
O

すなわち，④×m となります．そのため，④×m を運動方程式の**動径方向（r 方向）成分**といいます．

同様に，㋒の両辺と㋔の内積をとると

$$m(r\ddot{\theta}+2\dot{r}\dot{\theta})=0$$

すなわち，③×m となります．そのため，③×m を運動方程式の**方位角方向（θ 方向）成分**といいます．

演習問題

(27)　**27**，(3)において，平面 π 上の xy 座標系を拡張して，xyz 座標系（右手系）を設定する．このとき，$z=re^{i\theta}$ より

$$\vec{r}=(r\cos\theta,\ r\sin\theta,\ 0)$$

と表せる．

(1)　⑪より，$\vec{v}$ の成分表示を求めよ．

(2)　(26)，(6)を用いて，$\vec{L}=\vec{r}\times\vec{v}=(L_1,\ L_2,\ L_3)$ の各成分を求めて，

$\dfrac{dS}{dt}=\dfrac{1}{2}|\vec{L}|$ を示せ．

コラム2．万有引力の法則

74才のニュートンが，45才年少の同郷の医師ステュークリに語ったところによると，

> 庭のリンゴの木陰に座って黙想していたとき，リンゴが落ちたことから重力に思いいたった

それは1666年，初秋の季節だと推定されている．周知のエピソードであるが，本当のところただこれだけのことならば，私やあなたが思い付いたとしても不思議ではない．ところが，ニュートンはこの着想をさらに飛躍させて，地球がリンゴを引っ張るのと同じ力によって，月も地球に向かって落ちているはずだと考えた．まさに万有引力である．

> 私は，重力は月の軌道にまで及んでいると考えるようになった．そして，天球内部を回転する天体が天球を押している遠心力を見積もる方法を発見していたので，ケプラーの第3法則から，惑星をその軌道に留めている力は軌道中心からの距離の二乗に反比例するに違いないと推論した．そして，月をその軌道に保つ力を地球表面の重力と比較したところ，かなり良く一致することが分かった．こうした研究はすべて，1665年から1666年の，ペストが大流行した二年間に行われた．その二年間は，以後のどんな時期にも勝る，発明や数学や哲学における最盛期であった．

この回想には説明が要る．ホイヘンスとニュートンは，半径rの円周上を一定の速さvで運動している物体が，直線的に飛び去ることなく円運動を続けるために必要な向心力Fが

$$\frac{v^2}{r} \quad \text{(向心加速度)} \qquad \cdots\cdots ①$$

に比例することを発見した．紐につけた石を振り回すときに感じる力である．しかし，月は紐で地球に結ばれているわけではない．紐の張力の代わりをしているのが重力で，そのために月は落ち続けているというのである．

円運動する月の周期は

第5章

$$T=\frac{2\pi r}{v}$$

$$\therefore \quad T^2 \propto \frac{r^2}{v^2} \qquad \cdots\cdots ②$$

ただし，②は T^2 が $\dfrac{r^2}{v^2}$ に比例することを表す．一方，ケプラーの第 3 法則より

$$T^2 \propto r^3 \qquad \cdots\cdots ③$$

であるから，②，③の逆数をとって比較すると

$$\frac{v^2}{r^2} \propto \frac{1}{r^3}$$

$$\therefore \quad \frac{v^2}{r} \propto \frac{1}{r^2} \qquad \cdots\cdots ④$$

①，④から，**重力の逆二乗の法則**

$$F \propto \frac{1}{r^2}$$

が得られる．従って，地球に対する向心加速度はKを比例定数として

$$\frac{K}{r^2} \qquad \cdots\cdots ⑤$$

と表せる．ニュートンはこの結果を実測値を用いて検証した．

地球の半径を r_0，月とリンゴの地球に対する向心加速度をそれぞれ $g_{月}$，g とし，月の公転周期を T とすると，当時

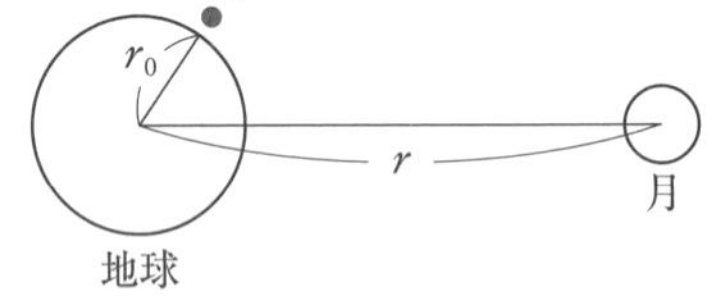

$$g=9.8\ \mathrm{m/s^2}$$
$$T=27.3\ 日=236\times 10^4\mathrm{s}$$
$$r=60r_0$$

だと分かっていた．ところが，ニュートンが

$r_0=5240\ \mathrm{km}$ （実際は，6400 km）

としたことから食い違いが生じる．まず，月とリンゴがともに⑤に従うと仮定した場合の理論値は

$$g_{月}=\left(\frac{r_0}{r}\right)^2 g=\left(\frac{1}{60}\right)^2\times 9.8$$
$$=0.0027\ \mathrm{m/s^2} \quad \cdots\cdots ⑥$$

一方，$v=\dfrac{2\pi r}{T}$ であるから，①による実測値は

$$g_{月}=\frac{v^2}{r}=\frac{4\pi^2 r}{T^2}=\frac{4\pi^2\times(60\times 5240\times 10^3)}{(236\times 10^4)^2}$$
$$=0.0022\ \mathrm{m/s^2} \quad \cdots\cdots ⑦$$

したがって，⑥と⑦の誤差の範囲内で，実測値⑦は

$$\frac{g_{月}}{g}=\left(\frac{r_0}{r}\right)^2 \quad \cdots\cdots ⑧$$

がかなり良く成り立つことを保証する．これが下線部の意味である．ただし，相対誤差は

$$\frac{27-22}{27}\times 100=19\%$$

程度であるから，地球の半径を間違えたために精度は決して「かなり良く」はない．さすがにニュートンは後でやり直したようである．

それはさておき，⑧は⑤の比例定数Kがリンゴか月かに依存しない，すなわち $K_{リンゴ}=K_{月}$ であることを含んでいる．したがって，⑧は

$K=GM$ （M は地球の質量）

とおくとき，G が物体に依らない普遍定数であることを支持していることになる．

こうして，ニュートンは月の運動から万有引力の法則を帰納すること（順問題という）に成功した後，逆に万有引力の法則からケプラーの法則を演繹すること（逆問題という）を目指した．ニュートンはこの問題を自分が発明した微分積分法を用いて解いておきながら，主著『**プリンキピア（自然哲学**

の数学的原理)』(1687) では，その結果をわざわざ幾何学の様式に書き直したと言われている．しかし，どうやらニュートン手持ちの数学は，逆問題を完全に解決するには力不足だったというのが真相らしい． **27** の**解答**のような高校生が理解できる証明は，『プリンキピア』刊行以降の数学と物理の進歩がもたらしたものである．

ニュートンは完全に成功しなかったというものの，逆問題の一応の解決は万有引力の法則の正しさを立証したものと考えられる．しかし，意外にもプリンストン大学教授だった高名な数学者ボホナーは，次のようにこれを真向から否定している．

> ニュートンの場合でも，地上の物体の落下と天体の軌道とをともに包摂するところの万有引力というものがある，と言い出したときには，やはり無鉄砲であった．実際，そのニュートンの法則が確認されたのはようやく二十世紀になってからのことで，人工衛星が本当にニュートンの法則に従って運動した時がその最初に当たる．ニュートンが何と言おうと，それまでの間，その法則は一つの架空の域を脱していなかった．

著者はこの徹底した実証主義に強い印象を受けた．

第 2 部

複素整数

「ひばり」

空高く舞い上がれ、風だけの力で
天の上でそれぞれの歌を歌え
星の壁の近くで輝ける呪文
目にもとまらぬ旋回の旅

Dafydd ap Gwilym，前田博信訳

第6章 ザギエからの贈り物

28 素数に関する予想

(1) a, b を整数とするとき，a^2+b^2 を 4 で割った余りは，0，1，2 のいずれかであることを示せ．

(2) 高々 2 桁の奇素数

3，5，7，11，13，17，19，23，29，31，37，41，
43，47，53，59，61，67，71，73，79，83，89，
97

のうち，2 つの平方数の和で表せるものを求めよ．

精講 (1) a, b がそれぞれ偶数の場合と奇数の場合で分けて考えれば十分です．

(2) (1)から，4 で割ると 1 余る奇素数が候補になります．**果たしてそれら全ての奇素数が 2 つの平方数の和で表せるでしょうか．**

解答

(1) 整数 k に対して

$a=2k$ のとき，$a^2=4k^2$

$a=2k+1$ のとき，$a^2=4(k^2+k)+1$

すなわち，a^2 を 4 で割った余りは 0，1 のいずれかである．ゆえに，a^2+b^2 を 4 で割った余りは

$0+0=0$,

$0+1=1+0=1$,

$1+1=2$

のいずれかである．

(2) (1)より，求める奇素数は 4 で割ると 1 余る．

そこでそれらを順に調べると

$5=1^2+2^2$,　　$13=2^2+3^2$,

$17=1^2+4^2$,　　$29=2^2+5^2$

$37=1^2+6^2$,　　$41=4^2+5^2$

$53=2^2+7^2$,　　$61=5^2+6^2$

$73=3^2+8^2$,　　$89=5^2+8^2$

$97=4^2+9^2$

ゆえに，この範囲では4で割ると1余る素数は**全て**2つの平方数の和で表せる．

解説　1°〈2つの予想〉

(1)より，

2つの平方数の和で表せる奇素数は，4で割ると1余る

ことが分かりますが，(2)を見ると**逆が成立しそうです**．そこで

〈予想1〉　4で割ると1余る素数は，2つの平方数の和で表せる．

とします．

さらに，(2)をもう一度よく見ると，2つの平方数の和に表す方法は1通りしかなさそうです．そこで

〈予想2〉　予想1において，2つの平方数で表す方法はただ1通りである．

とします．

とりあえず，この**2つの予想を証明することが今後の目標**です．

2°〈**複素数の世界から見る**〉

2つの平方数の和で表せる素数 $p=a^2+b^2$ は，複素数の範囲では

$$\boldsymbol{p=(a+bi)(a-bi)}$$

と積に分解されます．整数における**約数，倍数，素数などの概念を集合**

$$\{\boldsymbol{a+bi}|\boldsymbol{a},\ \boldsymbol{b}\text{ は整数}\}$$

まで拡張することによって，**分解の意味を明らかにし**，2つの予想の証明に役立てます．

第6章

— 演習問題 —

(28) 直角三角形の3辺の長さがすべて整数であるとき，面積は2の倍数であることを示せ．　　（早大，一橋大）

29 ザギエによる予想1の証明

4で割ると余りが1になるような素数 $\boldsymbol{p}$, $p=4k+1$ を1つとる．これに対し，等式(Q) **$\boldsymbol{a^2+4bc=p}$ を満たす自然数の3つの組 $(\boldsymbol{a},\ \boldsymbol{b},\ \boldsymbol{c})$ の全体**を考える．両辺の絶対値を比べれば分かるように，このような自然数3つの組の可能性は有限通りしかありえない．

いま等式(Q)を満たす自然数3つの組 $(a,\ b,\ c)$ から新しく自然数3つの組をつくる手続きを次の(i)，(ii)，(iii)により定める：

(i) $a<b-c$ ならば $(a+2c,\ c,\ b-a-c)$ をつくる；

(ii) $b-c<a<2b$ ならば $(2b-a,\ b,\ a-b+c)$ をつくる；

(iii) $a>2b$ ならば $(a-2b,\ a-b+c,\ b)$ をつくる．

(1) $(a,\ b,\ c)$ が等式(Q)を満たす自然数の組でさらに(i)の条件 $a<b-c$ を満たすとする．このとき，上の(i)より得られる $(a+2c,\ c,\ b-a-c)$ もまた等式(Q)を満たすことを示せ．

(2) 等式(Q)を満たす自然数の組 $(a,\ b,\ c)$ は $a=b-c$ や $a=2b$ を満たすことはないことを示せ．

(3) 等式(Q)を満たす自然数 $(a,\ b,\ c)$ の中には，上の手続きを施しても変化しないという性質を持つものが存在する．$p=4k+1$ と表すとき，この性質を持つ $(a,\ b,\ c)$ を k を用いて具体的に与え，かつそれがただ1組しか存在しないことを示せ．

(4) 等式(Q)を満たす自然数の組 $(a,\ b,\ c)$ に対して上の手続きを2回繰り返して施すとどうなるか，結論を簡潔に説明せよ．また，この観察をもとに等式(Q)を満たす自然数の3つの組の全体の個数が偶数か奇数かを決定し，そう判断できる理由を述べよ．ただし，等式(Q)を満たす自然数3つの組から上の手続きにより新しくつくられた自然数3つの組は(i)，(ii)，(iii)のどの場合でも再び等式(Q)を満たすという事実についてはここで証明なしに用いてよい．

(5) **素数 $\boldsymbol{p=4k+1}$ をある2つの自然数 $\boldsymbol{a}$，$\boldsymbol{b}$ により $\boldsymbol{p=a^2+(2b)^2}$ と表すことができる**ことを示せ． (慶大)

精講 (i), (ii), (iii)で定まる手続きを f, (Q) を満たす自然数の組を x, y, …, その全体を E, E の恒等変換を id とします.

(3) $f(x)=x$ となる $x=(a,\ b,\ c)$ は, (ii)の条件を満たします.

(4) $f\circ f=\mathrm{id}$ となるので, $C(x)=\{x,\ f(x)\}$ とすると

$$\boldsymbol{C(x)=C(y)}\ \textbf{かあるいは}\ \boldsymbol{C(x)\cap C(y)=\phi}$$

のいずれか一方だけが成立し, E は $C(x)$ $(x\in E)$ の和集合として表せます. このとき, (3)より, $f(x)=x$ を満たす $C(x)$ はただ1つしかありません.

(5) E から E への対応 g を, $g(a,\ b,\ c)=(a,\ c,\ b)$ によって定めて f と同様に考えます.

解答

$$E=\{(a,\ b,\ c)\,|\,a^2+4bc=p\}$$

の部分集合

$$E_1=\{(a,\ b,\ c)\,|\,a<b-c\}$$
$$E_2=\{(a,\ b,\ c)\,|\,b-c<a<2b\}$$
$$E_3=\{(a,\ b,\ c)\,|\,a>2b\}$$

を考え, (i), (ii), (iii)の定める対応を f で表す.

(1) $(a,\ b,\ c)\in E_1$ の f による像を $(a',\ b',\ c')$ とすると

$$a'=a+2c,\ b'=c,\ c'=b-a-c$$

$a^2+4bc=p$ より

$$\begin{aligned}&(a')^2+4b'c'\\&=(a+2c)^2+4c(b-a-c)\\&=a^2+4bc\\&=p\end{aligned}$$

ゆえに, $(a',\ b',\ c')$ も等式 (Q) を満たす.

⬅ $(a,\ b,\ c)$ が E_2 あるいは E_3 の要素のときも, f による像は (Q) を満たす

(2) $a^2+4bc=p$ のとき, $a=b-c$ ならば

$$\begin{aligned}p&=(b-c)^2+4bc\\&=(b+c)^2\end{aligned}$$

$a=2b$ ならば

$$\begin{aligned}p&=4b^2+4bc\\&=4b(b+c)\end{aligned}$$

となり, いずれの場合も p は真の約数 $b+c$ をもつから, p が素数であることに反する. ゆえに,

⬅ $1<b+c<p$

$$a\neq b-c,\ a\neq 2b$$

(3) (2)より, E は E_1, E_2, E_3 の直和 (重複のない部分集合の和集合) である.

⬅ $E_i\cap E_j=\phi$ $(i\neq j)$

$x=(a,\ b,\ c)$ に対して, $f(x)=x$ とすると

(i) $x \in E_1$ のとき，第1成分を比較して

$$a+2c=a \qquad \therefore \quad c=0$$

これは c が自然数であることに反する．

(ii) $x \in E_3$ のとき，第1成分を比較して

$$a-2b=a \qquad \therefore \quad b=0$$

これは b が自然数であることに反する．

(iii) $x \in E_2$ のとき

$$\begin{cases} 2b-a=a \\ b=b \\ a-b+c=c \end{cases} \qquad \therefore \quad a=b$$

よって，$p=a^2+4bc$ より

$$p=a(a+4c)$$

p は素数，$a<a+4c$ であるから

$$a=1,\ a+4c=p=4k+1$$

$$\therefore \quad c=k$$

$$\therefore \quad x=(1,\ 1,\ k)$$

(i), (ii), (iii)より，$f(x)=x$ を満たす $x \in E$ は，$x=(1,\ 1,\ k)$ ただ1つである．

(4) $x=(a,\ b,\ c) \in E_1$ のとき

$$f(x)=(a+2c,\ c,\ b-a-c)$$

$a+2c>2c$ であるから，$f(x) \in E_3$．よって，(iii)より

$$\begin{aligned} f \circ f(x) &= (a+2c-2c,\ a+2c-c+(b-a-c),\ c) \\ &= (a,\ b,\ c) \\ &= x \end{aligned}$$

同様にして，$x \in E_2$ のとき $f(x) \in E_2$，$x \in E_3$ のとき $f(x) \in E_1$ であり，いずれの場合も

$$f \circ f(x)=x$$

← 確かめよ

が成り立つ．ゆえに，E の恒等変換を id とすると

$$f \circ f = \mathrm{id} \qquad \cdots\cdots ①$$

← ①を満たす対応を対合 (involution) という

である．

ここで，x と $f(x)$ からなる組を

← 順序は考えない

$$C(x)=\{x,\ f(x)\}$$

と表すと

$$C(x) \cap C(y) \neq \phi \iff C(x)=C(y)$$

← $\begin{cases} c(x)=\{x,\ f(x)\} \\ c(y)=\{y,\ f(y)\} \end{cases}$

である．例えば，$x=f(y)$ とすると，①より

$$f(x)=f(f(y))=y$$

であるから，$C(x)=C(y)$ となる．

よって，E は $C(x)$ $(x\in E)$ の直和で表せる：

$$E=\bigcup_{x\in E} C(x) \qquad \cdots\cdots ②$$

一方，(3)より，$C(x)=\{x,\ f(x)\}$ のうち，$x=f(x)$ を満たすものはただ1つである．ゆえに，E の要素の個数は奇数である．

(5) 新たに，E から E への対応 g を

$$g(a,\ b,\ c)=(a,\ c,\ b)$$

によって定めると，$g\circ g=\mathrm{id}$ であるから，E は

$$\{x,\ g(x)\}\quad (x\in E)$$

の直和で表せる．ところが，(4)より E の要素の個数は奇数であるから

⬅ ①から②を導いたのと同様

$$x=g(x),\ \text{すなわち},\ b=c$$

を満たす x が奇数個存在する．ゆえに，このような $x=(a,\ b,\ b)\in E$ が存在して

⬅ 奇数≠0

$$p=a^2+4b^2=a^2+(2b)^2$$

⬅ a は奇数

となる．

解説 この証明は，ドイツのマックス・プランク研究所の所長で，パリのコレージュ・ド・フランスの教授である Don Zagier（ドン・ザギエ）の論文

A One-Sentence Proof That Every Prime $p\equiv1 \pmod 4$ Is a Sum of Two Squares. Amer. Math. Monthly. 97 (1990)

を慶応大学が入試問題用に改変して，2002 年に医学部で出題したものです．

タイトルにある1文の証明とは，次の文章のことです．

The involution on the finite set $S=\{(x,\ y,\ z)\in \boldsymbol{N}^3 : x^2+4yz=p\}$ defined by

$$(x,\ y,\ z)\longrightarrow\begin{cases}(x+2z,\ z,\ y-x-z) & \text{if } x<y-z\\ (2y-x,\ y,\ x-y+z) & \text{if } y-z<x<2y\\ (x-2y,\ x-y+z,\ y) & \text{if } x>2y\end{cases}$$

has exactly one fixed point, so $|S|$ is odd and the involution defined by

$$(x,\ y,\ z)\longrightarrow(x,\ z,\ y)$$

also has a fixed point.

本問を理解した後なら，かえってこちらの方が分かりやすいかもしれません．とにかく，何ら予備知識を必要とせず誰でも分かるという意味で，素晴らしい証明です．

第6章

30 予想 2 の証明

4 で割ると 1 余る素数 p を 2 つの自然数の平方の和で表す方法は**ただ 1 通り**である．すなわち，a，x を奇数，b，y を偶数とするとき

$$\boldsymbol{p=a^2+b^2=x^2+y^2} \text{ ならば } \boldsymbol{a=x,\ b=y} \quad \cdots\cdots ①$$

となることを示したい．

(1) ①の仮定の下で，$b^2x^2-a^2y^2$ は p の倍数であることを示せ．

(2) 複素数 $\alpha=a+bi$，$\beta=x+yi$ を用いて，2 つの恒等式

$$\begin{cases}(a^2+b^2)(x^2+y^2)=(ax-by)^2+(bx+ay)^2 & \cdots\cdots ②\\(a^2+b^2)(x^2+y^2)=(ax+by)^2+(bx-ay)^2 & \cdots\cdots ③\end{cases}$$

を証明せよ．

(3) $bx-ay$ が p の倍数ならば，③を用いて，①が成り立つことを示せ．

(4) ①が成り立つことを示せ．

精講 (3) ③を使うと，$bx=ay$ であることが分かります．これから $a=x$，$b=y$ を示すのは簡単です．

(4) $bx+ay$ が p の倍数ではないことが示せれば，(1)より $bx-ay$ が p の倍数となり，(3)に帰着します．

解 答

(1) $p=a^2+b^2=x^2+y^2$ のとき

$$\begin{aligned}b^2x^2-a^2y^2&=b^2x^2-a^2(p-x^2) \\ &=(a^2+b^2)x^2-a^2p \\ &=p(x^2-a^2)\end{aligned}$$

⬅ $y^2=p-x^2$

⬅ $a^2+b^2=p$

ゆえに，$b^2x^2-a^2y^2$ は p の倍数である．

(2) $|\alpha|^2|\beta|^2=|\alpha\beta|^2$ より

⬅ $\alpha\beta=ax-by+i(bx+ay)$

$$(a^2+b^2)(x^2+y^2)$$
$$=(ax-by)^2+(bx+ay)^2$$

次に，y を $-y$ で置き換えると

$$(a^2+b^2)(x^2+y^2)$$
$$=(ax+by)^2+(bx-ay)^2$$

(3) $p=a^2+b^2=x^2+y^2$ ……④ と，③より

$$p^2=(ax+by)^2+(bx-ay)^2$$

ここで，$bx-ay$ が 0 以外の p の倍数ならば，

左辺＜右辺となり不合理である．

$\therefore \quad bx=ay$

よって，bx は a の倍数であり，a と b は互いに素であるから，x は a の倍数である．したがって，自然数 k を用いて

⬅ 互いに素でなければ $p=a^2+b^2$ が素数であることに反する

$$\frac{y}{b}=\frac{x}{a}=k,\ \text{すなわち,}\ \begin{cases} x=ak \\ y=bk \end{cases}$$

と表せる．これらを $p=x^2+y^2$ に代入すると

$p=k^2(a^2+b^2)$

p は素数，$a^2+b^2>1$ であるから

$k=1$

$\therefore \quad x=a,\ y=b$

(4)　②，④より

$p^2=(ax-by)^2+(bx+ay)^2$

したがって，$bx+ay$ (>0) が p の倍数であるとすると，$bx+ay=p$，かつ

$ax=by$

ところが，ax は奇数，by は偶数であるから不合理．

ゆえに，(1)より $bx-ay$ が p の倍数であり，したがって，(3)より①が成り立つ．

解説　等式②，③は，**2つの平方数の和で表せる数の積は，また2つの平方数の和で表せる**ことを意味しています．

このことから，4で割ると1余る素数を，重複を許して掛け合わせて得られる数は，3辺の長さが自然数である直角三角形の斜辺の長さに成り得ることが分かります．

第7章 別証明のための準備

31 まるごと論法と互除法

a, bをともに0でないあたえられた整数とする．

$$S=\{am+bn|m,\ n\text{は整数}\}$$

とするとき，次のことを証明せよ．

(1) α, βをSの任意の要素とするとき，$\alpha+\beta\in S$ である．

(2) αがSの任意の要素でkが任意の整数のとき，$k\alpha\in S$ である．

(3) Sに含まれる最小の正の整数をdとするとき，Sはdの倍数全体の集合と一致する．

(4) $a\in S$, $b\in S$ であることから，dはaとbの最大公約数である．

（東京理科大）

精講 (3) 任意のαがdの倍数となることを示します．そのために，αをdで割った余りを考えて，dの**最小性との関連に着目**します．初めてだとこの方針に気が付くのは難しいかもしれません．

(4) 文字通り，公約数のうち最大のものを**最大公約数**といいます．

解答

(1) α, $\beta\in S$ より

$$\alpha=am+bn \quad (m,\ n\text{は整数})$$

$$\beta=ax+by \quad (x,\ y\text{は整数})$$

と表せる．よって

$$\alpha+\beta=a(m+x)+b(n+y)$$

$m+x$, $n+y$ は整数であるから

$$\alpha+\beta\in S$$

(2) $\alpha\in S$ より，αを(1)と同じように表すと

$$k\alpha=a(km)+b(kn)$$

km, kn は整数であるから

$$k\alpha\in S$$

(3) dの倍数全体の集合をMとすると，(2)より，$M\subset S$ であるから，$S\subset M$ を示せばよい．

⬅ $S=M$ $\Longleftrightarrow$「$S\subset M$ かつ $M\subset S$」

任意の $\alpha \in S$ に対して，α を d で割った商を q，余りを r とすると，除法の定理より

$$\alpha = dq + r, \quad 0 \leqq r < d$$

← 急所

が成り立つ．したがって，(1)，(2)より

$$r = \alpha + d(-q) \in S$$

となるから，d の最小性より，$r=0$．ゆえに

← $r>0$ とすると，$r<d$ より，d が S の最小正整数であることに反する

$$\alpha = dq \in M$$

$$\therefore \quad S \subset M$$

(4)　a と b の最大公約数を g とする．

$a \in S$，$b \in S$ であるから，(3)より，d は a と b の公約数である．よって

$$d \leqq g \quad \cdots\cdots ①$$

← 最大公約数の定義を**解説**の㋒に変更した場合，d は g の約数，と直す

である．

一方，$d \in S$ より，整数 m，n を用いて

$$d = am + bn \quad \cdots\cdots ②$$

と表せるから，

g は d の約数 ……③

である．①，③より

$$d = g$$

← 最大公約数の定義を**解説**の㋒に変更した場合，$g = \pm d$，と直す

解説

1°〈まるごと論法〉

(3)，(4)の結果は，次のようにまとめられます．

> 整数 a と b の最大公約数 d に対して，整数 m，n が存在して
> $$am + bn = d$$
> が成り立つ．
> とくに，a と b が互いに素ならば，整数 m，n が存在して
> $$am + bn = 1$$
> が成り立つ．そして，この場合には逆も成立する．

……㋐

これを証明するために，本問では $am+bn$ と表せる整数をまるごと考えて，最大公約数 d をその中の最小正整数として特定しました．この論法を，本書では，**まるごと論法**と呼ぶことにします．まるごと論法は高校数学ではめったに見かけませんが，大学以上では常套手段です．また，まるごと論法は一見鮮やかですが，はっきりした欠点があります．それは，本問の場合でいえば，**m，n を具体的に求める方法を何も教えてくれない**ことです．

2°　**〈㋐の互除法による証明〉**

正の整数a，bに対して，その最大公約数を$(a,\ b)$で表します．

いま，aをbで割った商がq，余りがrのとき，すなわち，

$$a=bq+r,\ 0\leqq r<b$$

であるとき

$$(\boldsymbol{a},\ \boldsymbol{b})=(\boldsymbol{b},\ \boldsymbol{r})$$

が成り立つことを，**互除法の原理**というのでした．

次に，この操作を繰り返します．

$$a=bq_0+r_1,\quad 0<r_1<b$$
$$b=r_1q_1+r_2,\quad 0<r_2<r_1$$
$$r_1=r_2q_2+r_3,\quad 0<r_3<r_2$$
$$r_2=r_3q_3+r_4,\quad 0<r_4<r_3$$

$$r_1=a-bq_0$$

を代入すると，整数m_2，n_2を用いて

$$r_2=am_2+bn_2$$

と表せる．r_1，r_2を代入すると

$$r_3=am_3+bn_3$$

と表せる．r_2，r_3を代入すると

$$r_4=am_4+bn_4 \quad\cdots\cdots ㋑$$

と表せる．

有限回の操作で余りが0となるので，仮に

$$r_3=r_4q_4$$

であるとすると，互除法の原理より

$$(a,\ b)=(b,\ r_1)=(r_1,\ r_2)=(r_2,\ r_3)=(r_3,\ r_4)=r_4$$

したがって，$(a,\ b)=d$ とおくと，$d=r_4$ であり，㋑より

$$d=am_4+bn_4$$

と表せます．ここで，重要なのはm_4，n_4はa，bから**実際に求められる**ということです．つまり，互除法による証明は，まるごと論法とは対照的に**構成的**です．

3°　**〈(3)のまとめ〉**

数の集合は，英語あるいはドイツ語表記の頭文字をとって，以下のように表します．

$\boldsymbol{N}$：自然数 (natural number) 全体の集合．

$\boldsymbol{Z}$：整数全体の集合．$\boldsymbol{Z}$はドイツ語の数 (Zahl) の頭文字．

$\boldsymbol{Q}$：有理数全体の集合．$\boldsymbol{Q}$は商 (quotient) の頭文字．

$\boldsymbol{R}$：実数 (real number) 全体の集合．

$\boldsymbol{C}$：複素数 (complex number) 全体の集合．

これらは正式な記号です．

さて，整数の集合$\boldsymbol{Z}$のように，加法，減法，乗法が定義された集合を**環**(かん) (ring) といいます．環としてとりあえず重要なのは，$\boldsymbol{Z}$の他に，実数を係数とする多項式全体のなす集合です．これを$\boldsymbol{R}$上の**多項式環**といい，$\boldsymbol{R}[\boldsymbol{x}]$で表します．

環Rの部分集合Iが，本問の(1)，(2)の条件

(1) a，$b\in I$ ならば，$a+b\in I$

(2) $a\in I$ ならば，任意の $r\in R$ に対して $ra\in I$

を満たすとき，IをRの**イデアル**といいます．最も簡単なイデアルは$\{ra|r\in R\}$ $(a\in R)$ と表せるもので，これを$\boldsymbol{a}$**によって生成される単項イデアル**といいます．そして，イデアルがすべて単項イデアルであるような環を**単項イデアル環**といいます．

これらの用語を使うと，本問(3)の内容は次のようにまとめられます．

> **〈除法の定理 1〉** 整数a，b；$b>0$ に対して
>
> $$\boldsymbol{a=bq+r,\ 0\leqq r<b}$$
>
> を満たす整数q，rが（ただ1組）存在する

このことから，$\boldsymbol{Z}$の$\{0\}$以外のイデアルは，それが含む**最小正整数が生成する単項イデアルであることが従います**．ゆえに，$\boldsymbol{Z}$**は単項イデアル環**です．

(3)の証明では，Sが$\{am+bn|m,\ n\in\boldsymbol{Z}\}$ という形をしていることを何も使っていません．a_1，a_2，…，$a_n\in\boldsymbol{Z}$ に対して

$$S=\{a_1x_1+a_2x_2+\cdots+a_nx_n|x_1,\ x_2,\ \cdots,\ x_n\in\boldsymbol{Z}\}$$

と表せる場合でも証明はそのまま通用します．

4° 《(3)の結果を $\boldsymbol{R}[x]$ に拡張する》

次は，多項式環$\boldsymbol{R}[x]$について考えましょう．$f(x)\in\boldsymbol{R}[x]$ の次数(degree)を$\mathbf{deg}\,\boldsymbol{f(x)}$で表します．ただし，定数$(\neq 0)$の次数は0であるとし，0の次数は考えません．このとき，多項式の割り算をした経験から，次の定理が成り立つことは明白です．

> **〈除法の定理 2〉** $f(x)$，$g(x)\in\boldsymbol{R}[x]$；$\deg g(x)\geqq 1$ に対して
>
> $$\boldsymbol{f(x)=g(x)q(x)+r(x),\ r(x)=0}\ \textbf{または}\ \boldsymbol{\deg r(x)<\deg g(x)}$$
>
> を満たす$q(x)$，$r(x)$が（ただ1組）存在する．

すると，ここでも(3)の証明はほとんどそのまま通用して，$\boldsymbol{R}[x]$の$\{0\}$以外のイデアルは，それが含む**最小次数多項式が生成する単項イデアルであること**が示せます．したがって，$\boldsymbol{Z}$と同じく$\boldsymbol{R}[x]$**も単項イデアル環**です．

5° 《(4)の結果を単項イデアル環に拡張する》

㋐より，公約数は最大公約数の約数です．したがって，最大公約数を

> **〈定義〉 公約数$\boldsymbol{d}$は，すべての公約数が$\boldsymbol{d}$の約数となるとき，最大公約数である．** ……㋒

と**定義し直す**ことができます．

こうすると，整数環$\boldsymbol{Z}$における約数，倍数，最大公約数の定義をそのまま，多項式環$\boldsymbol{R}[x]$の，さらには一般の環Rの，約元，倍元，最大公約元の定義とすることができます．ただし，最大公約元の一意性に問題があります．

環Rは条件

$$xy=0 \Longrightarrow x=0 \text{ または } y=0 \qquad \cdots\cdots ㊁$$

を満たすとき，整った環という意味で**整域**（せいいき）といいます．$\boldsymbol{Z}$や$\boldsymbol{R}[x]$は整域です．このとき，例えばd_1，d_2をa，$b \in R$ の0でない最大公約元とすると，定義㋒より一方は他方の約元となるので，u，$v \in R$ を用いて

$$d_1=ud_2, \quad d_2=vd_1 \qquad \cdots\cdots ㊂$$

と表せます．これから，$d_1=uvd_1$ となるので，$d_1(uv-1)=0$ を得ます．

ところが，$d_1 \neq 0$ だから，㊁より

$$uv=1 \quad (\Longleftrightarrow v=u^{-1}) \qquad \cdots\cdots ㋕$$

となります．

単位元1の約元を**単元**といいます．したがって，㊂，㋕より，**最大公約元は単元因子の違いを除いて決まります**．しかし，

$R=\boldsymbol{Z}$ のとき，単元の全体は，$\{\pm 1\}$

$R=\boldsymbol{R}[x]$ のとき，単元の全体は，0でない実数全体

であることから分かるように，単元因子の違いは整除関係（約元・倍元の関係）において**本質的ではありません**．

以上で準備完了です．Rを単項イデアル整域とします．0でないa，$b \in R$ に対して $S=\{ax+by|x, y \in R\}$ はRのイデアルですから，単項イデアルです．よって，その生成元dが存在して

$$\boldsymbol{S=\{rd|r \in R\}}$$

と表せます．すると，本問(4)の証明を形式的に書き直すだけで，㋐の類似が成立します．すなわち，

> a，$b \in R$ の最大公約元dに対して，x，$y \in R$ が存在して
> $$ax+by=d$$
> が成り立つ．
> とくに，aとbは互いに素ならば，x，$y \in R$ が存在して
> $$ax+by=1$$
> が成り立つ．そして，この場合には逆も成立する．

$\cdots\cdots$ ㋖

多項式環$\boldsymbol{R}[x]$は単項イデアル整域ですから，$\boldsymbol{R}[x]$においても㋖が成立します．

$\boldsymbol{Z}$や$\boldsymbol{R}[x]$のように一見異なる代数系の間に，このような**構造の類似**の存在することに注目して下さい．

32 合同式と剰余環

2つの整数aおよびbを正の整数nで割った余りが同じであるとき，aとbはnを法として**合同**であるといい，$\boldsymbol{a \equiv b \pmod{n}}$で表す.

(1) $a \equiv b \pmod{n}$，$c \equiv d \pmod{n}$ならば

$$a \pm c \equiv b \pm d \pmod{n} \quad (\text{複号同順})$$

$$ac \equiv bd \pmod{n}$$

であることを証明せよ.

(2) $10^k \equiv 1 \pmod{9}$ $(k=1,\ 2,\ \cdots)$を証明し，$N=348092159$ を9で割った余りを求めよ.

(3) 5桁の整数 $M=37xy8$ が11の倍数となるようなx，yの組$(x,\ y)$をすべて求めよ. (明治大)

精講 (1) a，bをnで割った余りが同じであることは，**$\boldsymbol{a-b}$が$\boldsymbol{n}$で割り切れる**ことと同値です.

(2) (1)を利用するのであれば，$10 \equiv 1 \pmod{9}$をそれ自身と掛けると，$10^2 \equiv 1 \pmod{9}$となることに着目します．後半は，10進法の定義を思い出しましょう.

(3) (2)をまねるとすれば，$10 \equiv ? \pmod{11}$と考えることになります.

解答

(1) 条件より，$a-b=nx$，$c-d=ny$ $(x,\ y \in \boldsymbol{Z})$と表せるから

$$\begin{aligned} a \pm c-(b \pm d) &= a-b \pm (c-d) \\ &= nx \pm ny \\ &= n(x \pm y) \end{aligned}$$

$\therefore$ $a \pm c \equiv b \pm d \pmod{n}$ ⬅ 複号同順

一方，

$$\begin{aligned} ac-bd &= (b+nx)(d+ny)-bd \\ &= n(by+dx+nxy) \end{aligned}$$

$\therefore$ $ac \equiv bd \pmod{n}$

(2) (1)より，$10 \equiv 1 \pmod{9}$をk回掛け合わせて

$$10^k \equiv 1 \pmod{9}$$

⬅ $10^k=(9+1)^k$ 二項展開してもよい

を得る．よって，以下，9を法として

第7章

$$N \equiv 3+4+8+0+9+2+1+5+9$$
$$\equiv 3+4+8+2+1+5 \qquad \Leftarrow 9\equiv 0$$
$$\equiv 3+4+2+5$$
$$\equiv 5$$

ゆえに，N を 9 で割った余りは **5** である．

(3) $10\equiv -1 \pmod{11}$ であるから，(2)と同様にして

$$10^k \equiv (-1)^k \pmod{11}$$

よって，以下，11 を法として

$$M \equiv 3-7+x-y+8 \qquad \Leftarrow 10^k \equiv \begin{cases} 1 & (k\text{ は偶数}) \\ -1 & (k\text{ は奇数}) \end{cases}$$
$$= x-y+4$$

$M\equiv 0$ となることから

$$x-y\equiv -4 \qquad \cdots\cdots ①$$

一方，$0\leqq x\leqq 9$，$0\leqq y\leqq 9$ ……② より

$$-9\leqq x-y\leqq 9 \qquad \cdots\cdots ③$$

①，③より

$$x-y=-4,\ 7$$
$$\therefore\quad y=x+4 \text{ または } y=x-7$$

再び，②を考えて

$(x,\ y)=$**(0, 4), (1, 5), (2, 6), (3, 7), (4, 8), (5, 9), (7, 0), (8, 1), (9, 2)**

解説　**1° 〈正の整数 n を法とする剰余環 Z_n〉**

例として 5 を法にとります．すると，整数全体 $\boldsymbol{Z}$ は 5 で割った余りによって，5 つの集合

$$\{x \mid x\in \boldsymbol{Z},\ x\equiv k \pmod 5\} \quad (k=0,\ 1,\ 2,\ 3,\ 4)$$

に分類されます．この各々を 5 を法とする**剰余類**といい，$x\in\boldsymbol{Z}$ が属する剰余類を $\overline{\boldsymbol{x}}$ で表します．そして，剰余類の全体を $\boldsymbol{Z}_5$ で表します：

$$\boldsymbol{Z}_5=\{\overline{0},\ \overline{1},\ \overline{2},\ \overline{3},\ \overline{4}\}$$

ただし，

$$\overline{0}=\{\cdots,\ -15,\ -10,\ -5,\ 0,\ 5,\ 10,\ 15,\ \cdots\}$$
$$\vdots$$
$$\overline{4}=\{\cdots,\ -11,\ -6,\ -1,\ 4,\ 9,\ 14,\ 19,\ \cdots\}$$

ここで，$a\equiv b \pmod 5 \Longleftrightarrow \overline{a}=\overline{b}$ に注意して，(1)の結果を書き直すと

$\overline{a}=\overline{b}$，$\overline{c}=\overline{d}$ ならば

$$\overline{a\pm c}=\overline{b\pm d},\quad \overline{ac}=\overline{bd}$$

となります．したがって，$\boldsymbol{Z}_5$ における加法，減法，乗法は

$$\begin{cases}\overline{a}\pm\overline{c}=\overline{a\pm c}\\ \overline{a}\cdot\overline{c}=\overline{ac}\end{cases}$$

によって**矛盾なく**定義できます．こうして得られる環 $\boldsymbol{Z}_5$ を 5 を法とする**剰余環**といいます．n を法とする剰余環 $\boldsymbol{Z}_n$ も同様に定義されます．

⬅ $\overline{a}=\overline{c}$，$\overline{b}=\overline{d}$ であるのに $\overline{a+b}\neq\overline{c+d}$ となることがあれば，定義は意味を失う

次に，$\boldsymbol{Z}_5$ と $\boldsymbol{Z}_6$ の乗法を比べてみましょう．

	$\overline{0}$	$\overline{1}$	$\overline{2}$	$\overline{3}$	$\overline{4}$
$\overline{0}$	$\overline{0}$	$\overline{0}$	$\overline{0}$	$\overline{0}$	$\overline{0}$
$\overline{1}$	$\overline{0}$	$\overline{1}$	$\overline{2}$	$\overline{3}$	$\overline{4}$
$\overline{2}$	$\overline{0}$	$\overline{2}$	$\overline{4}$	$\overline{1}$	$\overline{3}$
$\overline{3}$	$\overline{0}$	$\overline{3}$	$\overline{1}$	$\overline{4}$	$\overline{2}$
$\overline{4}$	$\overline{0}$	$\overline{4}$	$\overline{3}$	$\overline{2}$	$\overline{1}$

($\boldsymbol{Z}_5$ の乗法)

	$\overline{0}$	$\overline{1}$	$\overline{2}$	$\overline{3}$	$\overline{4}$	$\overline{5}$
$\overline{0}$	$\overline{0}$	$\overline{0}$	$\overline{0}$	$\overline{0}$	$\overline{0}$	$\overline{0}$
$\overline{1}$	$\overline{0}$	$\overline{1}$	$\overline{2}$	$\overline{3}$	$\overline{4}$	$\overline{5}$
$\overline{2}$	$\overline{0}$	$\overline{2}$	$\overline{4}$	$\overline{0}$	$\overline{2}$	$\overline{4}$
$\overline{3}$	$\overline{0}$	$\overline{3}$	$\overline{0}$	$\overline{3}$	$\overline{0}$	$\overline{3}$
$\overline{4}$	$\overline{0}$	$\overline{4}$	$\overline{2}$	$\overline{0}$	$\overline{4}$	$\overline{2}$
$\overline{5}$	$\overline{0}$	$\overline{5}$	$\overline{4}$	$\overline{3}$	$\overline{2}$	$\overline{1}$

($\boldsymbol{Z}_6$ の乗法)

$\boldsymbol{Z}_5$ では，各 $\overline{a}\,(\neq\overline{0})$ に対して

$$\overline{a}\,\overline{x}=\overline{1}$$

を満たす $\overline{x}$ が存在します．つまり，$\boldsymbol{Z}_5$ は，$\boldsymbol{Q}$，$\boldsymbol{R}$，$\boldsymbol{C}$ などと同じく**除法の定義された環**です．これを**体**(たい)(field)といいます．

⬅ $\overline{a}$ は単元 (**31**，**解説 5°**) $\overline{x}$ は $\overline{a}$ の逆元といい，$\overline{a}^{-1}$ で表す

一般に，環 R の単元全体の集合を $R^\times$ で表すと，R が体をなす条件は

$$\boldsymbol{R}^\times=\boldsymbol{R}-\{0\}$$

と表せます．$R^\times$ においては

$$\begin{cases}a,\ b\in R^\times \Longrightarrow ab\in R^\times & \cdots\cdots ㋐\\ a\in R^\times \Longrightarrow a^{-1}\in R^\times & \cdots\cdots ㋑\end{cases}$$

が成り立つので，$R^\times$ を R の**単元群**(たんげんぐん)といいます．群については，次の**コラム 3．群とシンメトリー**を一読して下さい．

一方，$\boldsymbol{Z}_6$ では，$\overline{2}$，$\overline{3}$，$\overline{4}$ に逆元が存在しないだけでなく

$$\overline{2}\neq\overline{0},\quad \overline{3}\neq\overline{0},\quad \overline{2}\cdot\overline{3}=\overline{0}$$

となります．これは，$\boldsymbol{Z}_6$ では，**31**，**解説 5°**，㋓の条件

$$xy=0 \Longrightarrow x=0 \text{ または } y=0 \qquad \cdots\cdots(*)$$

が**成立しない**ことを意味します．

なお，体では条件 $(*)$ が常に成立します．$x\neq 0$ ならば，仮定の両辺に x^{-1} を掛けると $y=0$ となるからです．つまり，**体は整域**です．

2° 〈体に係数をもつ方程式の解〉

体Kに係数をもつn次方程式 $f(x)=0$ は，Kにおいてn個より多くの異なる解をもちません．

← Kに係数をもつ多項式の全体がなす環（整域）を$K[x]$で表す

ここで，この基本事項をnに関する帰納法で証明しておきます．

（証明） $n=1$ のとき，$ax+b=0$ $(a,\ b\in K,\ a\neq 0)$ はただ1つの解 $x=-\dfrac{b}{a}$ をもつ．

$n=k$ のとき，成り立つと仮定する．

$n=k+1$ のとき，$\alpha\in K$ を $f(x)=0$ の解とするとk次式 $g(x)\in K[x]$ を用いて

$$f(x)=(x-\alpha)g(x)$$

← 因数定理．教科書にある$K=\boldsymbol{R}$ の場合の証明がそのまま通用する

と表せる．さらに，$\beta\,(\neq\alpha)\in K$ が $f(x)=0$ の解ならば

$$f(\beta)=(\beta-\alpha)g(\beta)=0$$

← $\beta-\alpha\neq 0$

$$\therefore\quad g(\beta)=0$$

すなわち，αと異なる $f(x)=0$ のKにおける解はすべて $g(x)=0$ の解である．ゆえに，帰納法の仮定より，$f(x)=0$ のKにおける異なる解の個数は高々 $k+1$ 個である． ▌

← Kが体であることが大切．$\boldsymbol{Z}_6$ に係数をもつ2次方程式 $x^2-\overline{3}x+\overline{2}=\overline{0}$ は4個の解 $x=\overline{1},\ \overline{2},\ \overline{4},\ \overline{5}$ をもつ．

3° 〈$\boldsymbol{Z}_n$ が体となるのはいつか〉

1° の例から

$$\boldsymbol{Z}_n \text{ が体} \iff n \text{ が素数}$$

となりそうです．$n=p$（素数）のとき，$\overline{a}\in\boldsymbol{Z}_p$，$\overline{a}\neq\overline{0}$（$a$と$p$は互いに素）に対して

$$ax+py=1$$

を満たす整数x，yが存在します．したがって

← **31**，解説 1°，㋐

$$ax\equiv 1 \pmod{p}$$

$$\therefore\quad \overline{a}\,\overline{x}=\overline{1}$$

よって，$\overline{a}$ は逆元をもつので，$\boldsymbol{Z}_p$ は体をなします．

逆の証明は演習問題にしましょう．

演習問題

(32-1) **32**，**解説 1°** の㋐，㋑を証明せよ．

(32-2) $\boldsymbol{Z}_n$ が体ならばnは素数であることを，背理法によって証明せよ．

コラム3．群とシンメトリー

平面図形Fを**合同変換**f(回転，直線に関する折り返し，平行移動)で移した図形が，Fとぴったり重なるとき，fを図形Fの**対称変換**という．Fの対称変換全体の集合Sは次の性質をもつ．

Sは合成に関して閉じている．つまり，f，$g \in S$ のとき，$g \circ f \in S$ である．以後，$g \circ f$ を gf，$f \circ f$ を f^2 などと表す．このとき，(S1)，(S2)が成り立つ．

(S1)　$(hg)f = h(gf)$　(f，g，$h \in S$)

実際，任意の $x \in F$ に対して，$x \xrightarrow{f} y \xrightarrow{g} z \xrightarrow{h} w$ とすると

$$(hg)f(x) = hg(y) = w,\quad h(gf)(x) = h(z) = w$$

となるからである．証明をみれば分かるように，これは対称変換に限らず，「操作」一般のもつ特性である．

(S2)　何も動かさないのも変換の一種と考えてこれを$e\,(\in S)$で表すと，

(i)　任意の $f \in S$ に対して

$$fe = ef = f$$

(ii)　すべての $f \in S$ には，逆変換 $f^{-1} \in S$ が存在して

$$ff^{-1} = f^{-1}f = e$$

このSの性質を一般化したものが**群**(ぐん)である．集合Gのすべての要素の組$(a,\ b)$に対して，ただ1つのGの要素を対応させる規則φ(**演算**という)が定まっているとする．簡単化のために

$$\varphi(a,\ b) = ab$$

と表すとき，次の性質(G1)，(G2)を満たすならば，**Gはこの演算に関して群をなす**という．

(G1)　(**結合法則**)　すべてのa，b，$c \in G$ に対して

$$(ab)c = a(bc)$$

(G2)　次の条件を満たす**単位元**とよばれる元$e \in G$ がある．

(i)　すべての $a \in G$ に対して

$$ae = ea = a$$

(ii)　すべての $a \in G$ に対しある $b \in G$ が存在して

$ab=ba=e$

b を a の**逆元**といい a^{-1} で表す．

〈例 1〉　複素数体 $\boldsymbol{C}$ は，加法に関して群をなす．単位元は 0，$a\in\boldsymbol{C}$ の逆元は $-a$ である．また，すべての a，$b\in\boldsymbol{C}$ に対して

$a+b=b+a$（交換法則）が成り立つ．

〈例 2〉　$\boldsymbol{C}$ の単元の全体 $\boldsymbol{C}^{\times}$ は乗法に関して群をなす．単位元は 1，$a\in\boldsymbol{C}^{\times}$ の逆元は a^{-1} である．また，すべての a，$b\in\boldsymbol{C}^{\times}$ に対して

$ab=ba$（交換法則）が成り立つ．

〈例 3〉　自然数 n に対して，$\boldsymbol{C}^{\times}$ の部分集合

$T_n=\{z\in\boldsymbol{C}^{\times}|z^n=1\}$

は $\boldsymbol{C}^{\times}$ と同じ積に関して群をなす．このとき，T_n は $\boldsymbol{C}^{\times}$ の**部分群**であるという．また，$\alpha=\cos\dfrac{2\pi}{n}+i\sin\dfrac{2\pi}{n}\in T_n$ を用いて

$T_n=\{1,\ \alpha,\ \alpha^2,\ \cdots,\ \alpha^{n-1}\}$

と表せる．このように，すべての元がある元（生成元という）の累乗で表せる群を**巡回群**（じゅんかいぐん）という．α^{n-1} に引き続いて

$\alpha^n=1,\ \alpha^{n+1}=\alpha,\ \alpha^{n+2}=\alpha^2,\ \cdots$

と循環するからである．しかし，$\{2^n|n=0,\ \pm1,\ \pm2,\ \cdots\}$ のように決して回帰しないこともある．このような群を**無限巡回群**という．

〈例 4〉　$\boldsymbol{Z}_5$ の単元群は

$\boldsymbol{Z}_5{}^{\times}=\{\overline{2},\ \overline{2}^2,\ \overline{2}^3,\ \overline{2}^4\ (=\overline{1})\}$

$=\{\overline{3},\ \overline{3}^2,\ \overline{3}^3,\ \overline{3}^4\ (=\overline{1})\}$

と表せるので巡回群をなす．実は一般に次が成り立つ．

> **定理**　p が素数のとき，$\boldsymbol{Z}_p{}^{\times}$ は巡回群をなす．すなわち，
> ある $\overline{a}\in\boldsymbol{Z}_p{}^{\times}$ に対して
> $\boldsymbol{Z}_p{}^{\times}=\{\overline{1},\ \overline{a},\ \overline{a}^2,\ \cdots,\ \overline{a}^{p-2}\}$　$(\overline{a}^{p-1}=\overline{1})$
> と表せる．

この定理は **42**，**解説**で証明する．$\boldsymbol{Z}_p{}^{\times}$ のすべての元が１つの元の累乗で表せれば，$\boldsymbol{Z}_p{}^{\times}$ あるいは $\boldsymbol{Z}_p$ における問題が大変扱いやすくなる．

ここで，はじめに戻ってFが正三角形 $P_1P_2P_3$ のときを考える．$\triangle P_1P_2P_3$ の重心Oを中心とする120°の回転を a，平面に固定された図１の直線 l_k ($k=1, 2, 3$) に関する折り返しを b_k とする．このとき，恒等変換を e とすると $S=\{e, a, a^2, b_1, b_2, b_3\}$ である．ところが，

b_2，b_3 は $b_1=b$ と a を用いて表せる．すなわち，

次図より $b_2=ba$

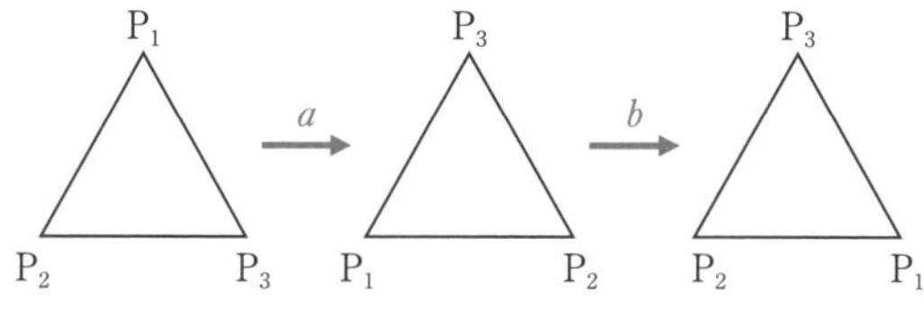

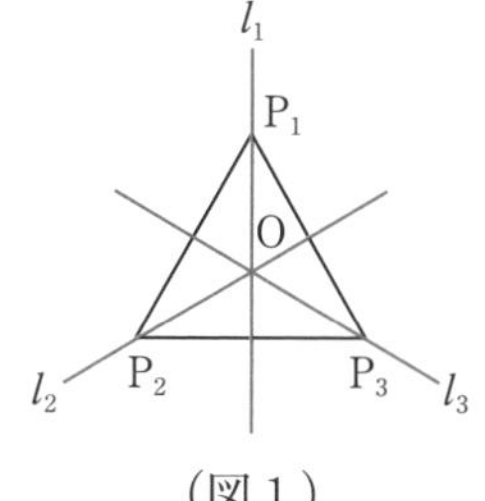

（図１）

同様に $b_3=ba^2$ であるから

$$S=\{e, a, a^2, b, ba, ba^2\}$$

ただし，$a^3=e$，$b^2=e$ である．

また，a と b の間には一定の関係がある．次図より

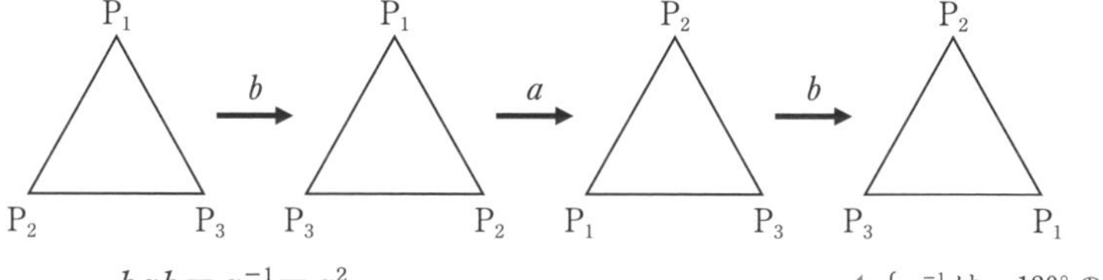

$$bab=a^{-1}=a^2$$

⬅ a^{-1} は $-120°$ の回転，$a^3=e$ より，$a^2=a^{-1}$

両辺に左から b を掛けると，$b^2=e$ より

$$ab=ba^2 \quad \cdots\cdots ①$$

①と $a^3=e$，$b^2=e$ を使えば，図の助けを借りないで，S の積を計算することができる．例えば

$$a^2b=a(ab)=(ab)a^2=ba^4=ba$$

$$ba\cdot ba^2=b(ab)a^2=b(ba^2)a^2=b^2a^4=a$$

同様にすれば，S の完全な乗積表がつくれる．なお，等式①は，群 S が交換法則を満たさないことを意味している．

このように，**図形のシンメトリーを群として表現すると，その構造をすべて計算で知ることができる**．

33 フェルマーの小定理

p を素数とするとき，次の問いに答えよ．

(1)　自然数 k が $1 \leqq k \leqq p-1$ を満たすとき，${}_p\mathrm{C}_k$ は p で割り切れることを示せ．ただし，${}_p\mathrm{C}_k$ は p 個のものから k 個取った組合せの数である．

(2)　n を自然数とするとき，n に関する数学的帰納法を用いて，n^p-n は p で割り切れることを示せ．

(3)　**n が p の倍数でないとき，$n^{p-1}-1$ は p で割り切れる**ことを示せ．

（富山大）

精講　(1)　${}_p\mathrm{C}_k$ を階乗記号で表して分母を払うと，直ぐに分かります．

整数 a，b に対して，**ab が p の倍数で，a が p の倍数でないならば，b は p の倍数である**ことに注意しましょう．

解　答

(1)　${}_p\mathrm{C}_k=\dfrac{p!}{k!(p-k)!}$ より

$${}_p\mathrm{C}_k\cdot k!(p-k)!=p(p-1)!$$

したがって，左辺は p で割り切れる．

一方，$1 \leqq k \leqq p-1$ より，$1 \leqq p-k \leqq p-1$ であるから，$k!(p-k)!$ は p で割り切れない．

ゆえに，${}_p\mathrm{C}_k$ $(1 \leqq k \leqq p-1)$ は p で割り切れる．

(2)　$n=1$ のとき，成り立つ．

$n=m$ のとき，m^p-m は p で割り切れると仮定する．

$n=m+1$ のとき

$$\begin{aligned}&(m+1)^p-(m+1)\\&=m^p+{}_p\mathrm{C}_1m^{p-1}+{}_p\mathrm{C}_2m^{p-2}+\cdots+{}_p\mathrm{C}_{p-1}m+1-(m+1)\\&={}_p\mathrm{C}_1m^{p-1}+{}_p\mathrm{C}_2m^{p-2}+\cdots+{}_p\mathrm{C}_{p-1}m+(m^p-m)\end{aligned} \quad \cdots\cdots ①$$

①の右辺の末項は仮定より，それ以外の項は(1)より，p で割り切れるから，$(m+1)^p-(m+1)$ は p で割り切れる．

ゆえに，自然数 n に対して，n^p-n は p で割り切れる．

(3) (2)より

$$n^p-n=n(n^{p-1}-1)$$

はpで割り切れるから，nがpで割り切れないとき，$n^{p-1}-1$はpで割り切れる．

解説

1° (3)の結果を合同式を使って表すと，pが素数で，整数aがpの倍数でないとき

$$\boldsymbol{a^{p-1}\equiv 1 \pmod{p}}$$

となります．これを**フェルマーの小定理**といいます．

2° 今度はフェルマーの小定理を**まるごと論法**を使って証明してみましょう．体$\boldsymbol{Z}_p$で考えます．その単元群$\boldsymbol{Z}_p{}^{\times}=\{\overline{1},\ \overline{2},\ \cdots,\ \overline{p-1}\}$に対して

$$S=\{\overline{a}\cdot\overline{1},\ \overline{a}\cdot\overline{2},\ \cdots,\ \overline{a}\cdot\overline{p-1}\}$$

とすると，$\overline{a}\neq\overline{0}$より

$$S\subset\boldsymbol{Z}_p{}^{\times}$$

一方，$1\leqq i<j\leqq p-1$のとき，$\overline{i}-\overline{j}\neq\overline{0}$，$\overline{a}\neq\overline{0}$より，$\overline{a}(\overline{i}-\overline{j})\neq\overline{0}$．

$$\therefore\ \overline{a}\cdot\overline{i}\neq\overline{a}\cdot\overline{j}$$

よって，Sと$\boldsymbol{Z}_p{}^{\times}$の要素の個数は等しいから

$$S=\boldsymbol{Z}_p{}^{\times}$$

そこで，両辺のすべての要素の積を比較して

$$\overline{a}^{p-1}\cdot\overline{1}\cdot\overline{2}\cdot\cdots\cdot\overline{p-1}=\overline{1}\cdot\overline{2}\cdot\cdots\cdot\overline{p-1}$$

両辺を$\overline{1}\cdot\overline{2}\cdot\cdots\cdot\overline{p-1}\ (\neq\overline{0})$で割ると

$$\overline{a^{p-1}}=\overline{1}$$

⬅ $\overline{a}^p=\overline{a^p}$

$$\therefore\ a^{p-1}\equiv 1 \pmod{p}$$

本問の証明とこの別証の論理はまったく異なります．

第7章

— 演習問題 —

(33) 6789^{5432}を11で割った余りを求めよ．

34　奇素数 p に対する $x^2\equiv-1 \pmod{p}$ の解

p を奇素数とする．Z_p の単元群（**32**，解説 1°）

$$Z_p^{\times}=\{\overline{1},\ \overline{2},\ \cdots,\ \overline{p-1}\}$$

の各元 $\overline{x}$ に，$Z_p^{\times}$ の部分集合

$$C(\overline{x})=\{\overline{x},\ -\overline{x},\ \overline{x}^{-1},\ -\overline{x}^{-1}\}$$

を対応させる．このとき

$$C(\overline{x})=C(-\overline{x})=C(\overline{x}^{-1})=C(-\overline{x}^{-1}) \quad \cdots\cdots ①$$

が成り立つ．

$\overline{x}$，$-\overline{x}$，$\overline{x}^{-1}$，$-\overline{x}^{-1}$

(1)　$C(\overline{x})\cap C(\overline{y})\neq\phi$ ならば，$C(\overline{x})=C(\overline{y})$ であることを示せ．

(2)　$C(\overline{x})$ の異なる要素の個数を調べよ．

(3)　$p=4k+1$（k は自然数）と表せるならば，

$$\overline{x}^2=-\overline{1}\ (=\overline{p-1})$$

は解をもつことを示せ．

精講　**32**，解説 1° の表を見ると，$Z_5^{\times}$ では

$$\overline{2}^2=-\overline{1},\ \overline{3}^2=-\overline{1}$$

が成り立ちます．しかし，$Z_7^{\times}$ では右表より

$$\overline{x}^2=-\overline{1}\ (=\overline{6})$$

の解は存在しません．これだけでは何ともいえませんが，もう少し実験を繰り返すと，

$\overline{x}$	$\overline{1}$	$\overline{2}$	$\overline{3}$	$\overline{4}$	$\overline{5}$	$\overline{6}$
$\overline{x}^2$	$\overline{1}$	$\overline{4}$	$\overline{2}$	$\overline{2}$	$\overline{4}$	$\overline{1}$

$p=4k+1$ のとき，$\overline{x}^2=-\overline{1}$ の解は存在する
$p=4k+3$ のとき，$\overline{x}^2=-\overline{1}$ の解は存在しない

ことが**予想**されます．

(2)　4 つの要素がすべて異なる場合を除くと，$\overline{x}\neq-\overline{x}$ より，$\overline{x}=\overline{x}^{-1}$，$\overline{x}=-\overline{x}^{-1}$ のいずれかが起こります．

(3)　**29** の論法を真似ましょう．

解　答

(1)　仮定より，$\overline{z}\in C(\overline{x})$，$\overline{z}\in C(\overline{y})$ となる $\overline{z}\in Z_p^{\times}$ が存在する．このとき，①より

$$C(\overline{x})=C(\overline{z}),\ C(\overline{y})=C(\overline{z})$$

$\therefore \quad C(\overline{x})=C(\overline{y})$

⬅ $\boldsymbol{Z}_p{}^{\times}$ は $C(\overline{x})$ の直和になる

(2) $\overline{x}=-\overline{x}$ $(\overline{x}\in\boldsymbol{Z}_p{}^{\times})$ とすると

$\overline{x}+\overline{x}=\overline{2x}=\overline{2}\cdot\overline{x}=\overline{0}$

p は奇素数ゆえ，$\overline{2}\neq\overline{0}$ であるから

$\overline{x}=\overline{0}$

これは $\overline{x}\in\boldsymbol{Z}_p{}^{\times}$ に反する．ゆえに

$\overline{x}\neq-\overline{x} \quad (\overline{x}\in\boldsymbol{Z}_p{}^{\times})$

⬅ $\overline{x}^{-1}\neq-\overline{x}^{-1}$ と同値

したがって，

$C(\overline{x})=\{\overline{x},\ -\overline{x},\ \overline{x}^{-1},\ -\overline{x}^{-1}\}$

について

(i) **4つの要素がすべて異なる**

かあるいは

$\overline{x}=\overline{x}^{-1} \quad (\Longleftrightarrow\ -\overline{x}=-\overline{x}^{-1})$

$\overline{x}=-\overline{x}^{-1} \quad (\Longleftrightarrow\ -\overline{x}=\overline{x}^{-1})$

のいずれかが起こる．

(ii) $\overline{x}=\overline{x}^{-1}$ のとき，$\overline{x}^2=\overline{1}$ より

⬅ $\boldsymbol{Z}_p$ は体であるから $(\overline{x}-\overline{1})(\overline{x}+\overline{1})=\overline{0}$ より，$\overline{x}=\pm\overline{1}$

$\overline{x}=\overline{1},\ -\overline{1}\ (=\overline{p-1})$

$\therefore \quad C(\overline{x})=\{\overline{1},\ -\overline{1}\}$

よって，$C(\overline{x})$ の異なる要素の個数は **2 個.**

(iii) $\overline{x}=-\overline{x}^{-1}$ のとき，$\overline{x}^2=-\overline{1}$

(ア) 解 $\overline{a}$ が存在するとき

⬅ $\overline{a}^2=-\overline{1}$ より $\overline{x}^2=\overline{a}^2$ $\therefore\ \overline{x}=\pm\overline{a}$

$\overline{x}=\overline{a},\ -\overline{a}$

$\therefore \quad C(\overline{x})=\{\overline{a},\ -\overline{a}\}$

よって，$C(\overline{x})$ の異なる要素の個数は **2 個.**

(イ) 解が存在しないとき

$C(\overline{x})=\phi$，すなわち，**0 個.**

(3) (1)より，$\boldsymbol{Z}_p{}^{\times}$ は $C(\overline{x})\ (\overline{x}\in\boldsymbol{Z}_p{}^{\times})$ の直和で表せる：

⬅ 重複のない部分集合の和集合

$$\boldsymbol{Z}_p{}^{\times}=\bigcup_{\overline{x}\in\boldsymbol{Z}_p{}^{\times}} C(\overline{x}) \qquad \cdots\cdots ②$$

したがって，(i)型の異なる部分集合の個数を l とすると，(ii)型の部分集合はただ1つ存在するから，

(ア) $\overline{x}^2=-\overline{1}$ の解が存在するならば，

$|\boldsymbol{Z}_p{}^{\times}|=4l+2+2=4(l+1)$

⬅ 有限集合 S に対して $|S|$ は S の要素の個数を表す

(イ) $\overline{x}^2=-\overline{1}$ の解が存在しないならば，

$|\boldsymbol{Z}_p{}^{\times}|=4l+2$

一方，$p=4k+1$ であるから

第7章

$$|\boldsymbol{Z}_p^{\times}|=p-1=4k$$

ゆえに，(ア)の場合が起こる．

したがって，$\overline{x}^2=-\overline{1}$，すなわち

$$x^2\equiv -1 \pmod p$$

は解をもつ．

解説 1° 直和分解②の例として，$p=13$ の場合を挙げておきます．

$$\boldsymbol{Z}_{13}^{\times}=\{\overline{2},\ \overline{11},\ \overline{7},\ \overline{6}\}\cup\{\overline{3},\ \overline{10},\ \overline{9},\ \overline{4}\}$$ ⬅ (i)型

$$\cup\{\overline{1},\ \overline{12}\}$$ ⬅ (ii)型

$$\cup\{\overline{5},\ \overline{8}\}$$ ⬅ (iii)型

2° 〈予想1の別証　その1〉

$p=4k+1$ とします．$\boldsymbol{Z}_p$ における $\overline{x}^2=-\overline{1}$ の解 $\overline{a}$ は，$\boldsymbol{C}$ における**虚数単位 i と同じ働き**をします．

x，$y\,(\in\boldsymbol{N})$ の2次方程式 $p=x^2+y^2$ を $\boldsymbol{Z}_p$ **で考えると**

$$\begin{aligned}\overline{0}&=\overline{x}^2+\overline{y}^2\\&=(\overline{x}+\overline{a}\,\overline{y})(\overline{x}-\overline{a}\,\overline{y})\\&=\overline{x+ay}\cdot\overline{x-ay}\end{aligned}$$

となるので，1次方程式 $\overline{x-ay}=0$，すなわち

$$x-ay\equiv 0 \pmod p$$

を解くことに帰着します．

⬅ y を $-y$ とおくと $x+ay\equiv 0 \pmod p$ となるので，どちらで考えても同じ

(証明) $E=\{(x,\ y)\,|\,0\leqq x,\ y<\sqrt{p},\ x,\ y\in\boldsymbol{Z}\}$

とする．$n<\sqrt{p}<n+1$ なる自然数 n が存在して，x，y は共に0から n までの値をとり得るから

$$|E|=(n+1)^2>p$$

したがって，各 $(x,\ y)\in E$ に $\boldsymbol{Z}_p$ の要素 $\overline{x-ay}$ を対応させると，鳩の巣原理より

$$x_1-ay_1\equiv x_2-ay_2 \pmod p$$

$$\therefore\quad x_1-x_2\equiv a(y_1-y_2) \pmod p \qquad \cdots\cdots ㋐$$

を満たす $(x_i,\ y_i)\in E$ で，$(x_1,\ y_1)\neq(x_2,\ y_2)$ となるものが存在する．

ところが，$x_1=x_2$ $(y_1=y_2)$ とすると，㋐より $y_1=y_2$ $(x_1=x_2)$ となるので

$$x_1\neq x_2,\qquad y_1\neq y_2$$

そこで

$$b=|x_1-x_2|\qquad c=|y_1-y_2|$$

とすると，

$$0<b,\ c<\sqrt{p} \qquad \cdots\cdots ㋑$$

であり，㋐より，p を法として

$$b-ac\equiv 0 \text{ または } b+ac\equiv 0$$
$$\therefore\quad (b-ac)(b+ac)\equiv 0$$
$$\therefore\quad b^2-a^2c^2\equiv b^2+c^2\equiv 0$$

⬅ $a^2\equiv -1$

ゆえに，b^2+c^2 は p の倍数であり，さらに㋑より

$$0<b^2+c^2<2p$$

であるから

$$b^2+c^2=p$$

が成り立つ． ▌

1次方程式

$$x-ay\equiv 0 \pmod p$$

の解が存在することを示す部分，および，

$$b^2+c^2\equiv 0 \pmod p$$

から

$$b^2+c^2=p$$

を示す部分，いずれにおいても

$$\boldsymbol{x},\ \boldsymbol{y}<\sqrt{\boldsymbol{p}}$$

という制限が本質的であることに注意して下さい．

3°　2° では，**$\boldsymbol{Z}$ における問題**

$$p=x^2+y^2 \text{ を満たす } x,\ y \text{ は存在するか}$$

を，**より小さい環 $\boldsymbol{Z}_p$** で

$$\boldsymbol{x}^2+\boldsymbol{y}^2\equiv \boldsymbol{0} \pmod p$$

と書き直すことによって解きました．次の章では**より大きな環**

$$\boldsymbol{Z}[\boldsymbol{i}]=\{\boldsymbol{a}+\boldsymbol{i}\boldsymbol{b}\,|\,\boldsymbol{a},\ \boldsymbol{b}\in\boldsymbol{Z}\}$$

で問題を見直すことにします．

演習問題

(34) 本問(3)の逆，すなわち，p が奇素数のとき

$\overline{x}^2=-\overline{1}$ が解をもつならば，$p=4k+1$（k は自然数）と表せる

ことを，フェルマーの小定理を用いて証明せよ．

第8章　ガウス整数

35　ガウス整数とガウス素数

$a,\ b\in \boldsymbol{Z}$ に対して，$a+bi\in \boldsymbol{C}$ を**ガウス整数**といい，その集合を $\boldsymbol{Z}[i]$ で表す．$a+bi,\ c+di\in \boldsymbol{Z}[i]$ のとき

$$\begin{cases} a+bi\pm(c+di)=a\pm c+(b\pm d)i\in \boldsymbol{Z}[i] \\ (a+bi)(c+di)=ac-bd+(ad+bc)i\in \boldsymbol{Z}[i] \end{cases}$$

であるから，$\boldsymbol{Z}[i]$ は環をなす．これを**ガウス整数環**という．また，ガウス整数に対して従来の整数を**有理整数**という．

一般に，複素数 $\alpha=a+bi\in \boldsymbol{C}$ に対して

$$\boldsymbol{N(\alpha)=\alpha\overline{\alpha}=|\alpha|^2=a^2+b^2}$$

とおいて，α の**ノルム** (norm) という．norm のもとの意味は物差しである．

定義から直ちに

$$N(\alpha\beta)=N(\alpha)N(\beta)\quad (\alpha,\ \beta\in \boldsymbol{C}) \qquad \cdots\cdots①$$

が成り立つ．

とくに，$\alpha=a+bi$ がガウス整数ならば，$N(\alpha)$ は負でない有理整数であるから，ガウス整数と有理整数の関係を調べるのに都合がよい．

(1)　$\alpha\in \boldsymbol{Z}[i]$ が単元 (単数ともいう) であるための条件は

$$\boldsymbol{N(\alpha)=1}$$

であることを示せ．

また，$\boldsymbol{Z}[i]$ の単数をすべて求めよ．

(2)　有理素数の定義を参考にして，**ガウス素数**を定義せよ．

(3)　$\pi\in \boldsymbol{Z}[i]$ に対して，$N(\pi)$ が有理素数ならば，π はガウス素数であることを示せ．

精講　(1)　**単数は1の約元である (31，解説 5°)** ことを思い出して，①を使います．

(2)　教科書では，有理素数を本質的に次のように定義しています．

整数 p は，条件

1)　$p>1$

2) p の正の約数は 1, p に限る

を満たすとき**有理素数**という．

しかし，$\boldsymbol{C}$ には大小関係がないので，このままでは「>1」と「正の」の部分が拡張のじゃまになります．そこで，条件(i)，(ii)をそれぞれ

1)′ $|\boldsymbol{p}|>1$ ⬅ $p^2>1$ と同値

2)′ **$\boldsymbol{p}$ の約数は，±1，±$\boldsymbol{p}$ に限る** ⬅ ±1 は $\boldsymbol{Z}$ の単数

とします．すると負の素数が現れますが，**整除関係には何ら影響しません**．しかも，ガウス素数の定義に容易に拡張できます．

(3) $\pi=\alpha\beta\,(\alpha,\ \beta\in\boldsymbol{Z}[i])$ とおいて，①を適用します．

解答

(1) $\alpha\in\boldsymbol{Z}[i]$ が単数のとき，ある $\beta\in\boldsymbol{Z}[i]$ に対して ⬅ α は 1 の約元

$$\alpha\beta=1 \quad \cdots\cdots②$$

よって，①より

$$N(\alpha)N(\beta)=1$$

$N(\alpha)$, $N(\beta)$ は負でない有理整数であるから

$$N(\alpha)=N(\beta)=1$$

$$\therefore\quad N(\alpha)=1 \quad \cdots\cdots③$$

⬅ 実は，②，③より $\beta=\dfrac{1}{\alpha}=\dfrac{\overline{\alpha}}{\alpha\overline{\alpha}}=\dfrac{\overline{\alpha}}{N(\alpha)}=\overline{\alpha}$

逆に，③が成り立つとき，ノルムの定義より

$$\alpha\overline{\alpha}=1$$

よって，α は単数である．ゆえに

$$\alpha \text{ が単数} \iff N(\alpha)=1 \quad \cdots\cdots④$$

次に，$\alpha=a+bi\in\boldsymbol{Z}[i]$ が単数であるとすると④より

$$N(\alpha)=a^2+b^2=1$$

$$\therefore\quad (a,\ b)=(\pm1,\ 0),\ (0,\ \pm1)$$ ⬅ 複号任意

ゆえに，$\boldsymbol{Z}[i]$ の単数は

±1，$\pm i$ ⬅ 単数群の記号で書くと $\boldsymbol{Z}[i]^{\times}=\{\pm1,\ \pm i\}$

(2) ガウス整数 π は，条件

(i) **$N(\pi)>1$** ⬅ 0 でも単数でもないことと同値

(ii) **π の約数は，単数と π の単数倍に限る**

を満たすとき**ガウス素数**という．

条件(ii)は次のように言い換えてもよい．

(ii)′ $\pi=\alpha\beta \Longrightarrow N(\alpha)=1$ または $N(\beta)=1$ ⬅ α は単数でなければ，π の単数倍である

あるいは

(ii)″ $1<N(\alpha)<N(\pi)$ である約数 α をも

たない

(3)　$\pi=\alpha\beta$ (α, $\beta\in\boldsymbol{Z}[i]$) とおくと，

$$N(\pi)=N(\alpha)N(\beta)=(\text{有理素数})$$

⬅ $N(\alpha)$, $N(\beta)$ は負でない有理整数

よって，$N(\pi)>1$，かつ

$$N(\alpha)=1 \text{ または } N(\beta)=1$$

ゆえに，(2)の(i)，(ii)′より，π はガウス素数である．

解説　1°　〈$\boldsymbol{Z}[i]$ は整域〉

$\alpha\beta=0$ (α, $\beta\in\boldsymbol{Z}[i]$) とします．両辺のノルムを考えると

$$N(\alpha)N(\beta)=0$$

$N(\alpha)$，$N(\beta)$ は有理整数だから，

$$N(\alpha)=0 \text{ または } N(\beta)=0$$

⬅ $N(\alpha)=0 \iff \alpha=0$

$$\therefore\quad \alpha=0 \text{ または } \beta=0$$

したがって，$\boldsymbol{Z}[i]$ は整域です．

2°　〈同伴数〉

α, $\beta\in\boldsymbol{Z}[i]$ について，α が β の約数（β が α の倍数）のとき，$\alpha|\beta$ と表すことにします．すると，**31**，**解説 5°** で一般の整域の場合に説明したことから，条件 $\alpha\neq0$, $\beta\neq0$ の下で

$$\alpha|\beta,\ \beta|\alpha$$

$\iff$ α は β の（β は α の）単数倍

です．このとき，α と β は**同伴**であるといい，α は β の（β は α の）**同伴数**であるといいます．有理整数環 $\boldsymbol{Z}$ でいえば，$a\,(\neq0)$ の同伴数は $-a$ であり，両者は整除関係に限れば同一視できます．$\boldsymbol{Z}[i]$ でも同じことです．

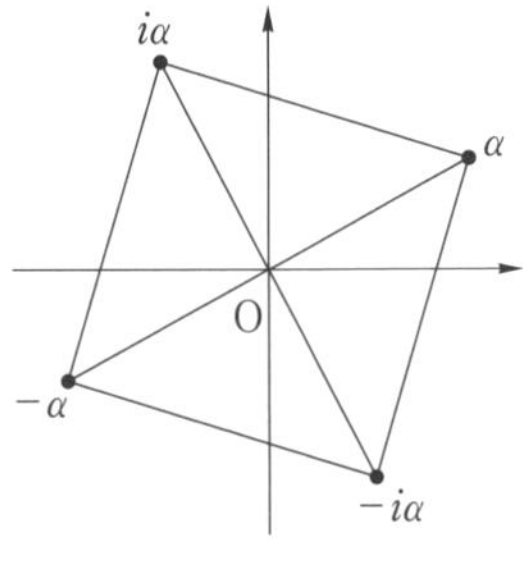

複素数平面において，$\alpha\in\boldsymbol{Z}[i]$ の 4 つの同伴数は原点を中心とする**正方形の 4 頂点**となります．

3°　〈(3)の逆は成立しない〉

詳しくは **38** で説明しますが，有理素数 3 はガウス素数です．しかし

$$N(3)=9$$

は素数ではありません．つまり，(3)の逆は成立しません．

4°　**今後の目標は，ガウス素数の有り様を明らかにすることによって，有理素数に関する予想 1，2 を解決し，その意味を理解することです．**

演習問題

35　$\boldsymbol{Q}(i)=\{a+bi\,|\,a,\ b\in\boldsymbol{Q}\}$ は体をなすことを示せ．

36 $Z[i]$ における除法の定理

α, β をガウス整数とし，$\beta \neq 0$ とする．このとき

$$\boldsymbol{\alpha = \beta\lambda + \rho}, \quad \boldsymbol{N(\rho) < N(\beta)}$$

を満たすガウス整数 λ, ρ が存在することを示したい．

(1) **演習問題** 35 より，$\dfrac{\alpha}{\beta} = s + ti$ $(s,\ t \in \boldsymbol{Q})$ とおける．このとき

$$|s-m| \leqq \frac{1}{2},\ |t-n| \leqq \frac{1}{2}$$

を満たす整数 m, n が存在することを示せ．

(2) (1)の整数 m, n に対して，$\lambda = m + ni$ とおく．このλに対して $\rho = \alpha - \beta\lambda$ とすると，λ, ρ はガウス整数で

$$N(\rho) < N(\beta)$$

が成り立つことを示せ．

精講

(1) 当たり前だと思う人はスキップして下さい．

(2) $N(\rho) = N\left\{\beta\left(\dfrac{\alpha}{\beta} - \lambda\right)\right\}$ としてみます．

解答

(1) $k \leqq s < k+1$ を満たす整数 k がただ1つ存在する．そこで，

$$\begin{cases} s \leqq k + \dfrac{1}{2} \text{ のとき，} m = k \\ s \geqq k + \dfrac{1}{2} \text{ のとき，} m = k+1 \end{cases}$$

とすると，$|s-m| \leqq \dfrac{1}{2}$ が成り立つ．

k , $k+\frac{1}{2}$, $k+1$, s , s

n についても同様である．

(2) $\rho = \alpha - \beta\lambda$ より

$$N(\rho) = N\left\{\beta\left(\frac{\alpha}{\beta} - \lambda\right)\right\}$$

← (1)を利用するための変形

$$= N(\beta)N\left(\frac{\alpha}{\beta} - \lambda\right)$$

← $\dfrac{\alpha}{\beta} - \lambda = s - m + (t-n)i$

ここで，

$$N\left(\frac{\alpha}{\beta}-\lambda\right)=(s-m)^2+(t-n)^2$$
$$\leqq\frac{1}{4}+\frac{1}{4}<1$$

← $N\left(\frac{\alpha}{\beta}-\lambda\right)\leqq\frac{1}{2}$ であるがこれで十分

ゆえに，$N(\rho)<N(\beta)$ が成り立ち，$\boldsymbol{Z}[i]$ における除法の定理が示された．

解説 1° 〈**ガウス整数環は単項イデアル整域**〉

31，**解説** 3°，4° で有理整数環 $\boldsymbol{Z}$ と多項式環 $\boldsymbol{R}[x]$ が単項イデアル整域であることを説明しました．ガウス整数環 $\boldsymbol{Z}[i]$ でも**除法の定理の成り立つ**ことが分かったので，同様にして次のことが言えます．

$\boldsymbol{Z}[i]$ の $\{0\}$ 以外のイデアルは，それが含む最小ノルムのガウス整数が生成する単項イデアルです．つまり，**ガウス整数環は単項イデアル整域**です．

さて，ガウス整数の**最大公約数**を **31**，**解説** 5°，㋒によって定義します．すなわち，ガウス整数 a，b の最大公約数が g であるとは

(i) $g|a$，$g|b$

(ii) $d|a$，$d|b \Longrightarrow d|g$

が成り立つことです．最大公約数は**単数倍の違いを除いて一意的に定まります．**
3 個以上のガウス整数の最大公約数についても同様です．

すると，**31**，**解説** 5°，㋖より

> a，$b\in\boldsymbol{Z}[i]$ の最大公約数 d に対して，x，$y\in\boldsymbol{Z}[i]$ が存在して
> $$ax+by=d$$
> が成り立つ．
> とくに，a と b が互いに素（a と b の最大公約数が 1）ならば，x，$y\in\boldsymbol{Z}[i]$ が存在して
> $$ax+by=1$$
> が成り立つ．この場合には逆も成り立つ．

…㋐

ことが分かります．

以上のことはすべて，本質的に **31** の内容を**繰り返しているだけ**であることに注意しましょう．

2° **31**，**解説** 2° で，有理整数 a，b の最大公約数を $(a,\ b)$ で表しましたが，この記号をガウス整数にも流用します．すると，

π をガウス素数，α をガウス整数とするとき
π が α の約数でない $\Longrightarrow (\pi,\ \alpha)=1$ ……㋑

が成り立ちます．明らかと思う人も多いでしょうが，念のために証明します．

(証明)　$(\pi,\ \alpha)=d$ とすると，$d|\pi$ であるから

d は1と同伴か，あるいは π と同伴　　⬅ **35**，(2)

である．d が π と同伴であるとすると，$d|\alpha$ より $\pi|\alpha$ となり仮定に反する．よって，d は1と同伴であり

$(\pi,\ \alpha)=1$　▌

これから，次の重要な補題が証明できます．

〈補題1〉　π をガウス素数，α，β をガウス整数とするとき

$$\pi|\alpha\beta \Longrightarrow \pi|\alpha \quad \text{または} \quad \pi|\beta$$

(証明)　いま，π が α の約数でないとすると，㋑より

$(\pi,\ \alpha)=1$

よって，㋐より，あるガウス整数 x，y が存在して

$\pi x+\alpha y=1$

が成り立つ．両辺に β を掛けると

$\pi\beta x+\alpha\beta y=\beta$

$\pi|\alpha\beta$ であるから，$\pi|$左辺．したがって

$\pi|\beta$　▌

補題1を一般化すると，次の結果が得られます．

〈補題2〉　π をガウス素数，α_1，α_2，$\cdots$，α_n をガウス整数とするとき

$$\pi|\alpha_1\alpha_2\cdots\alpha_n \Longrightarrow \text{少なくとも1つの}k\text{に対して，}\pi|\alpha_k$$

厳密には数学的帰納法に依るべきでしょうが，補題1から明らかとしてよいでしょう．

37　ガウス素数分解とその一意性

α を $N(\alpha)>1$ なるガウス整数とする．

(1)　α はガウス素数 π_1，π_2，$\cdots$，π_r の積として

$$\alpha=\pi_1\pi_2\cdots\pi_r$$

と表せることを，$N(\alpha)$ に関する数学的帰納法によって示せ．

(2)　(1)のガウス素数分解の他に，ガウス素数 ω_1，ω_2，$\cdots$，ω_s の積として

$$\alpha=\omega_1\omega_2\cdots\omega_s$$

と表せるならば，**$r=s$ であって，ω_i の順序を適当に並べかえれば，π_i は ω_i $(i=1,\ 2,\ \cdots,\ r)$ と同伴となる**ことを，r に関する数学的帰納法によって示せ．

精講　(1)　$N(\alpha)\leqq k$ のとき成立すると仮定したら，$N(\alpha)=k+1$ のときは，α がガウス素数であるか否かに分けて考えます．

(2)　$r=k$ のときに成立すると仮定したら，$r=k+1$ のときは，前問，**解説 2°** の補題 2 を利用して $r=k$ の場合に帰着させます．

解　答

(1)　$N(\alpha)=2$ のとき，α はガウス素数であるから，$r=1$，$\pi_1=\alpha$ として成立する．　← **35**，(3)

$N(\alpha)\leqq k$ $(k\geqq 2)$ のとき成立すると仮定する．

$N(\alpha)=k+1$ のとき

(i)　α がガウス素数ならば，$r=1$，$\pi_1=\alpha$ として成立する．

(ii)　α がガウス素数でないならば　← **35**，(2)

$$\alpha=\alpha_1\alpha_2,$$
$$1<N(\alpha_i)<N(\alpha)\quad(i=1,\ 2)$$

← $2\leqq N(\alpha_i)\leqq k$ である

を満たすガウス整数 α_1，α_2 が存在する．このとき帰納法の仮定より，α_i はガウス素数の積として表せるから，α についても同様である．

以上から，ガウス整数 α $(N(\alpha)>1)$ はガウス素数の積として表せる．

(2)　$\alpha=\pi_1\pi_2\cdots\pi_r=\omega_1\omega_2\cdots\omega_s$

とする.

$r=1$ のとき，$\alpha=\pi_1$ はガウス素数であるから $s=1$，$\omega_1=\pi_1$ となって成り立つ.

$r=k\,(\geqq 1)$ のとき成り立つと仮定する.

$r=k+1$ のとき

$$\pi_1\pi_2\cdots\pi_k\pi_{k+1}=\omega_1\omega_2\cdots\omega_s\,(s\geqq 2)\cdots\cdots①$$

であり

$$\pi_{k+1}|\omega_1\omega_2\cdots\omega_s$$

よって，**36**，**解説 2°** の補題 2 より，ω_j のうちに π_{k+1} で割り切れるものが存在する．必要ならば番号をつけかえて $\pi_{k+1}|\omega_s$ とすると，ω_s もガウス素数であるから，π_{k+1} と ω_s は同伴である．そこで，

$$\omega_s=\varepsilon\pi_{k+1}\quad (\varepsilon \text{ は単数})\qquad\cdots\cdots②$$

とおく．②を①に代入して，両辺を π_{k+1} で約すと

$$\pi_1\pi_2\cdots\pi_k=(\varepsilon\omega_1)\omega_2\cdots\omega_{s-1}$$

⇐ もちろん，$\varepsilon\omega_1$ もガウス素数

よって，帰納法の仮定より，$k=s-1$ であって $\varepsilon\omega_1$，ω_2，…，ω_k を適当に並べかえれば，π_1，π_2，…，π_k と順に同伴となる．よって，$r=k+1$ のときにも成立する.

以上から，任意の r に対して，ガウス素数分解は一意的である.

⇐ (2)の結論を，ガウス素数分解の一意性という

解説　1°　本問の結果は，有理整数環 $\boldsymbol{Z}$，多項式環 $\boldsymbol{R}[x]$，ガウス整数環 $\boldsymbol{Z}[i]$ を含む**一般の単項イデアル整域 R に拡張できます**．すなわち，本問の(2)を一般化して，$p\in R$ が**素元**（そげん）であるとは，次の条件

(i)　**p は 0 でも単元でもない**

(ii)　**p の約元は，1 と同伴かまたは p と同伴である**

を満たすことと定義すると，次の定理が成り立ちます.

〈定理〉　R を単項イデアル整域とする．R の 0 でも単元でもない元 a は，素元の積として

$$a=p_1p_2\cdots p_r$$

と表される．また，この分解は順序と単元因子の違いを除けば一意的である.

この定理によって，$\boldsymbol{Z}$，$\boldsymbol{R}[x]$，$\boldsymbol{Z}[i]$ などの具体的な環ごとに証明する**手間が省ける**わけで，このことが問題を抽象化して考える重要な動機になっています.

単項イデアル整域Rでは，**31**，**解説 5°**，㋖が成り立つので，前問の補題 1，2 と同様に

$p \in R$ を素元，a，$b \in R$ のとき

$$p|ab \Longrightarrow p|a \quad \text{または} \quad p|b$$

が成り立ちます．したがって，定理後半の分解の一意性の証明は，本問(2)の証明の用語を修正するだけで済みます．

定理前半の証明は演習問題とします．典型的な**まるごと論法**（**31**，**解説 1°**）が現れるので，解こうとしないで読んで観賞して下さい．関心のない人は，スキップしても後に影響しません．

2° **〈ガウス素数分解の一意性の応用〉**

適当な有理数 r に対して

$$\tan(r\pi)=\frac{1}{2} \qquad \cdots\cdots ㋐$$

⬅ π は円周率

となるか？　という問題を考えてみます．実は，r は必ず無理数です．

背理法で証明することにして

$$r=\frac{m}{n} \quad (n \text{ は自然数，} m \text{ は整数})$$

とおきます．ここで，複素数 $2+i$ に注目すると，㋐より

$$\tan(\arg(2+i))=\frac{1}{2}=\tan\left(\frac{m}{n}\pi\right)$$

$$\therefore \quad \arg(2+i)=\frac{m}{n}\pi+k\pi \qquad \cdots\cdots ㋑$$

となります．ただし，k は整数です．次に，ガウス素数分解の一意性を用いて矛盾を引き出しましょう．（**演習問題**(37-2)）

演習問題

(37-1) R を単項イデアル整域とし，a の生成する単項イデアルを (a) で表す．

(1) a，$b \in R$ に対して，次を示せ．

(i) $a|b \Longleftrightarrow (a) \supset (b)$　　(ii) a と b は同伴 $\Longleftrightarrow (a)=(b)$

(2) 0 でも単元でもない $a \in R$ が素元でないならば

$$a=bc \quad (b,\ c \in R \text{ は単元でなく，} a \text{ と同伴でもない})$$

と表せることを示せ．

(3) **解説 1°** の定理の証明を，まるごと論法に注意しつつ観賞せよ．

(37-2) **解説 2°** の問題について，以下の問いに答えよ．

(1) $(2+i)^n$ は実数であることを示せ．また，$(2+i)^n=(2-i)^n$ が成り立つことを示せ．

(2) r は無理数であることを示せ．

38 ガウス素数と有理素数

(1) πをガウス素数とする．$\pi|\pi\overline{\pi}\ (=N(\pi))$ であることと，$N(\pi)$の有理素数分解 $N(\pi)=p_1p_2\cdots p_r$ を用いて，$\pi|p$となる有理素数pがただ1つ存在することを示せ．

(1)より，ガウス素数(Gaussian prime number)全体の集合GPNから，有理素数(rational prime number)全体の集合RPNへの対応

$$\begin{array}{ccc} GPN & \xrightarrow{\varphi} & RPN \\ \Cup & & \Cup \\ \pi & \longrightarrow & p \end{array}$$

が定義される．

このとき，任意の有理素数pに対して，**37**，(1)よりpのガウス素数因子πが存在して，$\varphi(\pi)=p$ が成り立つ．すなわち，φは全射である．

(2) $\varphi(\pi)=p$ のとき，πとpは同伴であるか，または $N(\pi)=p$ であることを示せ．

(3) もし，$N(\alpha)=p$ を満たすガウス素数αが**存在しないときは**，pはガウス素数であることを示せ．**存在するときは** **35**，(3)より

$$N(\alpha)=\alpha\overline{\alpha}=p \qquad \cdots\cdots①$$

がpのガウス素数分解である．

(4) **34**，(3)を用いて，$p\equiv1\pmod4$である有理素数pは，ガウス素数でないことを示せ．したがって，①を満たすガウス素数 $\alpha=a+bi$ が存在して

$$p=a^2+b^2$$

となる．また，$p\equiv3\pmod4$の形の有理素数pは，ガウス素数であることを示せ．

精講

(2) $p=\pi\beta$ とおいてみます．

(3) (2)の結果を利用します．

(4) **34**，(3)の結果から，有理素数がいつガウス素数の積に分解するか決まります．背理法で考えましょう．

解 答

(1) $N(\pi)=p_1p_2\cdots p_r$ を有理素数分解とすると

$$\pi \mid p_1p_2\cdots p_r$$

よって，**36**，**解説 2°** の補題 2 より，ある k $(1\leqq k\leqq r)$ に対して $\pi\mid p_k$ となる.

← $\boldsymbol{Z}\subset\boldsymbol{Z}[i]$ に注意

$p=p_k$ と異なる有理素数 p' に対して，$\pi\mid p'$ とすると，p と p' は互いに素であるから

$$px+p'y=1$$

← **31**，**解説 1°**，㋐

を満たす $x,\ y\in\boldsymbol{Z}$ が存在する．このとき，$\pi\mid p$，$\pi\mid p'$ より，$\pi\mid 1$ となり，π がガウス素数であることに反する.

ゆえに，$\pi\mid p$ となる有理素数がただ 1 つ存在する.

(2) $p=\pi\beta$ (β はガウス整数) とおくと

$$N(\pi)N(\beta)=N(p)=p^2$$

よって，$N(\beta)=1$ ならば，β は単数で π は p と同伴である．そうでないときは，

$$N(\beta)=N(\pi)=p$$

となる.

← $N(\beta)\neq p^2$ である.
$N(\beta)=p^2$ とすると，
$N(\pi)=1$ となり不合理

(3) $N(\alpha)=p$ を満たすガウス素数 α が存在しないとする．$\varphi(\pi)=p$ のとき仮定より $N(\pi)\neq p$ であるから，(2)より π は p と同伴である．ゆえに，p はガウス素数である.

← **逆も成立する.**
背理法を使うと，後半と合わせて矛盾が生じる

(4) $p\equiv 1 \pmod 4$ の形の有理素数 p に対して

34，(3)より

$$x^2\equiv -1 \pmod p$$

を満たす整数 x が存在する．よって

← 急所

$$p\mid x^2+1$$

$$\therefore\quad p\mid (x+i)(x-i)$$

ここで，p がガウス素数であるとすると

$$p\mid x+i \quad または \quad p\mid x-i$$

← **36**，**解説 2°**，補題 1

ところが，$\dfrac{x}{p}\pm\dfrac{1}{p}i$ はいずれもガウス整数でないから不合理.

ゆえに，p はガウス素数でない．

よって，(3)より，ガウス素数 $\alpha=a+bi$ が存在して

$$p=N(\alpha)=\alpha\overline{\alpha}=a^2+b^2$$

と表せる．

次に，$p\equiv3\pmod4$ である有理素数 p がガウス素数でないとすると，(3)より，p は

$$p=a^2+b^2$$

と表せるが，

$$a^2+b^2\equiv0,\ 1,\ 2\pmod4$$

← **28**，(1)

であるから矛盾である．ゆえに，p はガウス素数である．

解説 1° 〈予想1の別証　その2〉

本問によって，有理整数環 $\boldsymbol{Z}$ における予想1が，それを拡張した**ガウス整数環で解かれた**ことになります．その様子は次図のようになります．

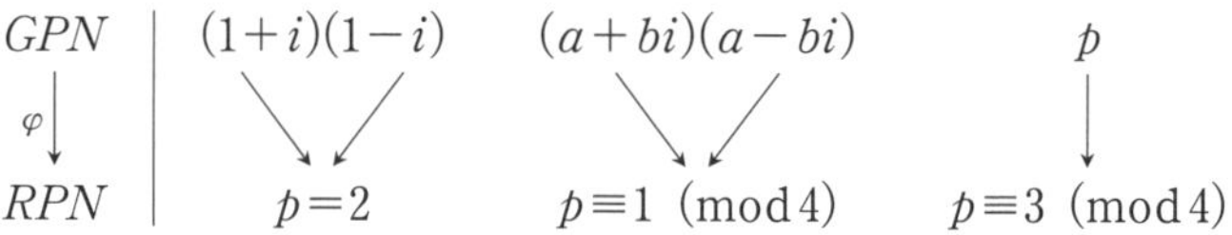

ここで，$a\pm bi$ 以外に $p\equiv1\pmod4$ に写るガウス素数がないことは，**37**，(2)から分かります．$p=2$，$p\equiv3\pmod4$ についても同様です．

(4)で触れなかった $p=2$ のとき，$N(1\pm i)=2$ (有理素数) より，$1\pm i$ はガウス素数です．しかし，$1-i=-i(1+i)$ と表せるので，$1\pm i$ は同伴です．よって，有理素数2のガウス素数分解は

$$2=-i(1+i)^2$$

と書く方がよいかもしれません．

一方，$p\equiv1\pmod4$ のとき，$a\pm bi$ は同伴ではありません．実際，同伴だとすると，$|a|=|b|$ ですから

← もちろん，$ab\neq0$

$$p=a^2+b^2=2a^2$$

となり，矛盾が生じるからです．

まとめると，奇素数 p が平方数の和 a^2+b^2 で表せるか否かは，p がガウス素数の積で表せるかどうかで決まり，それは

$$x^2\equiv-1\pmod p$$

が解をもつかどうかで決まります．

← 合同式右辺の -1 の出所は $i=\sqrt{-1}$ の根号の中身

さらに，それはpを4で割った余りで決まるという構造になっています．**29** のザギエの証明や **34**，**解説 2°** の証明と比べると，単に正しいことが確認されただけでなく，もっとよく分かったような気がしませんか．

ここで展開された方法は，教科書のように概念を積み重ねて理論を構成し，ある高みに達した所で振り返ってみると，問題がすっかり解けていた，という感じです．

2°　**〈予想 2 の別証〉**

30 で示した，4で割ると1余る素数pを

$$p=a^2+b^2 \quad \cdots\cdots ㋐$$

と表す方法がただ1通りであることの証明は，かなり技巧的でした．実はもっと自然な別証がすでに完成していることに気が付いたでしょうか．

37，⑵で示したガウス素数分解の一意性がそれです．㋐の他に

$$p=c^2+d^2 \quad \cdots\cdots ㋑$$

と表せたとすると，pは

$$p=(a+ib)(a-ib)$$
$$=(c+id)(c-id)$$

と2通りにガウス素数分解できます．このとき，分解の一意性から$c+di$は$a+ib$，$a-ib$のいずれかと同伴です．いずれにしても

$$\{|c|,\ |d|\}=\{|a|,\ |b|\}$$

⬅ **35**，**解説 2°** の図を参照

となるので，㋐と㋑の表示は一致します．

何と平易な証明でしょう．

39 2つの平方数の和となる自然数

次の命題を証明せよ.

自然数nが2つの平方数の和で表せるための条件は, nを有理素数分解するとき, 4で割ると1余る素数または2を含み, 4で割ると3余る素数の巾指数が偶数$(\geqq 0)$となることである.

精講 前問 **38** より, ガウス素数と有理素数の関係が分かっているので, 直感的には明らかかもしれません. 証明は,
$n=x^2+y^2=(x+yi)(x-yi)$ のとき, $x+yi$のガウス素数分解を考えます.

解答

自然数nが, 整数x, yを用いて

$$n=x^2+y^2=(x+yi)(x-yi) \quad \cdots\cdots ①$$

と表せるとき, $x+yi$のガウス素数分解を

$$x+yi=\pi_1{}^{e_1}\pi_2{}^{e_2}\cdots\pi_r{}^{e_r}q_1{}^{f_1}q_2{}^{f_2}\cdots q_s{}^{f_s} \quad \cdots\cdots ②$$

とする. ただし, π_jは虚数のガウス素数, q_kは4で割ると3余る有理素数である.

②を①に代入すると

$$n=\pi_1{}^{e_1}\cdots\pi_r{}^{e_r}q_1{}^{f_1}\cdots q_s{}^{f_s}\cdot\overline{\pi_1}^{e_1}\cdots\overline{\pi_r}^{e_r}q_1{}^{f_1}\cdots q_s{}^{f_s}$$
$$=(\pi_1\overline{\pi_1})^{e_1}\cdots(\pi_r\overline{\pi_r})^{e_r}q_1{}^{2f_1}\cdots q_s{}^{2f_s}$$

ここで, $\pi_j\cdot\overline{\pi_j}=p_j$ $\cdots\cdots ③$ とおくと, p_jは2であるかまたは4で割ると1余る有理素数であり

$$n=p_1{}^{e_1}\cdots p_r{}^{e_r}q_1{}^{2f_1}\cdots q_s{}^{2f_s} \quad \cdots\cdots ④$$

はnの有理素数分解である. ゆえに, q_kの巾指数は$2f_k$(偶数)である.

逆に, ④が成り立つとき, ③で定まるπ_jに対して, ②によって$x+yi$を定めると, ①が成り立つ.

⬅ $xy\neq 0$

⬅ e_jのうち少なくとも1つは正

⬅ q_kはガウス素数でもある

⬅ p_j, q_kは有理素数で
$p_j=2$ or $p_j\equiv 1 \pmod 4$
$q_k\equiv 3 \pmod 4$

演習問題

39 自然数nは, 互いに素な自然数a, bを用いて, $n=a^2+b^2$ と表されるとする.

(1) $a+bi$のガウス素数分解を$\pi_1\pi_2\cdots\pi_r$とする. このとき, π_1, π_2, $\cdots$, π_rの中には有理素数がないことを示せ.

(2) nの1でない約数mは, 互いに素な自然数c, dを用いて, $m=c^2+d^2$ と表せることを示せ.

第 9 章　入試問題から：$\boldsymbol{Z}[\omega]$ と $\boldsymbol{Z}[\sqrt{2}]$

40　$\boldsymbol{Z}[\omega]$

方程式 $x^2+x+1=0$ の1つの解を ω とし，集合

$$\boldsymbol{Z}[\omega]=\{a+b\omega \mid a,\ b \text{ は整数}\}$$

を考える．$\boldsymbol{Z}[\omega]$ の要素 $\alpha=a+b\omega$ (a, b は整数) に対して

$$N(\alpha)=N(a+b\omega)=a^2+b^2-ab$$

と定める．

(1)　$\alpha\in\boldsymbol{Z}[\omega]$，$\beta\in\boldsymbol{Z}[\omega]$ のとき，$N(\alpha\beta)=N(\alpha)N(\beta)$ を示せ．

(2)　$\alpha\in\boldsymbol{Z}[\omega]$，$N(\alpha)=1$ であるという．α を求めよ．

(3)　$\alpha\in\boldsymbol{Z}[\omega]$ のとき，$\dfrac{1}{\alpha}\in\boldsymbol{Z}[\omega]$ である．α を求めよ．　(東北大)

精講　**35**，(1)と同じく**単数を求める問題だと気が付くでしょうか．**

(1)　定義をそのまま適用して証明しようとすると，大変な計算を強いられます．ずるいようですが，この場合も

$$N(\alpha)=\alpha\overline{\alpha}=(a+b\omega)(a+b\overline{\omega})$$

が成り立ちます．

解　答

(1)　$x^2+x+1=0$ の2解は ω，$\overline{\omega}$ であるから

$$\omega+\overline{\omega}=-1,\quad \omega\overline{\omega}=1$$

⬅ 解と係数の関係

よって，$\alpha=a+b\omega\in\boldsymbol{Z}[\omega]$ に対して

$$\begin{aligned}\alpha\overline{\alpha}&=(a+b\omega)(\overline{a+b\omega})\\&=(a+b\omega)(a+b\overline{\omega})\\&=a^2+b^2\omega\overline{\omega}+ab(\omega+\overline{\omega})\\&=a^2+b^2-ab\end{aligned}$$

⬅ 負でない整数

$$\therefore\quad N(\alpha)=\alpha\overline{\alpha}$$

ゆえに，α，$\beta\in\boldsymbol{Z}[\omega]$ のとき

$$\begin{aligned}N(\alpha\beta)&=\alpha\beta\cdot\overline{\alpha\beta}=\alpha\overline{\alpha}\cdot\beta\overline{\beta}\\&=N(\alpha)N(\beta)\end{aligned}$$

(2)　$\alpha=a+b\omega$ とおくと，$N(\alpha)=1$ より

$$a^2+b^2-ab=1 \qquad \cdots\cdots ①$$

a の2次方程式とみて，判別式をとると　← $a^2-ba+b^2-1=0$

$$b^2-4(b^2-1)\geqq 0 \qquad \therefore \quad 3b^2\leqq 4$$

$$\therefore \quad b=0,\ \pm 1 \qquad \cdots\cdots ②$$

②を①に代入して

$b=0$ のとき，$a=\pm 1$

$b=1$ のとき，$a=0,\ 1$

$b=-1$ のとき，$a=0,\ -1$

ゆえに

$$\boldsymbol{\alpha=\pm 1,\ \pm\omega,\ \pm(1+\omega)} \qquad \cdots\cdots ③$$

← $1+\omega=-\overline{\omega}=-\omega^2$

(3)　$\dfrac{1}{\alpha}\in \boldsymbol{Z}[\omega]$ のとき，$\alpha\cdot\dfrac{1}{\alpha}=1$ のノルムをとると

← $N(\cdot)$ のこと．$\boldsymbol{Z}[i]$ のときと同じ名前で呼ぶ

$$N(\alpha)N\left(\frac{1}{\alpha}\right)=1$$

ノルムは負でない整数であるから

$$N(\alpha)=1 \qquad \cdots\cdots ④$$

逆に，④が成り立つとき，ノルムの定義より

$$\alpha\overline{\alpha}=1$$

$$\therefore \quad \frac{1}{\alpha}=\overline{\alpha}\in \boldsymbol{Z}[\omega]$$

← $\boldsymbol{Z}[i]$ の場合と同じく α が単数 $\Longleftrightarrow N(\alpha)=1$ が成立する

ゆえに，求める α は**③と一致する．**

解説　1°〈単数と同伴数〉

複素数平面に，$\boldsymbol{Z}[\omega]$ の単数と，$\alpha\in\boldsymbol{Z}[\omega]$ の同伴数を図示すると次図のようになります．**35** の**解説 2°** と比較して下さい．

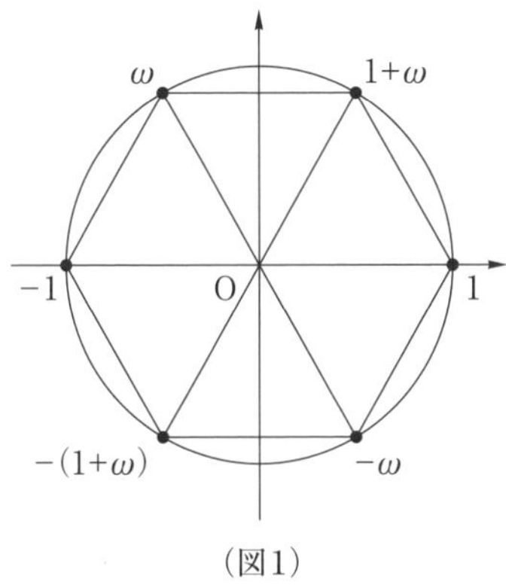

(図1)

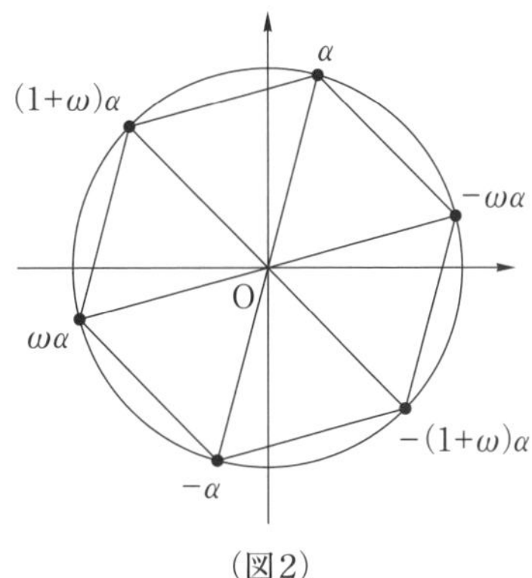

(図2)

2° 〈何故，$\boldsymbol{Z}[\sqrt{-3}]$ではなく$\boldsymbol{Z}[\omega]$，$\omega=\dfrac{-1+\sqrt{-3}}{2}$ なのか〉

平方因子$(\neq 1)$を含まない有理整数 $m\,(\neq 1)$ に対して，$\boldsymbol{Q}$ に $\sqrt{m}$ を付け足した体

$$F=\boldsymbol{Q}(\sqrt{m})=\{x+y\sqrt{m}\mid x,\ y\in\boldsymbol{Q}\}$$

を考えます．F は，$\sqrt{m}$ が二次方程式 $x^2=m$ の解であることにちなんで**二次体**といいます．

⬅ Fが体をなすことは，**演習問題**(35)の $\boldsymbol{Q}(i)$ と同様に確かめられる

$\boldsymbol{Q}$ を F に拡大するとき，$\boldsymbol{Q}$ の有理整数環 $\boldsymbol{Z}$ も F の**整数環** O_F まで拡大されると考えられます．

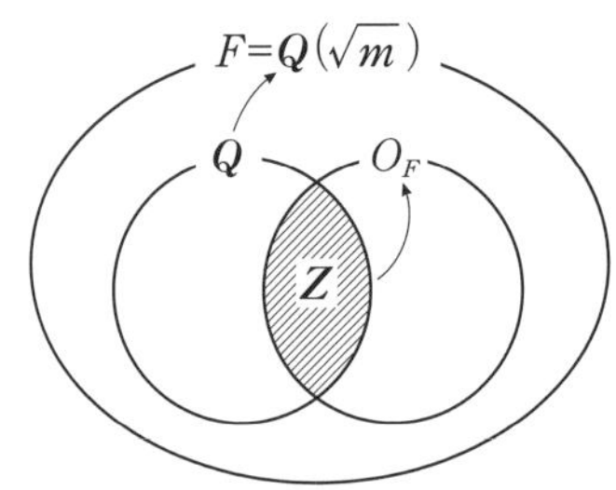

そこで，$\boldsymbol{Z}$ の拡張にふさわしく O_F を定義しましょう．$\alpha=x+y\sqrt{m}$ の**共役数**を

$$\alpha'=x-y\sqrt{m}$$

と定めて，次の条件によって定義します．

⬅ $F=\boldsymbol{Q}(i)$ のときは，$\alpha'=\overline{\alpha}$

(i) $\alpha,\ \beta\in O_F$ ならば，$\alpha\pm\beta\in O_F$．$\alpha\beta\in O_F$

(ii) $\alpha\in O_F$ ならば，$\alpha'\in O_F$

(iii) $\boldsymbol{Q}\cap O_F=\boldsymbol{Z}$

(iv) O_F は，(i), (ii), (iii)を満たすように，できるだけ広くとる．

⬅ この条件がポイント

このとき，**必ずしも**

$$O_F=\boldsymbol{Z}[\sqrt{m}]=\{x+y\sqrt{m}\mid x,\ y\in\boldsymbol{Z}\}$$

ではないという点が微妙です．これに関して，次の事実が知られています．

> 定理　$F=\boldsymbol{Q}(\sqrt{m})$ の整数環は
>
> $$m\equiv 2,\ 3\pmod 4 \Longrightarrow O_F=\{x+y\sqrt{m}\}$$
>
> $$m\equiv 1\pmod 4 \Longrightarrow O_F=\left\{\frac{x+y\sqrt{m}}{2}\,\middle|\,x\equiv y\pmod 2\right\}$$
>
> ただし，$x,\ y\in\boldsymbol{Z}$ である．

〈例 1〉 $m=-1$ のとき，$-1\equiv 3 \pmod 4$ であるから

$$O_F=\{x+y\sqrt{-1}\,|\,x,\ y\in \boldsymbol{Z}\}$$

したがって，$O_F=\boldsymbol{Z}[i]$ である．

〈例 2〉 $m=-3$ のとき，$-3\equiv 1 \pmod 4$ であるから

$$O_F=\left\{\frac{x+y\sqrt{-3}}{2}\,\middle|\,x,\ y\in \boldsymbol{Z},\ x\equiv y \pmod 2\right\} \quad \cdots\cdots ㋐$$

x，y はともに偶数，あるいは，ともに奇数であるから

$$x+y=2a,\ y=b \quad (a,\ b\in \boldsymbol{Z})$$

とおくと

$$\frac{x+y\sqrt{-3}}{2}=\frac{2a-b+b\sqrt{-3}}{2}$$
$$=a+b\frac{-1+\sqrt{-3}}{2}$$
$$=a+b\omega$$

したがって，$O_F=\boldsymbol{Z}[\omega]$

例 2 の㋐において，x，y がともに偶数である要素の全体が $\boldsymbol{Z}[\sqrt{-3}]$ であるから

$$\boldsymbol{Z}[\sqrt{-3}]\subset \boldsymbol{Z}[\omega]$$

そうでない要素は $\boldsymbol{Z}[\sqrt{-3}]$ に属さないから

$$\boldsymbol{Z}[\sqrt{-3}]\neq \boldsymbol{Z}[\omega]$$

つまり，$\boldsymbol{Z}[\sqrt{-3}]$ は条件(i)，(ii)，(iii)を満たしますが，**(iv)を満たしません．**

したがって，体 $\boldsymbol{Q}(\sqrt{-3})$ の整数環という立場から見るとき，それにふさわしいのは $\boldsymbol{Z}[\sqrt{-3}]$ ではなく，より大きい $\boldsymbol{Z}[\boldsymbol{\omega}]$ だということになります．

41 $\boldsymbol{Z}[\omega]$ における除法の定理

40 と同じ前提の下で，以下の問いに答えよ．

(1) $\lambda_0=0$，$\lambda_1=1$，$\lambda_2=1+\omega$ とする．複素数平面において，正三角形 $\lambda_0\lambda_1\lambda_2$ の周およびその内部にある任意の点 z に対して

$$|z-\lambda_k| \leqq \frac{1}{\sqrt{3}}$$

を満たす k ($k=0$，1，2) が存在することを示せ．

(2) α，$\beta \in \boldsymbol{Z}[\omega]$，$\beta \neq 0$ とする．このとき

$$\boldsymbol{\alpha=\beta\lambda+\rho}, \qquad \boldsymbol{N(\rho)<N(\beta)}$$

を満たす λ，$\rho \in \boldsymbol{Z}[\omega]$ が存在することを示せ．

精講 (1) 正三角形 $\lambda_0\lambda_1\lambda_2$ の重心に着目して，この正三角形を直角三角形に細分化すると容易です．

(2) 36 の(2)を真似しましょう．

解答

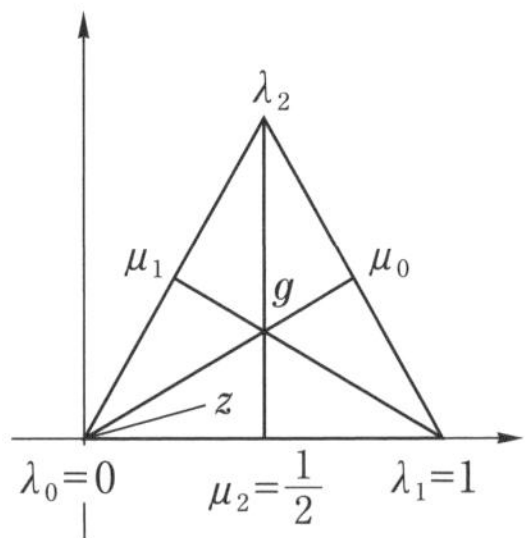

(1) $\omega=\dfrac{-1+\sqrt{3}i}{2}$ として一般性を失わない．

$\triangle\lambda_0\lambda_1\lambda_2$ は正三角形をなすから，その重心を g とすると，$\triangle\lambda_0\lambda_1\lambda_2$ は g を通る 3 本の中線によって 6 個の合同な直角三角形に分割されて

$$|g|=\frac{1}{2}\cdot\frac{1}{\cos 30^\circ}=\frac{1}{\sqrt{3}}$$

このとき，いずれでも同様であるから，z は図の直角三角形 $g\lambda_0\mu_2$ に含まれるとすると

$$|z-\lambda_0| \leqq |g|=\frac{1}{\sqrt{3}}$$

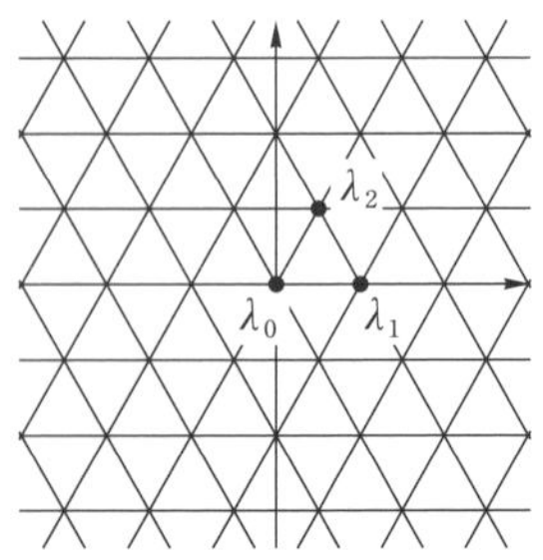

(2) 複素数平面を，$u\lambda_1+v\lambda_2$ (u，$v\in\boldsymbol{Z}$) を頂点とする $\triangle\lambda_0\lambda_1\lambda_2$ と合同な正三角形に分割する．

このとき，$\dfrac{\alpha}{\beta}$ はある 1 つの正三角形に含まれ，

(1)より，その正三角形の頂点の 1 つ

$$\begin{aligned}\lambda&=m\lambda_1+n\lambda_2\\&=m+n+n\omega \ (m,\ n\in\boldsymbol{Z})\end{aligned}$$

に対して

$$\left|\frac{\alpha}{\beta}-\lambda\right| \leqq \frac{1}{\sqrt{3}}$$

が成り立ち，$\lambda \in \boldsymbol{Z}[\omega]$ である．

そこで，$\rho=\alpha-\beta\lambda \in \boldsymbol{Z}[\omega]$ とおくと　　⬅ $\alpha=\beta\lambda+\rho$ が成り立つ

$$\begin{aligned} N(\rho) &= N\left\{\beta\left(\frac{\alpha}{\beta}-\lambda\right)\right\} \\ &= N(\beta)N\left(\frac{\alpha}{\beta}-\lambda\right) \\ &\leqq \frac{1}{3}N(\beta) < N(\beta) \end{aligned}$$

である．

〈$\boldsymbol{Z}[i]$と$\boldsymbol{Z}[\omega]$の違い〉

$\boldsymbol{Z}[\omega]$でも除法の定理の成り立つことが分かったので，鋭い読者は

(i)　単数群

(ii)　**38**，(4)

の違いを除いて，第8章の内容がそのまま $\boldsymbol{Z}[\omega]$ でも成り立つことに気が付いたと思います．ただし，(ii)の違いは小さくありません．$\boldsymbol{Z}[\omega]$ の素数の有様に関係するからです．**38**，(4)の急所は **34**，(3)，すなわち

> $p \equiv 1 \pmod 4$ なる有理素数 p に対して
>
> $x^2 \equiv -1 \pmod p$
>
> を満たす $x \in \boldsymbol{Z}$ が存在する

ことです．ボールドの数字は順に

$\boldsymbol{Z}[i]$ は，$\boldsymbol{Z}$ に 1 の虚 **4** 乗根 $\sqrt{-1}$ を付け加えた環である

ことに由来します．したがって

$\boldsymbol{Z}[\omega]$ は，$\boldsymbol{Z}$ に 1 の虚 **3** 乗根 $\omega=\dfrac{-1+\sqrt{-3}}{2}$ を付け加えた環である

ことに注意すると，**34**，(3)の改変の仕方が分かります．

なお，本書では，$a+b\omega \in \boldsymbol{Z}[\omega]$ を**ω整数**といい，**ω素数**を **35**，(2)と同様に定義するものとします．

42 素数 $p\,(>3)$ に対する $x^2\equiv-3 \pmod p$ の解

$p\equiv1 \pmod 3$ である素数 p に対して

$$x^2\equiv-3 \pmod p \qquad \cdots\cdots ①$$

を満たす $x\in Z$ が存在することを示したい．

コラム3．群とはで述べたように，$Z_p{}^\times$ は巡回群をなすので，その生成元を $\overline{a}$ とする．一方，条件より，$\dfrac{p-1}{3}$ は整数であるから，$\overline{b}=\overline{a}^{\frac{p-1}{3}}$ とおく．

(1) $\overline{b}$ は3乗してはじめて $\overline{1}$ となることを示せ．

(2) $\overline{b}^2+\overline{b}+\overline{1}=\overline{0}$ であることを示せ．

(3) $2b+1$ は①を満たすことを示せ．

精講　**コラム3．群とシンメトリー**の定理を思い出しましょう．

$$Z_p{}^\times=\{\overline{1},\ \overline{a},\ \overline{a}^2,\ \cdots,\ \overline{a}^{p-2}\}$$

において，$\overline{1}$，$\overline{a}$，$\overline{a}^2$，$\cdots$，$\overline{a}^{p-2}$ はどの2つも相異なり，$\overline{a}^{p-1}=\overline{1}$ が成り立つのでした．

解　答

(1) $\overline{a}$ は $p-1$ 乗してはじめて $\overline{1}$ となるから，

$$\overline{b}=\overline{a}^{\frac{p-1}{3}}$$

は3乗してはじめて $\overline{1}$ となる．

(2) (1)より，$\overline{b}^3=\overline{1}$ であるから

$$(\overline{b}-\overline{1})(\overline{b}^2+\overline{b}+\overline{1})=\overline{0}$$

再び，(1)より，$\overline{b}\neq\overline{1}$ であるから

$$\overline{b}^2+\overline{b}+\overline{1}=\overline{0}$$

(3) (2)より，$\overline{b}^2+\overline{b}=-\overline{1}$ であるから

$$\begin{aligned}&\overline{(2b+1)^2}\\&=\overline{4}(\overline{b}^2+\overline{b})+\overline{1}\\&=\overline{4}\times(-\overline{1})+\overline{1}\\&=-\overline{3}\end{aligned}$$

ゆえに，$2b+1$ は①を満たす．

⬅ 複素数体 C においては $x^2+x+1=0$ より

$$x=\frac{-1\pm\sqrt{3}\,i}{2}$$

$\therefore\ (2x+1)^2=-3$

この類似を考えている

解説　以下，演習問題を含めて，$Z_p{}^\times$ が巡回群であることを証明します．興味のない人はスキップして下さい．

$\overline{a}\in \boldsymbol{Z}_p{}^{\times}$ を e 乗してはじめて $\overline{1}$ となるとき，**$\overline{a}$ の位数は e** であるといいます．すると，$\boldsymbol{Z}_p{}^{\times}$ が巡回群をなすことは，$\boldsymbol{Z}_p{}^{\times}$ に位数が $p-1$ の元が存在することと同値です．

〈補題1〉 $\overline{a}$ の位数を e とするとき

$$\overline{a}^n=\overline{1} \Longrightarrow n \text{ は } e \text{ の倍数}$$

（証明） n を e で割った商を q，余りを r とすると

$$n=eq+r, \quad 0\leqq r<e$$

であり

$$\overline{a}^r=\overline{a}^{n-eq}=\overline{a}^n(\overline{a}^e)^{-q}=\overline{1}$$

よって，e の最小性より，$r=0$，すなわち，$n=eq$ である． ▌

〈補題2〉 $\overline{a}$，$\overline{b}\in \boldsymbol{Z}_p{}^{\times}$ の位数をそれぞれ e，f とするとき，e と f が互いに素ならば，$\overline{a}\,\overline{b}$ の位数は ef である．

（証明） $(\overline{a}\,\overline{b})^m=\overline{1}$ とする．

$$(\overline{a}\,\overline{b})^{me}=\overline{b}^{me}=\overline{1}$$

よって，補題1より，me は f の倍数であるが，e と f は互いに素であるから m は f の倍数．同様に

$$(\overline{a}\,\overline{b})^{mf}=\overline{a}^{mf}=\overline{1}$$

より，m は e の倍数である．したがって，m は ef の倍数である．一方，$(\overline{a}\,\overline{b})^{ef}=\overline{1}$ であるから，$\overline{a}\,\overline{b}$ の位数は ef である． ▌

さて，$\overline{a}\in \boldsymbol{Z}_p{}^{\times}$ を1つとり，その位数を e とします．方程式 $\overline{x}^e=\overline{1}$ の解の集合を S とすると，**32**，**解説2°** より，S は高々 e 個の元からなるので

$$S=\{\overline{a},\ \overline{a}^2,\ \cdots,\ \overline{a}^e\,(=\overline{1})\}$$

このとき，$e<p-1$ ならば，$\overline{b}\notin S$ なる $\overline{b}\in \boldsymbol{Z}_p{}^{\times}$ が存在し，$\overline{b}\,(\neq\overline{1})$ の位数 $f\,(>1)$ は e の約数ではありません．実際，$e=fk\,(k\in \boldsymbol{N})$ とすると

$$\overline{b}^e=(\overline{b}^f)^k=\overline{1}$$

となり，$\overline{b}\notin \overline{S}$ に反します．

e と f が互いに素のとき，補題2より，$\overline{a}\,\overline{b}$ の位数は $ef\,(>e)$ です．

演習問題

(42-1) **解説**の続き．e と f が互いに素でないときも，位数が e より大きい $\boldsymbol{Z}_p{}^{\times}$ の元が存在することを示して，証明が完成する様子を観賞せよ．

(42-2) $\boldsymbol{Z}_p{}^{\times}$ が巡回群であることを用いて，**34**，(3)の別証を与えよ．

43　ω 素数と有理素数

(1)　π を ω 素数とする．$\pi | \pi\bar{\pi}\ (=N(\pi))$ であることと，$N(\pi)$ の有理素数分解 $N(\pi)=p_1p_2\cdots p_r$ を用いて，$\pi | p$ となる有理素数 p がただ1つ存在することを示せ．

(1)より，ω 素数全体の集合 ΩPN から，有理素数全体の集合 RPN への対応

$$\begin{array}{ccc} \Omega PN & \xrightarrow{\phi} & RPN \\ \Cup & & \Cup \\ \pi & \longrightarrow & p \end{array}$$

が定義される．

このとき，任意の有理素数 p に対して，**37**，**解説 1°**，定理より p の ω 素数因子 π が存在して，$\phi(\pi)=p$ が成り立つ．すなわち，ϕ は全射である．

(2)　$\phi(\pi)=p$ のとき，π は p と同伴であるか，または $N(\pi)=p$ であることを示せ．

(3)　もし，$N(\alpha)=p$ を満たす ω 素数 α が存在しないときは，p は ω 素数であることを示せ．存在するときは

$$N(\alpha)=\alpha\bar{\alpha}=p \quad \cdots\cdots ①$$

が p の ω 素数分解である．

(4)　**42** を用いて，$p\equiv 1 \pmod{3}$ の形の有理素数 p は，ω 素数でないことを示せ．したがって，①を満たす ω 素数 $\alpha=a+b\omega$ が存在して

$$p=a^2+b^2-ab$$

となる．また，$p\equiv 2 \pmod{3}$ の形の有理素数 p は，ω 素数であることを示せ．

精講　(1)～(3)　**38** の設問を形式的に修正しただけですから，証明もやはり形式的に修正するだけでそのまま通用します．

(4)　これも **38**，(4)の証明を真似ればできます．ただし，

$$\omega=\frac{-1+\sqrt{-3}}{2}\ \text{より，}\ (1+2\omega)^2=-3$$

であることに注意しましょう．

解　答

(4)　$p\equiv 1 \pmod 3$ である有理素数 p に対して，**42** より

$$x^2\equiv -3 \pmod p$$

を満たす整数 x が存在する．よって

$$p|x^2+3$$

← $3=-(1+2\omega)^2$

$$\therefore\quad p|(x+1+2\omega)(x-1-2\omega)$$

ここで，p が ω 素数であるとすると

$$p|x+1+2\omega \text{ または } p|x-1-2\omega$$

ところが，$\dfrac{x+1}{p}\pm\dfrac{2}{p}\omega$ はいずれも ω 整数ではないから不合理．ゆえに，p は ω 素数ではない．

よって，(3)より，ω 素数 $\alpha=a+b\omega$ が存在して

$$p=N(\alpha)=\alpha\overline{\alpha}=a^2+b^2-ab$$

と表せる．

次に，$p\equiv 2 \pmod 3$ である有理素数 p が ω 素数でないとすると，(3)より，p は

$$p=a^2+b^2-ab$$

と表せるが

$$a^2+b^2-ab\equiv 0,\ 1 \pmod 3$$

← **演習問題** 43

であるから矛盾である．ゆえに，p は ω 素数である．

解説　1°　**38**，**解説 1°** のように，ω 素数と有理素数の関係を図にしてみます．

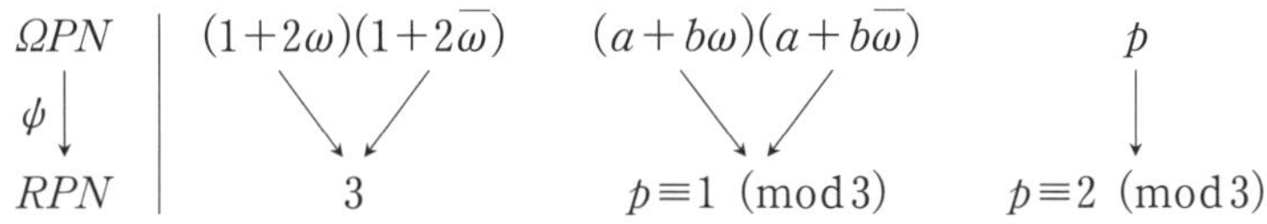

(4)で触れなかった $p=3$ のとき，

$$N(1+2\omega)=N(1+2\overline{\omega})=3 \quad (\text{有理素数})$$

より，$1+2\omega$，$1+2\overline{\omega}$ はともに ω 素数です．しかし

$$1+2\overline{\omega}=1+2(-1-\omega)=-(1+2\omega)$$

と表せるので，両者は同伴です．したがって，有理素数 3 の ω 素数分解は

$$3=-(1+2\omega)^2$$

と書く方がよいかもしれません．

一方，$p\equiv 1 \pmod 3$ のとき，$\alpha=a+b\omega$ と $\overline{\alpha}=a+b\overline{\omega}$ は同伴ではありません．

$$\alpha=a+b\omega=a+b\frac{-1+\sqrt{3}\,i}{2}=a-\frac{1}{2}b+\frac{\sqrt{3}}{2}bi$$

と $\overline{\alpha}$ が同伴ならば，α は **40**，**解説** 1° の図 1 を $|\alpha|$ 倍した正六角形の実数以外の頂点である．

⬅ α が図 2 のいずれの頂点でも，α と $\overline{\alpha}$ は同伴ではない

よって

$$\left|\frac{\frac{\sqrt{3}}{2}b}{a-\frac{1}{2}b}\right|=\tan\frac{\pi}{3}=\sqrt{3}$$

$$\Longleftrightarrow\ \left(a-\frac{1}{2}b\right)^2=\frac{1}{4}b^2$$

$$\therefore\quad a=0\ \text{または}\ a=b$$

いずれの場合も，$p=a^2+b^2-ab$ が有理素数であることに反します．

2°　〈表現 $\boldsymbol{p=a^2+b^2-ab}$ の一意性は成立しない〉

$p\equiv1\ (\mathrm{mod}\,4)$ である素数 p は，整数 a，b を用いて

$$p=a^2+b^2$$

と表せ，その表し方は加える順序と符号を除いてただ 1 通りでした（**38**，**解説**）．

しかし，$p\equiv1\ (\mathrm{mod}\,3)$ である素数 p を，整数 a，b を用いて

$$p=a^2+b^2-ab$$

と表す方法は，ただ 1 通りでありません．

〈例〉　$\alpha=2+3\omega$　と

$$-\omega\alpha=-2\omega-3\omega^2=-2\omega-3(-1-\omega)=3+\omega$$

は同伴である．しかし，両者のノルムをとると

$$\begin{aligned}7&=2^2+3^2-2\cdot3\\&=3^2+1^2-3\cdot1\end{aligned}$$

演習問題

43　整数 a，b に対して

$$a^2+b^2-ab\equiv0,\ 1\ (\mathrm{mod}\,3)$$

であることを示せ．

コラム4．素数分解の一意性の限界

$\boldsymbol{Z}[i]$ や $\boldsymbol{Z}[\omega]$ のように除法の定理が成り立つ整域を**ユークリッド整域**といい，**37** のように素数分解の一意性が成り立つ整域を**一意分解整域**という．すると，**31** と **37** でやったことは，実質的に

ユークリッド整域 $\Longrightarrow$ 単項イデアル整域 $\Longrightarrow$ 一意分解整域

の証明だったことになる．

したがって，二次体 $\boldsymbol{Q}(\sqrt{m})$ $(m<0)$ の整数環（**40**，**解説 2°**）がユークリッド整域ならば，$\boldsymbol{Z}[i]$ や $\boldsymbol{Z}[\omega]$ と同じ議論が展開できるはずである．ところが，**二次体 $\boldsymbol{Q}(\sqrt{-5})$ の整数環 $\boldsymbol{Z}[\sqrt{-5}]$ では，そもそも素数分解の一意性が成立しない**．したがって，当然ユークリッド整域でもない．

〈例〉 $\boldsymbol{Z}[\sqrt{-5}]$ では

$$6=2\cdot3=(1+\sqrt{-5})(1-\sqrt{-5}) \qquad \cdots\cdots ㋐$$

と分解して，2，3 および $1\pm\sqrt{-5}$ は $\boldsymbol{Z}[\sqrt{-5}]$ の素数である．

2，3 および $1\pm\sqrt{-5}$ が素数であることを確かめよう．

単数でない α，$\beta\in\boldsymbol{Z}[\sqrt{-5}]$ を用いて

$$2=\alpha\beta$$

と表せたとする．両辺のノルムをとると　　⬅ $N(\alpha)=\alpha\overline{\alpha}$

$$4=N(\alpha)N(\beta)$$

$N(\alpha)>1$，$N(\beta)>1$ であるから　　⬅ αが単数 $\Longleftrightarrow$ $N(\alpha)=1$

$$N(\alpha)=N(\beta)=2$$

$\alpha=a+b\sqrt{-5}$ $(a,\ b\in\boldsymbol{Z})$ とおくと，$N(\alpha)=2$ より

$$a^2+5b^2=2 \qquad \cdots\cdots ㋑$$

これを満たす整数 a，b は存在しない．ゆえに，α，β のうち一方は単数であるから，2 は素数である．3 が素数であることも同様に証明できる．

次に，単数でない α，β を用いて

$$1+\sqrt{-5}=\alpha\beta$$

と表せたとして，両辺のノルムをとると

$$6=N(\alpha)N(\beta)$$

$N(\alpha)>1$，$N(\beta)>1$ であるから，$N(\alpha)$，$N(\beta)$ のうち一方は 2，他方は 3 である．しかし，それは㋑が整数解をもたないのと同じ理由で起こらない．ゆえに，$1+\sqrt{-5}$ は素数である．同様に，$1-\sqrt{-5}$ も素数である．

したがって，$\boldsymbol{Q}(\sqrt{-5})$ の整数論はここで行き詰まる．これを打開するために，**クンマー**は㋐の 2 つの積はいずれも**最終的な分解に達していない**と考えた．理想的な数 A，B，B' が存在して，さらに

$$\begin{cases} 2\cdot 3=A^2\cdot BB' \\ (1+\sqrt{-5})(1-\sqrt{-5})=AB\cdot AB' \end{cases} \quad \cdots\cdots ㋒$$

と分解されるというのである．

実は，A，B，B' の正体は，**31**，**解説** 3° で定義した**イデアル**である．

しかし，イデアルの概念を用いて分解㋒を説明することは，この本のレベルを越える．

44 $Z[\sqrt{2}]$ の単数群

2つの条件

(i) $a^2-2b^2=1$ または $a^2-2b^2=-1$

(ii) $a+\sqrt{2}b>0$

を満たす任意の整数a, bから得られる実数 $g=a+\sqrt{2}b$ 全体の集合をGとする．1より大きいGの元のうち最小のものをuとする．

(1) uを求めよ．

(2) 任意の整数nと任意のGの元gに対し，gu^nはGの元であることを示せ．

(3) Gの任意の元gは適当な整数mによって，$g=u^m$ と書かれることを示せ．

(東工大)

精講 (1) グラフをかくと，$g>1$ のとき $a>0$, $b>0$ であることが直ちに分かります．**解答**では不等式を操作してこれを導くことにします．

(2) $n<0$ のこともあるので，結局Gが群（**コラム3．群とシンメトリー**参照）であることを示すことになります．つまり，Gが**積と逆数をとることに関して閉じている**ことを示せばよいのです．

(3) 加法と乗法の違いはありますが，**31**，(3)と同じ論理です．

解答

(1) $g=a+\sqrt{2}b>1$ のとき，

$$\begin{cases} a^2-2b^2=\pm1 & \cdots\cdots ① \\ a+\sqrt{2}b>1 & \cdots\cdots ② \end{cases}$$

① $\Longleftrightarrow |a^2-2b^2|=1$ であるから，②より

$$|a-\sqrt{2}b|<1$$

$$-1<a-\sqrt{2}b<1$$

$$\therefore \begin{cases} a-\sqrt{2}b>-1 & \cdots\cdots ③ \\ -a+\sqrt{2}b>-1 & \cdots\cdots ④ \end{cases}$$

②+③，②+④より，それぞれ

$$a>0, \ b>0$$

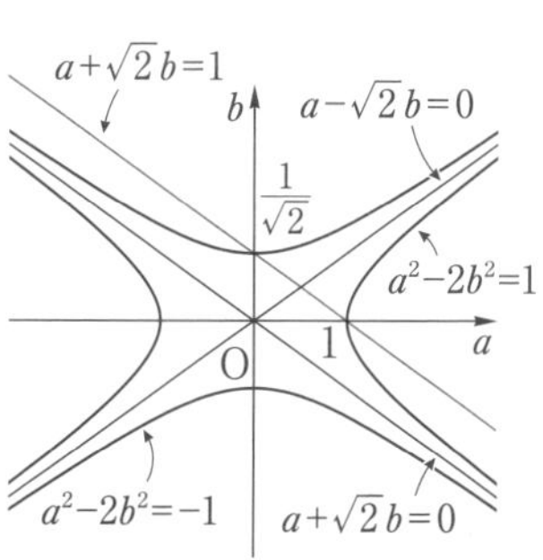

この範囲で$a+\sqrt{2}b$が最小となるのは，$a=b=1$ のときであるが，これらは①，②を満たす．ゆえに

$$\boldsymbol{u=1+\sqrt{2}}$$

(2)　G の任意の2元 $g=a+\sqrt{2}b$, $h=c+\sqrt{2}d$ について，$gh\in G$, $g^{-1}\in G$ を示せば十分である．

⬅ $g>0$, $h>0$ より $gh>0$, $g^{-1}>0$ である

$$gh=(a+\sqrt{2}b)(c+\sqrt{2}d)$$
$$=ac+2bd+(ad+bc)\sqrt{2}$$

このとき

$$(ac+2bd)^2-2(ad+bc)^2$$
$$=a^2c^2-2a^2d^2-2(b^2c^2-2b^2d^2)$$
$$=a^2(c^2-2d^2)-2b^2(c^2-2d^2)$$
$$=(a^2-2b^2)(c^2-2d^2) \quad \cdots\cdots ⑤$$
$$=\pm 1$$

⬅ 条件より $\begin{cases} a^2-2b^2=\pm 1 \\ c^2-2d^2=\pm 1 \end{cases}$

また，

$$g^{-1}=\frac{1}{a+\sqrt{2}b}=\frac{a-\sqrt{2}b}{a^2-2b^2}$$
$$=\pm(a-\sqrt{2}b)$$

このとき

$$(\pm a)^2-2(\mp b)^2$$
$$=a^2-2b^2=\pm 1$$

ゆえに，$gh\in G$, $g^{-1}\in G$ である．

(3)　$u>1$ であるから，u^m は m の増加列であり

$$\begin{cases} u^m \longrightarrow 0 & (m \longrightarrow -\infty) \\ u^m \longrightarrow \infty & (m \longrightarrow +\infty) \end{cases}$$

⬅ $x>0$ の範囲は，m を整数として無限個の区間 $u^m\leqq x<u^{m+1}$ に分割される

したがって，G の任意の元 $g\,(>0)$ に対して

$$u^m\leqq g<u^{m+1}$$
$$\therefore \quad 1\leqq gu^{-m}<u$$

を満たす整数 m がただ1つ存在する．ここで，(2)より $gu^{-m}\in G$ であるから u の最小性より

$$gu^{-m}=1$$
$$\therefore \quad g=u^m$$

である．

解説　**〈問題の背景：単数を決める〉**

40，解説2° で学んだ二次体 $Q(\sqrt{m})$ は

$\begin{cases} m<0 \text{ のとき，虚二次体} \\ m>0 \text{ のとき，実二次体} \end{cases}$

といいます．

1° 〈**虚二次体の場合**〉

虚二次体 $\boldsymbol{Q}(\sqrt{-1})$ の整数環（**40**，**解説 2°**）$\boldsymbol{Z}[\sqrt{-1}]$ の元 α が単数である条件は，ノルムを用いて

$$N(\alpha)=\alpha\overline{\alpha}=1 \qquad \cdots\cdots ㋐$$

と表せました．このことは，$\boldsymbol{Q}(\sqrt{-3})$ の整数環 $\boldsymbol{Z}[\omega]$ のときはもちろん，それ以外の場合も同様です．とくに，$\boldsymbol{Z}[\sqrt{-1}]$ と $\boldsymbol{Z}[\omega]$ の単数群はそれぞれ

$$\boldsymbol{Z}[\sqrt{-1}]^{\times}=\{\pm 1,\ \pm i\}$$ ⬅ **35**，(1)

$$\boldsymbol{Z}[\omega]^{\times}=\{\pm 1,\ \pm\omega,\ \pm(1+\omega)\}$$ ⬅ **40**，(2)

となることが示されています．

実は，これらはいずれも巡回群であり，$\boldsymbol{Z}[\sqrt{-1}]^{\times}$ の生成元は $\sqrt{-1}=i$，$\boldsymbol{Z}[\omega]^{\times}$ の生成元は $1+\omega$ です．後者は

$$\omega=\frac{-1+\sqrt{3}\,i}{2}$$

としてよく，このとき

$$1+\omega=\frac{1+\sqrt{3}\,i}{2}=\cos\frac{\pi}{3}+i\sin\frac{\pi}{3}$$

となることから分かります．

なお，これ以外の虚二次体の整数環の単数群は，$\{\pm 1\}$ であることが知られています．したがって虚二次体の整数環の単数群は，全て**有限巡回群**です．

2° 〈**実二次体の場合**〉

$\boldsymbol{Q}(\sqrt{2})$ を例にとって説明しましょう．まず，その整数環は $\boldsymbol{Z}[\sqrt{2}]$ である（**40**，**解説 2°**，定理）ことに注意します．

$\boldsymbol{Q}(\sqrt{2})$ の元 $\alpha=x+\sqrt{2}\,y$ $(x,\ y\in\boldsymbol{Q})$ のノルムは，α の共役数

$$\alpha'=x-\sqrt{2}\,y$$

を用いて

$$N(\alpha)=\alpha\alpha'=x^2-2y^2 \qquad \cdots\cdots ㋑$$

と定義します．このときも，㋐によって定義した場合と同様に

$$N(\alpha\beta)=N(\alpha)N(\beta) \qquad \cdots\cdots ㋒$$

の成り立つことが**解答**の⑤から分かります．しかし，今度は **$N(\alpha)\geqq 0$ とは限りません．**

この事実を反映して，$\alpha=a+\sqrt{2}\,b\in\boldsymbol{Z}[\sqrt{2}]$ が単数となる条件は，㋐の代わりに定義㋑の意味で

$$\boldsymbol{N(\alpha)=a^2-2b^2=\pm 1} \qquad \cdots\cdots ㋓$$

となります．

㋓は本問の条件(i)と同じですから，結局，**44** は**整数環 $\boldsymbol{Z}[\sqrt{2}]$ の単数を決める**問題だということができます．

⑶より，$a+\sqrt{2}b>0$ を満たす単数全体の集合 G は，無限巡回群です．そして，$a+\sqrt{2}b<0$ であるものも含めた単数群 $\boldsymbol{Z}[\sqrt{2}]^{\times}$ は，無限群

$$\{\pm u^m | m=0,\ \pm1,\ \pm2,\ \cdots\} \quad \cdots\cdots ㋔$$

です．ただし，これは巡回群ではありません．2つの巡回群 $\{\pm1\}$ と G の**直積**と呼ばれるものになっています．

その他の実二次体の場合も，ほぼ同様のことがいえて，対応する整数環の単数群は㋔の形に表せます．

3° 〈ペル方程式〉

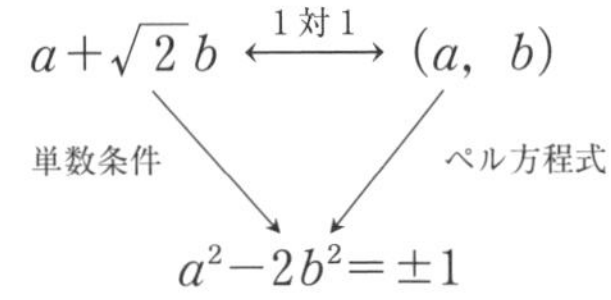

㋓は $a+\sqrt{2}b\in\boldsymbol{Z}[\sqrt{2}]$ からみると単数条件ですが，単にその整数解 $(a,\ b)$ だけに注目するときは，**ペル方程式**といいます．

さて，次問 **45** の準備として，ペル方程式

$$a^2-2b^2=1,\ a>0,\ b>0 \quad \cdots\cdots ㋕$$

を考えます．㋕の解 $(a,\ b)$ に対応する $\boldsymbol{Z}[\sqrt{2}]$ の元を $g=a+\sqrt{2}b$ とすると，⑶より

$$g=a+\sqrt{2}b=(1+\sqrt{2})^m \quad \cdots\cdots ㋖$$

と表せます．ただし，$a>0$，$b>0$ より，m は正の整数です．ここで，㋖の両辺のノルムをとると

$$\begin{aligned}a^2-2b^2&=N((1+\sqrt{2})^m)\\&=(N(1+\sqrt{2}))^m\\&=(-1)^m\end{aligned}$$

よって，$m=2n$ とおけるので，㋖に代入して

$$\begin{aligned}a+\sqrt{2}b&=(1+\sqrt{2})^{2n}\\&=(3+2\sqrt{2})^n \quad \cdots\cdots ㋗\end{aligned}$$

ただし，$n=1,\ 2,\ \cdots$

㋗から㋕の解 $(a,\ b)$ がすべて得られます．

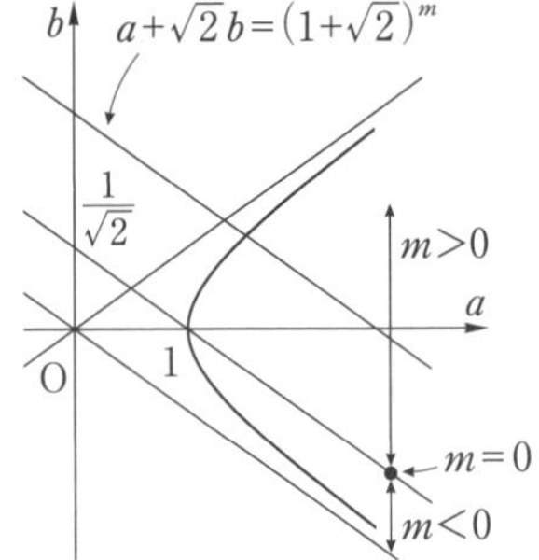

演習問題

44-1 共役数の性質を用いて，**解説 2°** の等式㋒を証明せよ．

44-2 $\alpha=a+\sqrt{2}b\in\boldsymbol{Z}[\sqrt{2}]$ が単数であるための条件は，㋓であることを示せ．

45 平方三角数

正の整数nについて，$1+2+\cdots+n$を**三角数**と呼び，n^2と表される数を**平方数**と呼ぶ．三角数であり同時に平方数であるような数を**平方三角数**と呼ぶ．平方三角数は無限個存在することを，次の問いに答えて証明せよ．

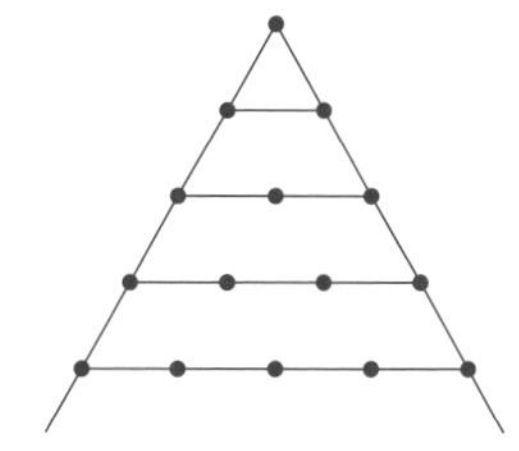

(1) 正の整数a，bが，$a^2-2b^2=1$を満たすとき，aは奇数，bは偶数であることを示せ．

(2) (1)において，$\dfrac{b^2}{4}$は平方三角数であることを示せ．

(3) 正の整数kに対して

$$(3+2\sqrt{2})^k=a_k+\sqrt{2}\,b_k$$

とおく．ただし，a_k，b_kは正の整数とする．このとき，すべてのkに対して$a_k{}^2-2b_k{}^2=1$が成り立つことを示せ．

(4) 平方三角数は無限個存在することを示せ．　(津田塾大)

精講　(1)，(2)　**ペル方程式の解に平方三角数を対応させる方法**を誘導しています．問題としては簡単ですが，これがないと(4)を解くことは大変難しくなります．

(3) 数学的帰納法を使うのが1つの方法です．そのためには，a_{k+1}，b_{k+1}とa_k，b_kの関係を知らなければなりません．

(4) ペル方程式が無数に解をもつことを示せばよいわけです．

解答

(1)
$$a^2-2b^2=1 \quad \cdots\cdots ①$$
より，$a^2=2b^2+1\ (>1)$．したがって，aは奇数であるから，自然数mを用いて

⬅ $a>1$ ゆえ，aは3以上の奇数

$$a=2m+1 \quad \cdots\cdots ②$$
と表せる．②を①に代入すると
$$b^2=\frac{(2m+1)^2-1}{2}=2m(m+1) \quad \cdots\cdots ③$$
ゆえに，bは偶数である．

(2) (1)より，正の整数nを用いて

$$b=2n$$

と表せるから

$$\frac{b^2}{4}=n^2 \quad \cdots\cdots ④$$

一方，③より

$$\frac{b^2}{4}=\frac{m(m+1)}{2}=1+2+\cdots+m \quad \cdots\cdots ⑤$$

④，⑤より，$\frac{b^2}{4}$ は平方三角数である．

(3)　k に関する数学的帰納法によって証明する．

$k=1$ のとき，$a_1+\sqrt{2}\,b_1=3+2\sqrt{2}$ より　⬅ a_1，b_1 は正の整数

$$a_1=3,\ b_1=2 \quad \cdots\cdots ⑥$$

であるから，$a_1{}^2-2b_1{}^2=1$ となる．

$k=j$ のとき，成り立つと仮定する．すなわち

$$a_j{}^2-2b_j{}^2=1 \quad \cdots\cdots ⑦$$

$k=j+1$ のとき，定義より

$$\begin{aligned}a_{j+1}+\sqrt{2}\,b_{j+1}&=(3+2\sqrt{2})(3+2\sqrt{2})^j\\&=(3+2\sqrt{2})(a_j+\sqrt{2}\,b_j)\\&=3a_j+4b_j\\&\qquad+\sqrt{2}(2a_j+3b_j)\end{aligned}$$

⬅ a_{j+1}，b_{j+1} と a_j，b_j の関係を知るための変形

よって　⬅ a_j，b_j，a_{j+1}，b_{j+1} は整数

$$\begin{cases}a_{j+1}=3a_j+4b_j\\ b_{j+1}=2a_j+3b_j\end{cases} \quad \cdots\cdots ⑧$$

ゆえに，

$$\begin{aligned}&a_{j+1}{}^2-2b_{j+1}{}^2\\&=(3a_j+4b_j)^2-2(2a_j+3b_j)^2\\&=a_j{}^2-2b_j{}^2\\&=1 \quad (\text{仮定⑦による})\end{aligned}$$

となり，$k=j+1$ のときも成り立つ．

したがって，すべての正の整数 k に対して

$$a_k{}^2-2b_k{}^2=1$$

が成り立つ．

(4)　(2)，(3)より，$\frac{b_k{}^2}{4}$ は平方三角数である．しかも，⑥，⑧より，

$$0<b_1<b_2<\cdots<b_k<\cdots$$

⬅ $b_k{}^2$ も増加列をなす

が成り立つから，平方三角数は無限個存在する．

1° (2)は，**演習問題**(44-1)で述べた共役数の性質を使うこともできます．

$$(3+2\sqrt{2})^k=a_k+\sqrt{2}\,b_k \quad \cdots\cdots ㋐$$

の両辺の共役数を考えると

$$(3-2\sqrt{2})^k=a_k-\sqrt{2}\,b_k \quad \cdots\cdots ㋑$$

⬅ $(\alpha\beta)'=\alpha'\beta'$ を繰り返し用いると $(\alpha^k)'=(\alpha')^k$

次に，㋐と㋑の積を作れば

$$1=a_k{}^2-2b_k{}^2$$

2° 〈平方三角数のすべて〉

㋐，㋑より

$$\frac{b_k{}^2}{4}=\frac{1}{32}\{(3+2\sqrt{2})^k-(3-2\sqrt{2})^k\}^2 \quad (k=1,\ 2,\ \cdots) \quad \cdots\cdots ㋒$$

となりますが，これはすべての平方三角数を表します．

実際，x を任意の平方三角数とすると，正の整数 m，n が存在して

$$x=n^2=1+2+\cdots+m$$

と表せます．これから

$$n^2=\frac{m(m+1)}{2}=\frac{1}{2}\left(m+\frac{1}{2}\right)^2-\frac{1}{8}$$

$$8n^2=(2m+1)^2-1$$

$$\therefore \quad (2m+1)^2-2(2n)^2=1$$

よって，

$$(a_0,\ b_0)=(2m+1,\ 2n)$$

は，ペル方程式

$$a^2-2b^2=1,\ a>0,\ b>0 \quad \cdots\cdots ㋓$$

の解で

$$x=n^2=\frac{b_0{}^2}{4}$$

が成り立ちます．

⬅ ㋓の解の全体を P，平方三角数の全体を S とすると，対応

$$\begin{array}{ccc} P & \longrightarrow & S \\ \Cup & & \Cup \\ (a,\ b) & \longrightarrow & \dfrac{b^2}{4} \end{array}$$

は1対1，かつ，全射(**38**)である

一方，**44**，**解説** 3° より，㋓の解は

$$(a_k,\ b_k) \quad (k=1,\ 2,\ \cdots)$$

でつくされます．

ゆえに，㋒はすべての平方三角数を表すことになります．

最後の万能数学者**ポアンカレ** (1854～1912) は次のように言っています．

「数学とは，異なるものを同じものとみなす技術である」

第2部の要点

予想1と2，すなわち

(C) 奇素数pは，$p\equiv 1 \pmod 4$ のときに限り，2つの平方数の和で表せる

の $R=\boldsymbol{Z}[i]$ における証明の流れを図示します．

Rのノルムとガウス素数の定義（**35**）

➡ Rはユークリッド整域（**36**，**コラム4.**）

➡ Rは単項イデアル整域（**31**と平行）

➡ α，$\beta\in R$ が互いに素
$\Longleftrightarrow$ $\alpha\lambda+\beta\mu=1$ を満たす
λ，$\mu\in R$ が存在する

➡ πがガウス素数のとき
$\pi|\alpha\beta \Longrightarrow \pi|\alpha$ or $\pi|\beta$

➡ Rは一意分解整域（**37**）

pを有理素数とするとき
$p\equiv 1 \pmod 4$ のときに限り
$x^2\equiv -1 \pmod 4$
の解が存在する．
（**34**，別証は**42**，**解説**と**演習問題**(42-1)，(42-2)）

↓

ガウス素数と有理素数の関係（**38**）

38によってガウス素数と有理素数の関係が明らかになったことで，予想(C)の証明は完結しますが，**38**，**解説1°**でまとめた結論の要点をもう一度述べます．奇素数pが2つの平方数の和で表せるかどうかはpがガウス素数の積に分解するかどうかで決まり，それは $x^2\equiv -1 \pmod p$ が解をもつかどうかで決まります．

さらに，それはpを4で割った余りで決まる，という構造になっています．

$R=\boldsymbol{Z}[\omega]$ のときは，上図右側の**34**を**42**で置き換えるところが一番大きな違いです．

第3部

離散と連続

「成長」

どうしてもとどかなかった枝に
ふと手をあげて見たら
楽にとどくようになった。

武者小路実篤

第10章 $n!$の近似式

46 不等式 $\log(1+x)\leqq x \quad (x>-1)$

すべての素数を小さい順に並べた無限数列を

$$p_1,\ p_2,\ \cdots,\ p_n,\ \cdots$$

とする.

(1) nを自然数とするとき

$$\sum_{k=1}^{n}\frac{1}{k}<\frac{1-\left(\frac{1}{p_1}\right)^{n+1}}{1-\frac{1}{p_1}}\times\frac{1-\left(\frac{1}{p_2}\right)^{n+1}}{1-\frac{1}{p_2}}\times\cdots\times\frac{1-\left(\frac{1}{p_n}\right)^{n+1}}{1-\frac{1}{p_n}}$$

を証明せよ.

(2) 無限級数

$$\sum_{k=1}^{\infty}\left\{-\log\left(1-\frac{1}{p_k}\right)\right\}$$

は発散することを証明せよ.

(3) 無限級数

$$\sum_{k=1}^{\infty}\frac{1}{p_k}$$

は発散することを証明せよ. (大阪大)

精講 (1) 不等式の左辺と右辺を, **k $(1\leqq k\leqq n)$ の素因数分解が取り持つ**ことに気が付く必要があります.

(2) 本書の読者には, $\displaystyle\sum_{k=1}^{\infty}\frac{1}{k}$ が発散することは常識のはずです. 証明には, **8**, **解説 1°** で使った**面積評価**の方法が適用できます.

(3) 基本的な不等式 $\log(1+x)\leqq x\ (x>-1)$ ……(*) において x を $-x$ とおくと

$$-\log(1-x)\geqq x \quad (x<1)$$

となって, 期待する不等式と不等号の向きが反対です. そこで

$$-\log(1-x)=\log\frac{1}{1-x}=\log\left(1+\frac{x}{1-x}\right)$$

として, (*) を適用するとうまくいかないか, と考えてみます.

解　答

(1)　$p_n>n$ であるから，自然数 $k\,(1\leqq k\leqq n)$ の素因数は，p_1，p_2，…，p_n に含まれる．また

$$p_k{}^n\geqq 2^n>n \quad (1\leqq k\leqq n)$$

← $2^n=(1+1)^n \geqq 1+{}_n\mathrm{C}_1>n$

であるから，自然数 k に含まれる素因数 p_j の個数を $\alpha_j(k)$ とすると

$$0\leqq \alpha_j(k)\leqq n \quad (1\leqq j\leqq n)$$

である．このとき

$$k=p_1{}^{\alpha_1(k)}p_2{}^{\alpha_2(k)}\cdot\cdots\cdot p_n{}^{\alpha_n(k)}$$

と表せる．したがって

$$\begin{aligned}
&\sum_{k=1}^{n}\frac{1}{k}\\
&=\sum_{k=1}^{n}\frac{1}{p_1{}^{\alpha_1(k)}p_2{}^{\alpha_2(k)}\cdot\cdots\cdot p_n{}^{\alpha_n(k)}}\\
&<\sum_{\alpha_1=0}^{n}\sum_{\alpha_2=0}^{n}\cdots\sum_{\alpha_n=0}^{n}\frac{1}{p_1{}^{\alpha_1}p_2{}^{\alpha_2}\cdot\cdots\cdot p_n{}^{\alpha_n}}\\
&=\left(\sum_{\alpha_1=0}^{n}\frac{1}{p_1{}^{\alpha_1}}\right)\left(\sum_{\alpha_2=0}^{n}\frac{1}{p_2{}^{\alpha_2}}\right)\cdot\cdots\cdot\left(\sum_{\alpha_n=0}^{n}\frac{1}{p_n{}^{\alpha_n}}\right)\\
&=\frac{1-\left(\frac{1}{p_1}\right)^{n+1}}{1-\frac{1}{p_1}}\times\frac{1-\left(\frac{1}{p_2}\right)^{n+1}}{1-\frac{1}{p_2}}\times\cdots\times\frac{1-\left(\frac{1}{p_n}\right)^{n+1}}{1-\frac{1}{p_n}}
\end{aligned}$$

← α_1，…，α_n は独立に 0 から n まで動く

← $\displaystyle\sum_{i=0}^{n}\sum_{j=0}^{n}a_ia_j=\left(\sum_{i=0}^{n}a_i\right)\left(\sum_{j=0}^{n}a_j\right)$ の一般化

(2)　(1)より

$$\sum_{k=1}^{n}\frac{1}{k}<\frac{1}{1-\frac{1}{p_1}}\times\frac{1}{1-\frac{1}{p_2}}\times\cdots\times\frac{1}{1-\frac{1}{p_n}}$$

両辺の自然対数をとると

$$\log\left(\sum_{k=1}^{n}\frac{1}{k}\right)<\sum_{k=1}^{n}\left\{-\log\left(1-\frac{1}{p_k}\right)\right\} \quad \cdots\cdots ①$$

ここで，右図より

$$\begin{aligned}
\sum_{k=1}^{n}\frac{1}{k}&=(\text{網目部分の面積})\\
&>\int_1^n\frac{1}{x}\,dx=\log n \quad \cdots\cdots ②
\end{aligned}$$

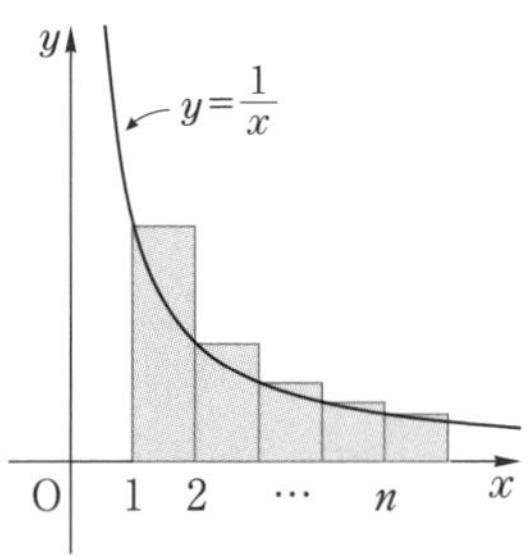

①，②より

$$\sum_{k=1}^{n}\left\{-\log\left(1-\frac{1}{p_k}\right)\right\}>\log(\log n)$$

$\log(\log n)\longrightarrow\infty\ (n\longrightarrow\infty)$ であるから

$$\sum_{k=1}^{\infty}\left\{-\log\left(1-\frac{1}{p_k}\right)\right\}=\infty$$

(3)　$\dfrac{1}{p_k}=x$ とおくと，$0<x\leqq\dfrac{1}{2}$．このとき

$$-\log(1-x)=\log\frac{1}{1-x}$$

⇐ $1=(1-x)+x$

$$=\log\left(1+\frac{x}{1-x}\right)$$

一方，不等式

$$\log(1+x)\leqq x\quad(x>-1)\qquad\cdots\cdots③$$

⇐ 解説1°

が成り立つから

$$-\log(1-x)\leqq\frac{x}{1-x}$$

ここで，$0<x\leqq\dfrac{1}{2}$ より，$1-x\geqq\dfrac{1}{2}$ であるから

$$-\log(1-x)\leqq 2x\qquad\cdots\cdots④$$

⇐ a を正の定数として $x\geqq-a\log(1-x)$ が成立すれば十分

x に $\dfrac{1}{p_k}$ を代入して，k について加えると

$$\sum_{k=1}^{n}\frac{1}{p_k}\geqq\frac{1}{2}\sum_{k=1}^{n}\left\{-\log\left(1-\frac{1}{p_k}\right)\right\}$$

ゆえに，(2)より

$$\sum_{k=1}^{\infty}\frac{1}{p_k}=\infty\qquad\cdots\cdots⑤$$

となる．

解説　1°〈易しい不等式と近似式〉

③のような易しい不等式は，グラフから直接知ることができます．

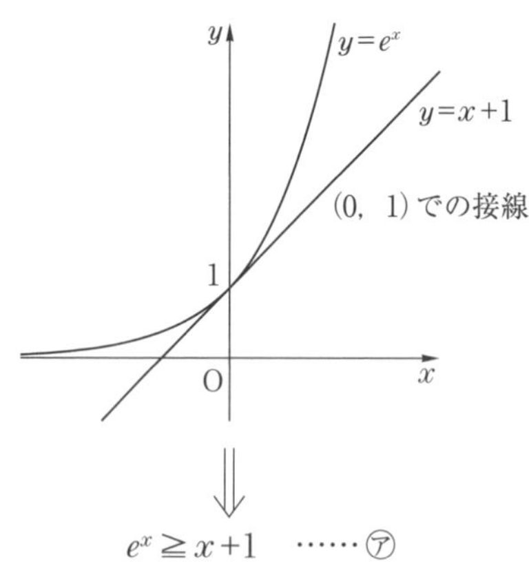

$e^x\geqq x+1\quad\cdots\cdots㋐$

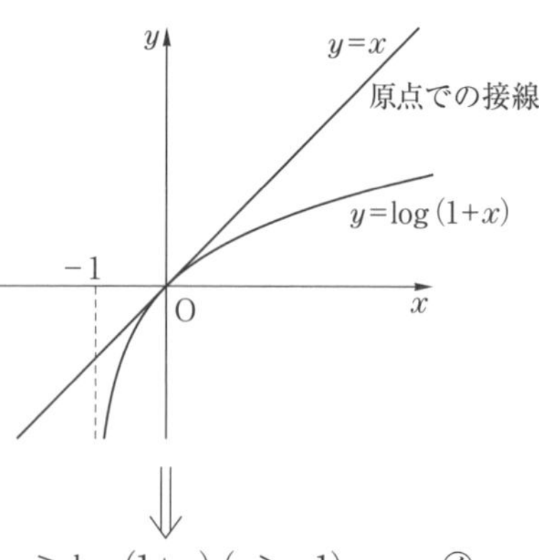

$x\geqq\log(1+x)\ (x>-1)\quad\cdots\cdots㋑$

もちろん，㋐と㋑は無関係ではなく，$x>-1$ の範囲において，㋐の自然対数をとれば㋑となります．

三角関数では，$\boldsymbol{\sin x \leqq x}$ $(x \geqq 0)$ は当然として，これから，$x \geqq 0$ のとき

$$\int_0^x \sin t\,dt \leqq \int_0^x t\,dt, \qquad 1-\cos x \leqq \frac{x^2}{2}$$

$$\therefore \quad \boldsymbol{\cos x \geqq 1-\frac{x^2}{2}}$$

が成り立ちます．これらの不等式は**近似式**とみることができます．

そのために，新たに記号を導入しましょう．

2 つの関数 $f(x)$ と $g(x)$ は，ある定数 α に対して

$$\begin{cases} \lim\limits_{x \to 0} f(x) = \lim\limits_{x \to 0} g(x) = \alpha \\ \lim\limits_{x \to 0} \dfrac{g(x)-\alpha}{f(x)-\alpha} = 1 \end{cases}$$

⬅ $f(x)$，$g(x)$ が連続関数ならば，$f(0)=g(0)=\alpha$ と同じ

を満たすとき，本書では，$x \longrightarrow 0$ のとき**近似的に等しい**といい

$$\boldsymbol{f(x) \sim g(x)} \quad (x \longrightarrow 0)$$

⬅ $x \longrightarrow 0$ は「x が十分 0 に近いとき」といったり，省略することもある

と表します．とくに，$\alpha=0$ の場合，$f(x)$ と $g(x)$ は**同位の無限小**であるといいます．

さらに，2 つの数値 a と b が近似的に等しい場合にも，この記号を流用して $a \sim b$ と表します．しかし，そのために混乱することはありません．

〈例〉 曲線 $y=f(x)$ $(f'(0) \neq 0)$ の $x=0$ における接線を $y=l(x)$ とすると

$$f(x) \sim l(x) \quad (x \longrightarrow 0)$$

実際，$l(x)=f'(0)x+f(0)$ より，$l(0)=f(0)$ であるから

$$\frac{f(x)-f(0)}{l(x)-f(0)} = \frac{f(x)-f(0)}{f'(0)x} \longrightarrow \frac{f'(0)}{f'(0)} = 1 \quad (x \longrightarrow 0)$$

となります．

この記号を使うと，x が十分 0 に近いとき

$$\begin{cases} e^x \sim 1+x \\ \log(1+x) \sim x \\ \sin x \sim x \\ \cos x \sim 1-\dfrac{x^2}{2} \end{cases}$$

⬅ はじめの 3 つは例による．最後は $\dfrac{\cos x-1}{\left(1-\frac{x^2}{2}\right)-1} = \dfrac{2}{1+\cos x}\left(\dfrac{\sin x}{x}\right)^2 \longrightarrow 1 (x \longrightarrow 0)$ から従う．

この程度の近似式でも役立つことを次の**演習問題**で見ることにします．

2°　〈素数は無限に存在する〉

本問を少し改変すれば，素数が無限に存在することを証明できます．元にな

るのは本問と同じく

すべての自然数 (>1) は素数の積に，順序の違いを除いて 1 通りに表せる

という初等整数論の基本定理（**37**，**解説 1°**，定理を参照）です．

いま，素数が有限個 p_1，p_2，…，p_l しか存在しないとします．l が一定であることに注意すると，任意の自然数 n に対して，基本定理より

$$\sum_{k=1}^{n}\frac{1}{k}<\left(\sum_{j=0}^{\infty}\frac{1}{{p_1}^j}\right)\left(\sum_{j=0}^{\infty}\frac{1}{{p_2}^j}\right)\cdots\left(\sum_{j=0}^{\infty}\frac{1}{{p_l}^j}\right)$$

$$=\frac{1}{1-\dfrac{1}{p_1}}\times\frac{1}{1-\dfrac{1}{p_2}}\times\cdots\times\frac{1}{1-\dfrac{1}{p_l}}$$

$$\therefore\quad \log\left(\sum_{k=1}^{n}\frac{1}{k}\right)<\sum_{k=1}^{l}\left\{-\log\left(1-\frac{1}{p_k}\right)\right\}\leqq 2\sum_{k=1}^{l}\frac{1}{p_k}\quad (④\text{による})$$

$$\therefore\quad \frac{1}{2}\log(\log n)<\sum_{k=1}^{l}\frac{1}{p_k}\quad (②\text{による})$$

ここで，$n\longrightarrow\infty$ とすると，右辺は一定値ですが，左辺 $\longrightarrow\infty$ となるので矛盾です．

3°　**〈同じ基本定理を使うなら〉**　突然ですが

$$m=p_1p_2\cdot\cdots\cdot p_l+1 \quad\cdots\cdots ㋒$$

を考えると一瞬で証明が終わります．基本定理によると，m は p_1，p_2，…，p_l のいずれかで割り切れるはずですが，そうはならないからです．

素数が無限にあることの証明としては，こちらの方がずっと簡単です．しかし，情報量は⑤の方が豊かです．実際，2 つの無限級数 $\displaystyle\sum_{n=1}^{\infty}\frac{1}{p_n}=\infty$ と $\displaystyle\sum_{n=1}^{\infty}\frac{1}{n^2}=\frac{\pi^2}{6}$（**演習問題** 10）を比べると，$n$ 番目の平方数 n^2 の方が，n 番目の素数 p_n よりも速く増大することが分かります．したがって，**n が十分大きいとき，区間 $p_n\leqq x\leqq n^2$ には素数がたくさんあるはず**です．

いま，$x\,(>0)$ 以下の素数の個数を $\pi(x)$，平方数の個数を $\sigma(x)$ とすると，このことは，x が十分大きいとき，

$\pi(x)$ は $\sigma(x)$ よりかなり大きい …… ㋓

と言い表すことができます．そこで，$\pi(x)$ と $\sigma(x)$ を定量的に比較してみましょう．$\pi(x)$ については有名な**素数定理**

$$\lim_{x\to\infty}\frac{\pi(x)}{\dfrac{x}{\log x}}=1 \quad\cdots\cdots ㋔$$

が成り立ちます．**ガウス**が予想して，1896 年に**アダマール**と**ド・ラ・ヴァレ・プーサン**がほとんど同時に証明した大定理です．一方，$\sigma(x)$ については

$$\lim_{x\to\infty}\frac{\sigma(x)}{\sqrt{x}}=1 \qquad \cdots\cdots ㋕$$

となることが示せます（**演習問題**（46-2））．㋔を㋕で割ると

$$\lim_{x\to\infty}\frac{\dfrac{\pi(x)}{\sigma(x)}}{\dfrac{\sqrt{x}}{\log x}}=1$$

すなわち，x が十分大きいとき

$$\boldsymbol{\frac{\pi(x)}{\sigma(x)}\sim\frac{\sqrt{x}}{\log x}} \qquad \cdots\cdots ㋖$$

⬅ もちろん $\lim_{x\to\infty}\frac{\sqrt{x}}{\log x}=\infty$

となります．これが，㋓の**「かなり」の定量的表現**です．

なお，㋖では **1°** で定義した記号「～」を

$$\begin{cases}\lim_{x\to\infty}f(x)=\lim_{x\to\infty}g(x)=\infty \\ \lim_{x\to\infty}\dfrac{g(x)}{f(x)}=1\end{cases}$$

である場合にも拡張して用いています．

演習問題

（46-1） 40 人の学生のクラスで同じ誕生日の学生がいる確率 p を求めて，その近似値を小数で表せ．ただし，各人の誕生日は 365 日にわたって同様に確からしいものとする．

（46-2） 本問，**解説** 3° の㋕：$\lim_{x\to\infty}\frac{\sigma(x)}{\sqrt{x}}=1$ を証明せよ．

（46-3） **38** において，$4k+1$ 型の素数に限り，共役なガウス素数の積に分解し，その結果として 2 つの平方数の和で表せることを学んだ．ここでは，$4k+1$ 型の素数が無限に存在することを示したい．

いま，$4k+1$ 型の素数が有限個 p_1，p_2，…，p_l しか存在しないと仮定して

$$m=(2p_1p_2\cdot\cdots\cdot p_l)^2+1$$

とおく．

(1) m は合成数であることを示せ．

(2) (1)より，m は素因数 p をもつ．p は $4k+1$ 型であることを**演習問題**（34）を用いて示せ．

(3) $4k+1$ 型の素数は無限に存在することを示せ．

47　ウォリスの公式

負でない整数 n に対して定積分

$$S_n=\int_0^{\frac{\pi}{2}}\sin^n x\,dx$$

を考える.

(1)　$S_n=\dfrac{n-1}{n}S_{n-2}$　$(n\geqq 2)$ を示せ.

(2)　nS_nS_{n-1}　$(n\geqq 1)$ の値を求めよ.

(3)　$S_n<S_{n-1}<S_{n-2}$　$(n\geqq 2)$ であることと, (1)により $\displaystyle\lim_{n\to\infty}\frac{S_n}{S_{n-1}}=1$ であることを示せ.

(4)　$\displaystyle\lim_{n\to\infty}\sqrt{n}\,S_n$ を求めよ.　(慶大)

精講　(1)　部分積分法を適用します.

(2)　$n=1$ の場合に値を求めて, それが一般に正しいことを数学的帰納法で証明するのが1つの方法です.

(3)　**はさみ打ちの原理**を使う典型的な問題です.

(4)　(2)と(3)の結果から, 極限値が容易に予想されます.

解答

(1)　$S_n=\displaystyle\int_0^{\frac{\pi}{2}}\sin^{n-1}x(-\cos x)'\,dx$

$=\Big[\sin^{n-1}x(-\cos x)\Big]_0^{\frac{\pi}{2}}$　⬅ $n\geqq 2$ に注意

$\quad-\displaystyle\int_0^{\frac{\pi}{2}}(n-1)\sin^{n-2}x\cos x(-\cos x)\,dx$

$=(n-1)\displaystyle\int_0^{\frac{\pi}{2}}\sin^{n-2}x(1-\sin^2 x)\,dx$

$=(n-1)(S_{n-2}-S_n)$

ゆえに

$S_n=\dfrac{n-1}{n}S_{n-2}$　$(n\geqq 2)$　…… ①

(2)　$n=1$ のとき，$S_1S_0=\dfrac{\pi}{2}$ であるから，

$$nS_nS_{n-1}=\frac{\pi}{2} \qquad \cdots\cdots ②$$

であることを n に関する数学的帰納法で証明する．

$n=k$ のとき，②が成り立つと仮定する．

$n=k+1$ のとき，

$$\begin{aligned}&(k+1)S_{k+1}S_k\\&=(k+1)\cdot\frac{k}{k+1}S_{k-1}\cdot S_k\\&=kS_kS_{k-1}\\&=\frac{\pi}{2}\quad(\text{仮定による})\end{aligned}$$

ゆえに，②はすべての自然数 n に対して成立する．

$\left\{\begin{array}{l}S_0=\int_0^{\frac{\pi}{2}}dx=\frac{\pi}{2}\\S_1=\int_0^{\frac{\pi}{2}}\sin x\,dx=1\end{array}\right.$

← ①より $S_{k+1}=\dfrac{k}{k+1}S_{k-1}$

(3)　$S_n<S_{n-1}<S_{n-2}$ と①より

$$S_n<S_{n-1}<\frac{n}{n-1}S_n$$

$$\therefore\quad \frac{n-1}{n}<\frac{S_n}{S_{n-1}}<1$$

$\displaystyle\lim_{n\to\infty}\frac{n-1}{n}=1$ であるから，はさみ打ちの原理より

$$\lim_{n\to\infty}\frac{S_n}{S_{n-1}}=1 \qquad \cdots\cdots ③$$

← ①を S_{n-2} について解くと $S_{n-2}=\dfrac{n}{n-1}S_n$

(4)　②，③より

$$\begin{aligned}\lim_{n\to\infty}\sqrt{n}\,S_n&=\lim_{n\to\infty}\sqrt{nS_nS_{n-1}}\cdot\sqrt{\frac{S_n}{S_{n-1}}}\\&=\sqrt{\frac{\pi}{2}} \qquad \cdots\cdots ④\end{aligned}$$

← 極限値の予想が付く

1°　〈(2)の別解〉　①より

$$nS_n=(n-1)S_{n-2}$$

両辺に S_{n-1} を掛けると

$$nS_nS_{n-1}=(n-1)S_{n-1}S_{n-2}$$

すなわち，nS_nS_{n-1} は一定であるから

$$nS_nS_{n-1}=1\cdot S_1\cdot S_0=\frac{\pi}{2}$$

← 左辺を T_n とすると $T_n=T_{n-1}$

第10章

2° 〈$S_n<S_{n-1}<S_{n-2}$〉

$0\leqq x\leqq\frac{\pi}{2}$ において，$0\leqq\sin x\leqq 1$ であるから

$$\sin^n x\leqq\sin^{n-1}x\leqq\sin^{n-2}x$$

$$\therefore\ \int_0^{\frac{\pi}{2}}\sin^n x\,dx<\int_0^{\frac{\pi}{2}}\sin^{n-1}x\,dx<\int_0^{\frac{\pi}{2}}\sin^{n-2}x\,dx$$

すなわち，$S_n<S_{n-1}<S_{n-2}$ が成り立つ．簡単なことですが，(3)のようなヒントがないときは，この事実に気が付かないとどうにもなりません．

3° **〈ウォリスの公式〉** ①を繰り返して用いると

$$S_{2n}=\frac{2n-1}{2n}\cdot\frac{2n-3}{2n-2}\cdot\cdots\cdot\frac{3}{4}\cdot\frac{1}{2}\cdot S_0$$

⬅ 分母・分子に分母を掛ける

$$=\frac{(2n)!}{\{2n(2n-2)\cdot\cdots\cdot4\cdot2\}^2}\cdot\frac{\pi}{2}$$

⬅ 分母の｛　｝の中身 $=2^n\cdot n(n-1)\cdot\cdots\cdot2\cdot1$ $=2^n\cdot n!$

$$=\frac{(2n)!}{2^{2n}(n!)^2}\cdot\frac{\pi}{2}$$

一方，④より，$\lim_{n\to\infty}\sqrt{2n}\,S_{2n}=\sqrt{\frac{\pi}{2}}$ であるから

$$\lim_{n\to\infty}\sqrt{2n}\cdot\frac{(2n)!}{2^{2n}(n!)^2}\cdot\frac{\pi}{2}=\sqrt{\frac{\pi}{2}}$$

$$\therefore\ \lim_{n\to\infty}\frac{\sqrt{n}}{2^{2n}}\cdot\frac{(2n)!}{(n!)^2}=\frac{1}{\sqrt{\pi}}\qquad\cdots\cdots ㋐$$

これを**ウォリスの公式**と呼び，

$$\frac{(2n)!}{(n!)^2}\sim\frac{2^{2n}}{\sqrt{n\pi}}\qquad\cdots\cdots ㋑$$

⬅ $\frac{(2n)!}{(n!)^2}={}_{2n}\mathrm{C}_n$ に注意

と書くこともあります．

次に，ウォリスの公式の意味を説明しましょう．まず，発散数列は増加速度の違いに応じて

$$n^n,\ n!,\ a^n\ (a>1),\ n^p\ (p>0),\ \log n\qquad\cdots\cdots ㋒$$

などの**階層がある**ことに注意します．

$\lim_{n\to\infty}\frac{n^p}{a^n}=0$ は高校生なら知っていることですし，$\lim_{n\to\infty}\frac{a^n}{n!}=0$ は **8** で証明しました．このように基本的数列の増加速度の違いを知るという点では，㋑は $n!$ が単独で取り出されていないのでまだ不十分です．しかし，

$$2^{2n}=(1+1)^{2n}$$

$$={}_{2n}\mathrm{C}_0+{}_{2n}\mathrm{C}_1+\cdots+\underbrace{{}_{2n}\mathrm{C}_n}_{\text{中央項}}+\cdots+{}_{2n}\mathrm{C}_{2n-1}+{}_{2n}\mathrm{C}_{2n}$$

に注目すると，㋑は問題

「二項係数 ${}_{2n}\mathrm{C}_k\,(k=0,\ 1,\ \cdots,\ 2n)$ のうちの最大項 ${}_{2n}\mathrm{C}_n$ と，

総和 $\displaystyle\sum_{k=0}^{2n}{}_{2n}\mathrm{C}_k$ の増加速度を比較せよ」 ……㋓

に対する答えになっています．

はじめに問題㋓が与えられたとして，これを解決するために定積分

$$S_n=\int_0^{\frac{\pi}{2}}\sin^n x\,dx$$

を考え付いたとすれば，大したものです．

なお，$\displaystyle\lim_{n\to\infty}\frac{n^p}{a^n}=0$ や $\displaystyle\lim_{n\to\infty}\frac{a^n}{n!}=0$ は，どちらが速く増大するかを示しているだけですが，㋑は増大する速さの違いまで明らかにしていることに注意しましょう．したがって，両者の情報は質的に異なります．

また，㋑の左辺は本質的に数列（自然数を定義域とする関数）であるのに対して，右辺は元々滑らかな関数

$$\frac{2^{2x}}{\sqrt{\pi x}}$$

です．つまり，**㋑は数列を滑らかな関数で近似する**という意味があります．

— 演習問題 —

(47) 二項係数 ${}_{2n}\mathrm{C}_k\,(k=0,\ 1,\ \cdots,\ 2n)$ は，$k=n$ のとき最大となることを示せ．

第10章

48 ウォリスの公式の応用

それぞれ n 個の球が入った箱 A，B があり，箱に付いているボタンを押すと球が 1 個だけ下に落ちるようになっている．

等確率でどちらかの箱を選び，その箱のボタンを押すという操作を繰り返す．はじめて一方の箱が空になったのを知ったとき，他方の箱に残っている球の個数を X とし，$X=k$ $(k=0,\ 1,\ \cdots,\ n)$ となる確率を p_k とする．また，X の期待値 $\sum_{k=0}^{n} kp_k$ を $E(X)$ とする．

(1)　$p_k={}_{2n-k}\mathrm{C}_{n-k}\left(\frac{1}{2}\right)^{2n-k}$ であることを示せ．

(2)　$\sum_{k=0}^{n} p_k=1$ であることに注意して

$$n-E(X)=\sum_{k=0}^{n-1}(n-k)\,{}_{2n-k}\mathrm{C}_{n-k}\left(\frac{1}{2}\right)^{2n-k}$$

となることを示せ．

(3)　二項係数の性質 $r\,{}_m\mathrm{C}_r=m\,{}_{m-1}\mathrm{C}_{r-1}$ $(1\leqq r\leqq m)$ を用いて

$$n-E(X)=\left(n+\frac{1}{2}\right)(1-p_0)-\frac{1}{2}E(X)$$

となることを示せ．

(4)　$n=50$ のとき，ウォリスの公式を用いて，$E(X)$ の近似値を求めよ．

精講　(1)　A の箱が空になったのを知ったときの状況を分析してみましょう．

(2)　技巧的ですが，$n-E(X)=n\sum_{k=0}^{n} p_k-\sum_{k=0}^{n} kp_k$ として計算します．

(3)　(2)の結論の中の式 $(n-k)\,{}_{2n-k}\mathrm{C}_{n-k}$ が，$r\,{}_m\mathrm{C}_r$ に見えれば，式変形の方針が決まります．

(4)　**ウォリスの公式の偉力**を実感できるはずです．

解　答

(1)　箱 A が空になったのを知ったとき，箱 B に k 個の球が残っているのは，箱 A を n 回選び，箱 B を $n-k$ 回選んで，最後に箱 A を選んだとき

であるから，その確率は

$$ {}_{2n-k}\mathrm{C}_n\left(\frac{1}{2}\right)^{2n-k}\cdot\frac{1}{2} $$

⬅ 最後に箱Aを選ばないと，空になったことが確認できない

箱Bが空になったのを知ったとき，箱Aにk個の球が残っている確率も同じであるから

$$ p_k={}_{2n-k}\mathrm{C}_n\left(\frac{1}{2}\right)^{2n-k} $$

⬅ ${}_m\mathrm{C}_r={}_m\mathrm{C}_{m-r}$ を使う

$$ ={}_{2n-k}\mathrm{C}_{n-k}\left(\frac{1}{2}\right)^{2n-k} \quad\cdots\cdots ① $$

(2) $n-E(X)$

$$ =n\sum_{k=0}^{n}p_k-\sum_{k=0}^{n}kp_k $$

⬅ $\sum_{k=0}^{n}p_k=1$

$$ =\sum_{k=0}^{n}(n-k)p_k $$

⬅ $k=n$ のとき $n-k=0$

$$ =\sum_{k=0}^{n-1}(n-k)p_k $$

⬅ ①を代入

$$ =\sum_{k=0}^{n-1}(n-k){}_{2n-k}\mathrm{C}_{n-k}\left(\frac{1}{2}\right)^{2n-k} \quad\cdots\cdots ② $$

(3) ②より

$$ n-E(X) $$

$$ =\sum_{k=0}^{n-1}(2n-k){}_{2n-k-1}\mathrm{C}_{n-k-1}\left(\frac{1}{2}\right)^{2n-k} $$

⬅ $r\,{}_m\mathrm{C}_k=m\,{}_{m-1}\mathrm{C}_{r-1}$ を用いた

$k+1=j$ とおくと

$$ n-E(X) $$

$$ =\sum_{j=1}^{n}(2n+1-j){}_{2n-j}\mathrm{C}_{n-j}\left(\frac{1}{2}\right)^{2n+1-j} $$

⬅ ①と形を揃える

$$ =\sum_{j=1}^{n}\frac{2n+1-j}{2}{}_{2n-j}\mathrm{C}_{n-j}\left(\frac{1}{2}\right)^{2n-j} $$

$$ =\left(n+\frac{1}{2}\right)\sum_{j=1}^{n}p_j-\frac{1}{2}\sum_{j=1}^{n}jp_j $$

⬅ $\sum_{j=1}^{n}p_j=\sum_{j=0}^{n}p_j-p_0$

$$ =\left(n+\frac{1}{2}\right)(1-p_0)-\frac{1}{2}E(X) \quad\cdots\cdots ③ $$

(4) ③を $E(X)$ について解く．

$$ \frac{1}{2}E(X)=n-\left(n+\frac{1}{2}\right)(1-p_0) $$

$$ =\left(n+\frac{1}{2}\right)p_0-\frac{1}{2} $$

$$ \therefore\quad E(X)=(2n+1)p_0-1 $$

①より，$p_0={}_{2n}\mathrm{C}_n\left(\frac{1}{2}\right)^{2n}$ であるから

第10章

$$E(X)=(2n+1)\,{}_{2n}\mathrm{C}_n\left(\frac{1}{2}\right)^{2n}-1$$

$$=(2n+1)\frac{(2n)!}{(n!)^2}\cdot\frac{1}{2^{2n}}-1 \quad \cdots\cdots ④$$

← ここで $n=50$ とおいて計算するのは非常に大変

ここで，ウォリスの公式

$$\frac{(2n)!}{(n!)^2}\cdot\frac{1}{2^{2n}}\sim\frac{1}{\sqrt{n\pi}}$$

← **47**，**解説** 3°，㋑

を適用すると

$$E(X)\sim\frac{2n+1}{\sqrt{n\pi}}-1$$

$$\sim\frac{2n}{\sqrt{n\pi}}-1=2\sqrt{\frac{n}{\pi}}-1 \quad \cdots\cdots ⑤$$

← $2n+1$ の 1 は $\sqrt{n}$ に比べて小さいので無視できる

したがって，$n=50$ のとき

$$E(X)\sim2\sqrt{\frac{50}{\pi}}-1\sim6.98\sim\mathbf{7}$$

← 結果も興味深い

④に $n=50$ を代入して，Mathematica に計算させると

$$E(X)=7.03851$$

ですから，誤差は 0.06 未満です．

演習問題

48 次の二項係数の性質を意味付けすることによって証明せよ．

(1) ${}_m\mathrm{C}_r={}_{m-1}\mathrm{C}_{r-1}+{}_{m-1}\mathrm{C}_r \quad (1\leqq r\leqq m)$

(2) $r\,{}_m\mathrm{C}_r=m\,{}_{m-1}\mathrm{C}_{r-1} \quad (1\leqq r\leqq m)$

49 スターリングの公式

関数 $f(x)$ は区間 $0 \leqq x \leqq 1$ で微分可能であり，$f'(x)$ は連続な減少関数であるとする．また，区間 $0 \leqq x \leqq 1$ を n 等分して，$x_k=\dfrac{k}{n}$ $(k=0,\ 1,\ \cdots,\ n)$ とおく．

(1) $x_{k-1} \leqq x \leqq x_k$ $(k=1,\ 2,\ \cdots,\ n)$ のとき，次の不等式を示せ．

$$f'(x_k)(x_k-x) \leqq f(x_k)-f(x) \leqq f'(x_{k-1})(x_k-x)$$

(2) $k=1,\ 2,\ \cdots,\ n$ のとき，次の不等式を示せ．

$$\frac{1}{2n^2}f'(x_k) \leqq \int_{x_{k-1}}^{x_k}\{f(x_k)-f(x)\}dx \leqq \frac{1}{2n^2}f'(x_{k-1})$$

(3) 次の式を示せ．

$$\lim_{n\to\infty}\left\{\sum_{k=1}^{n}f(x_k)-n\int_0^1 f(x)\,dx\right\}=\frac{f(1)-f(0)}{2}$$

(4) $f(x)=\log(1+x)$ に(3)の結果を適用して $\displaystyle\lim_{n\to\infty}\frac{(2n)!}{4^n n!}\left(\frac{e}{n}\right)^n$ の値を求めよ．

（高知大・改）

第10章

精講 (1) 各辺の差をとった関数の増減を調べるか，平均値の定理を使えば解決します．しかし，$f(x_k)-f(x)=\displaystyle\int_x^{x_k}f'(t)\,dt$ とみれば，積分によって証明できます．

(3) (2)の結果を $k=1,\ 2,\ \cdots,\ n$ について加えた後，両端の極限をとる際には**区分求積による定積分の定義**を利用することになります．

(4) 得られた結果と，ウォリスの公式と組み合わせると，**$n!$ を単独で取り出せる**ことに注目しましょう．

解答

(1) $x_{k-1} \leqq t \leqq x_k$ の範囲で，$f'(t)$ は減少するから

$$f'(x_k) \leqq f'(t) \leqq f'(x_{k-1})$$

この不等式を，$x \leqq t \leqq x_k$ の範囲で，t について積分すると　　⬅ $x_{k-1} \leqq x \leqq x_k$

$$\int_x^{x_k}f'(x_k)\,dt \leqq \int_x^{x_k}f'(t)\,dt \leqq \int_x^{x_k}f'(x_{k-1})\,dt$$

⬅ $f'(x_k)$ と $f'(x_{k-1})$ は定数

よって

$$f'(x_k)(x_k-x) \leqq f(x_k)-f(x) \leqq f'(x_{k-1})(x_k-x) \quad \cdots\cdots ①$$

(2) ①を $x_{k-1} \leqq x \leqq x_k$ の範囲で x について積分すると

$$\int_{x_{k-1}}^{x_k} f'(x_k)(x_k-x)\,dx \leqq \int_{x_{k-1}}^{x_k} \{f(x_k)-f(x)\}\,dx \leqq \int_{x_{k-1}}^{x_k} f'(x_{k-1})(x_k-x)\,dx$$

ここで

$$\int_{x_{k-1}}^{x_k} (x_k-x)\,dx = \left[-\frac{(x_k-x)^2}{2}\right]_{x_{k-1}}^{x_k} = \frac{(x_k-x_{k-1})^2}{2} = \frac{1}{2n^2}$$

⬅ $x_k-x_{k-1}=\dfrac{1}{n}$

したがって

$$\frac{1}{2n^2}f'(x_k) \leqq \int_{x_{k-1}}^{x_k} \{f(x_k)-f(x)\}\,dx \leqq \frac{1}{2n^2}f'(x_{k-1}) \quad \cdots\cdots ②$$

(3) ②を $k=1,\ 2,\ \cdots,\ n$ について加えると

$$\int_{x_{k-1}}^{x_k} f(x_k)\,dx = (x_k-x_{k-1})f(x_k) = \frac{1}{n}f(x_k)$$

であるから

$$\frac{1}{2n^2}\sum_{k=1}^{n} f'(x_k) \leqq \frac{1}{n}\sum_{k=1}^{n} f(x_k) - \sum_{k=1}^{n}\int_{x_{k-1}}^{x_k} f(x)\,dx \leqq \frac{1}{2n^2}\sum_{k=1}^{n} f'(x_{k-1})$$

次に

$$\sum_{k=1}^{n}\int_{x_{k-1}}^{x_k} f(x)\,dx = \int_{x_0}^{x_n} f(x)\,dx = \int_0^1 f(x)\,dx$$

に注意して各辺を n 倍すると

$$\frac{1}{2n}\sum_{k=1}^{n} f'(x_k) \leqq \sum_{k=1}^{n} f(x_k) - n\int_0^1 f(x)\,dx \leqq \frac{1}{2n}\sum_{k=1}^{n} f'(x_{k-1})$$

そこで，$n \longrightarrow \infty$ とすると，両端の極限は

$$\lim_{n\to\infty}\frac{1}{2}\cdot\frac{1}{n}\sum_{k=1}^{n} f'(x_k) = \lim_{n\to\infty}\frac{1}{2}\cdot\frac{1}{n}\sum_{k=1}^{n} f'(x_{k-1}) = \frac{1}{2}\int_0^1 f'(x)\,dx = \frac{f(1)-f(0)}{2}$$

したがって

$$\lim_{n\to\infty}\left\{\sum_{k=1}^{n} f(x_k) - n\int_0^1 f(x)\,dx\right\} = \frac{f(1)-f(0)}{2} \quad \cdots\cdots ③$$

(4) $f'(x)=\dfrac{1}{1+x}$ は $0 \leqq x \leqq 1$ における連続な減少関数であるから，③が適用できる．

$$\sum_{k=1}^{n} f(x_k) = \sum_{k=1}^{n} \log\left(1+\frac{k}{n}\right) = \sum_{k=1}^{n} \log\frac{n+k}{n}$$

$$=\log\frac{n+1}{n}\cdot\frac{n+2}{n}\cdot\cdots\cdot\frac{n+n}{n}$$

$$=\log\frac{(2n)!}{n^n n!}$$

$$\int_0^1 f(x)\,dx=\int_0^1 \log(1+x)\,dx$$ ⬅ $1+x=t$ とおく

$$=\int_1^2 \log t\,dt$$

$$=\Big[t\log t-t\Big]_1^2$$

$$=2\log 2-1$$

$$=\log\frac{4}{e}$$

$$\frac{f(1)-f(0)}{2}=\frac{1}{2}\log 2=\log\sqrt{2}$$

これらを③に代入すると

$$\lim_{n\to\infty}\frac{(2n)!}{n^n n!}\left(\frac{e}{4}\right)^n=\sqrt{\mathbf{2}} \qquad \cdots\cdots ④$$

解説 〈スターリングの公式〉

47，**解説 3°**，㋐のウォリスの公式より

$$\lim_{n\to\infty}\frac{4^n(n!)^2}{\sqrt{n}\,(2n)!}=\sqrt{\pi} \qquad \cdots\cdots ㋐$$

一方，本問の④より

$$\lim_{n\to\infty}\frac{(2n)!}{4^n n!\,n^n e^{-n}}=\sqrt{2} \qquad \cdots\cdots ㋑$$

そこで，㋐と㋑を辺々掛け合わせると

$$\lim_{n\to\infty}\frac{n!}{\sqrt{n}\,n^n e^{-n}}=\sqrt{2\pi} \qquad \cdots\cdots ㋒$$

これを**スターリングの公式**と呼びます．応用上は

$\boldsymbol{n!\sim\sqrt{2\pi n}\,n^n e^{-n}}$　（n が十分大きいとき）

という使い方をします．**物を数えるときに必ず現れる数列 $n!$ を，滑らかな関数 x^x，e^{-x} などの組み合わせで近似する**という重要な意味があります．

なお，本問の改変は黒川信重東工大名誉教授が高校生時代（1960 年代）に発見した結果に基づいています．

第11章 離散と連続

50 二項分布

(1)　nを正の整数とする．2, 4, 6, …, $2n$ の数字がそれぞれ1つずつ書かれたn枚のカードが箱に入っている．この箱から1枚のカードを無作為に取り出すときそこに書かれた数字を表す確率変数をXとする．

$n=5$ とする．Xの平均(期待値)と分散を求めよ．また，a, bは定数で $a>0$ のとき，$aX+b$の平均が20，分散が32となるようにa, bを定めよ．このとき$aX+b$が20以上である確率を求めよ．

(2)　(1)の箱のカードの枚数nは3以上とする．この箱から3枚のカードを同時に取り出し，それらのカードを横1列に並べる．この試行において，カードの数字が左から小さい順に並んでいる事象をAとする．このとき，事象Aの起こる確率を求めよ．

この試行を180回繰り返すとき，事象Aが起こる回数を表す確率変数をYとする．Yの平均mと，分散σ^2を求めよ．　(センター)

精講　(1)　偶然に因る変数Xは，各値をとる確率が定まるとき，**確率変数**といいます．そして，Xのとり得る値 x_1, x_2, …, x_n と，各値をとる確率

$$P(X=x_i)=p_i \quad (i=1,\ 2,\ \cdots,\ n)$$

の組を**確率分布**といい，次表のように表すことがあります．

X	x_1	x_2	$\cdots$	x_n
p	p_1	p_2	$\cdots$	p_n

⬅ $\sum_{i=1}^{n} p_i=1$ が要件

このとき，確率変数Xの**平均(期待値)**を

⬅ このような確率変数を**離散型**という

$$E(X)=\sum_{i=1}^{n} x_i p_i$$

によって定義します．すると，定数a, bに対して

$$\boldsymbol{E(aX+b)}$$
$$=\sum_{i=1}^{n}(ax_i+b)p_i$$
$$=a\sum_{i=1}^{n}x_ip_i+b\sum_{i=1}^{n}p_i$$
$$=\boldsymbol{aE(X)+b} \quad \cdots\cdots ㋐$$

⬅ 直感通りの結果

が成り立ちます．

次に，$E(X)=m$ とおき，新たに確率変数 $(X-m)^2$ を考えて，その平均を**分散**と呼んで $V(X)$ と表します．すなわち

$$V(X)=E((X-m)^2)=\sum_{i=1}^{n}(x_i-m)^2p_i \qquad \cdots\cdots ㋑$$

これを変形して次式を得ます．

$$\begin{aligned}\boldsymbol{V(X)}&=\sum_{i=1}^{n}x_i{}^2p_i-2m\sum_{i=1}^{n}x_ip_i+m^2\sum_{i=1}^{n}p_i\\&=E(X^2)-2m^2+m^2\\&=\boldsymbol{E(X^2)-\{E(X)\}^2} \qquad \cdots\cdots ㋒\end{aligned}$$

実際に分散を計算するときは，多くの場合㋒を使う方が計算量を軽減できます．しかし，㋐に対応する $V(aX+b)$ を考えるときは，定義㋑に戻る方がよいようです．

$$\begin{aligned}&\boldsymbol{V(aX+b)}\\&=E[\{aX+b-E(aX+b)\}^2] && \Leftarrow ㋑による\\&=E[\{aX+b-(am+b)\}^2] && \Leftarrow ㋐による\\&=E(a^2(X-m)^2)\\&=a^2E((X-m)^2) && \Leftarrow ㋐による\\&=\boldsymbol{a^2V(X)} \qquad \cdots\cdots ㋓ && \Leftarrow ㋑による\end{aligned}$$

さて，$V(X)$ は平均からの散らばり具合を 2 乗したものとみなせるので

$$\sigma(X)=\sqrt{V(X)}$$

を考えて，これを**標準偏差**といいます．すると，㋓より

$$\boldsymbol{\sigma(aX+b)=|a|\sigma(X)}$$

が成り立ちます．

(2) 勝率 p の試合を n 回繰り返すとき勝つ回数を X とします．$q=1-p$ とおくと，X の確率分布は反復試行の確率

$$P(X=r)={}_n\mathrm{C}_rp^rq^{n-r} \quad (r=0,\ 1,\ \cdots,\ n) \qquad \cdots\cdots ㋔$$

で与えられます．これらは，二項展開

$$(p+q)^n=\sum_{r=0}^{n}{}_n\mathrm{C}_rp^rq^{n-r}$$

の各項と一致するので，㋔を**二項分布** (Binomial distribution) といい $\boldsymbol{B(n,\ p)}$ で表します．このとき，X の平均と分散について次の公式が成立します．

$$\begin{cases}E(X)=\boldsymbol{np} & \cdots\cdots ㋕\\V(X)=\boldsymbol{npq} & \cdots\cdots ㋖\end{cases}$$

⇐ **解説**で証明する

第11章

解　答

(1)　$n=5$ のとき

$$P(X=2k)=\frac{1}{5}\quad(k=1,\ 2,\ \cdots,\ 5)$$

ゆえに

$$E(X)=(2+4+6+8+10)\times\frac{1}{5}=6$$

$$V(X)=\{(2-6)^2+(4-6)^2+(6-6)^2+(8-6)^2+(10-6)^2\}\times\frac{1}{5}$$

$$=(16+4+4+16)\times\frac{1}{5}=8$$

← 問題が単純なので，㋒を使うほどのことはない．むしろ，定義㋑による方が易しい

次に，$E(aX+b)=aE(X)+b=20$ より

← ㋐による

$$6a+b=20$$

$V(aX+b)=a^2V(X)=32$ より

← ㋓による

$$8a^2=32$$

$a>0$ より，$a=2$ であるから，$b=8$．すなわち

$$(a,\ b)=(2,\ 8)$$

このとき，$2X+8\geqq 20$ より，$X\geqq 6$ であるから

$$X=6,\ 8,\ 10$$

ゆえに

$$P(X\geqq 6)=\frac{1}{5}\times 3=\boldsymbol{\frac{3}{5}}$$

(2)　n 枚から 3 枚取り出して横 1 列に並べる方法は ${}_nP_3$ 通り．一方，n 枚から 3 枚選ぶと小さい順に並べる方法はただ 1 通りであるから，A が起こる場合の数は ${}_nC_3$ 通り．ゆえに

$$P(A)=\frac{{}_nC_3}{{}_nP_3}=\frac{1}{3!}=\frac{1}{6}$$

← 一般に ${}_nP_r={}_nC_r\cdot r!$

したがって，Y は二項分布 $B\left(180,\ \frac{1}{6}\right)$ に従うから

$$\begin{cases} m=180\times\frac{1}{6}=\mathbf{30} \\ \sigma^2=180\times\frac{1}{6}\times\frac{5}{6}=\mathbf{25} \end{cases}$$

← ㋕による

← ㋖による

解説 **〈二項分布に従う確率変数の平均と分散〉**

確率変数Xが二項分布 $B(n,\ p)$ に従うとき，公式㋕と㋖を予備知識が要らない方法で証明します．二項展開による等式

$$(px+q)^n=\sum_{r=0}^{n}{}_n\mathrm{C}_r(px)^rq^{n-r}=\sum_{r=0}^{n}{}_n\mathrm{C}_rp^rq^{n-r}\cdot x^r$$

を x で微分すると

$$np(px+q)^{n-1}=\sum_{r=1}^{n}r{}_n\mathrm{C}_rp^rq^{n-r}\cdot x^{r-1} \quad \cdots\cdots ㋗$$

$x=1$ とおくと，$p+q=1$ であるから

$$np=\sum_{r=1}^{n}r{}_n\mathrm{C}_rp^rq^{n-r}=\sum_{r=1}^{n}rP(X=r)=E(X)$$

$$\therefore\quad E(X)=np \quad \cdots\cdots ㋘$$

次に，㋗をもう一度 x で微分すると

$$n(n-1)p^2(px+q)^{n-2}=\sum_{r=1}^{n}r(r-1){}_n\mathrm{C}_rp^rq^{n-r}\cdot x^{r-2}$$

$x=1$ とおくと，$p+q=1$ であるから

$$\begin{aligned}n(n-1)p^2&=\sum_{r=1}^{n}r(r-1){}_n\mathrm{C}_rp^rq^{n-r}\\&=\sum_{r=1}^{n}r^2\cdot{}_n\mathrm{C}_rp^rq^{n-r}-\sum_{r=1}^{n}r\cdot{}_n\mathrm{C}_rp^rq^{n-r}\\&=E(X^2)-E(X)\end{aligned}$$

$$\therefore\quad E(X^2)=n(n-1)p^2+np$$

⬅ ㋘による

ゆえに，㋒より

$$\begin{aligned}V(X)&=E(X^2)-\{E(X)\}^2\\&=n(n-1)p^2+np-(np)^2\\&=-np^2+np\\&=np(1-p)\\&=npq\end{aligned}$$

これまでに得られた公式をまとめておきましょう．

$$\begin{cases}\boldsymbol{E(aX+b)=aE(X)+b}\\\boldsymbol{V(X)=E(X^2)-\{E(X)\}^2}\\\boldsymbol{V(aX+b)=a^2V(X)}\end{cases} \quad \cdots\cdots ㋙$$

特に，X が二項分布 $B(n,\ p)$ に従うとき

$$\begin{cases}E(X)=\boldsymbol{np}\\V(X)=\boldsymbol{npq}\end{cases}$$

51 連続型確率変数と確率密度関数

確率変数Xの確率密度関数$f(x)$が，kを定数として

$$f(x)=\begin{cases} kx(1-x) & (0 \leqq x \leqq 1 \text{ のとき}) \\ 0 & (x<0,\ x>1 \text{ のとき}) \end{cases}$$

で与えられているとき，以下の問いに答えよ．

(1) kの値および確率$P\left(X \leqq \dfrac{1}{4}\right)$を求めよ．

(2) 期待値$E(X)$と分散$V(X)$を求めよ． （福島県医大）

精講 (1) ある工場では，350 mL 入りの缶ジュースを生産しているとします．この工場の製品から無作為に1本の缶ジュースを抜き取り，その内容量をX mL とすると，Xは350の付近に連続的に分布すると考えられます．このような連続する値をとる変数Xに対して

$$\begin{cases} f(x) \geqq 0 & \cdots\cdots ㋐ \\ \displaystyle\int_{-\infty}^{\infty} f(x)\,dx = \lim_{\substack{\beta \to \infty \\ \alpha \to -\infty}} \int_{\alpha}^{\beta} f(x)\,dx = 1 & \cdots\cdots ㋑ \end{cases}$$

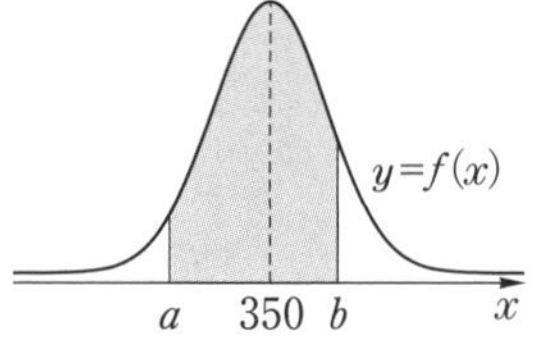

を満たす関数$f(x)$が存在して，任意のa，b $(a<b)$に対して，$a \leqq X \leqq b$ である確率が

$$\boldsymbol{P(a \leqq X \leqq b)=\int_{a}^{b} f(x)\,dx} \quad \cdots\cdots ㋒$$

と表せるとき，Xを**連続型確率変数**，$f(x)$をXの**確率密度関数**といいます．

ただし，㋒においてXの動く範囲が例えば $X \leqq b$ のときは

$$P(X \leqq b)=\int_{-\infty}^{b} f(x)\,dx = \lim_{\alpha \to -\infty} \int_{\alpha}^{b} f(x)\,dx$$

と考えます．

適当な設定の下で偶然に支配される長さ，重さ，そして時間などは，連続型確率変数とみなせる典型的な量です．

(2) $f(x)$を確率密度関数とする連続型確率変数Xに対しても，その平均（期待値）と分散を離散型確率変数のときと同様に定義します．すなわち，

$p_n \to f(x)\,dx$，$\sum \to \int$ と置き換えて

$$\boldsymbol{E(X)=\int_{-\infty}^{\infty} xf(x)\,dx}$$ ⬅ 値をmとおく

$$\boldsymbol{V(x)=E((X-m)^2)=\int_{-\infty}^{\infty} (x-m)^2 f(x)\,dx}$$

このように定義すると，**50**，**解説**，㋙の公式がそのまま成り立ちます．

解　答

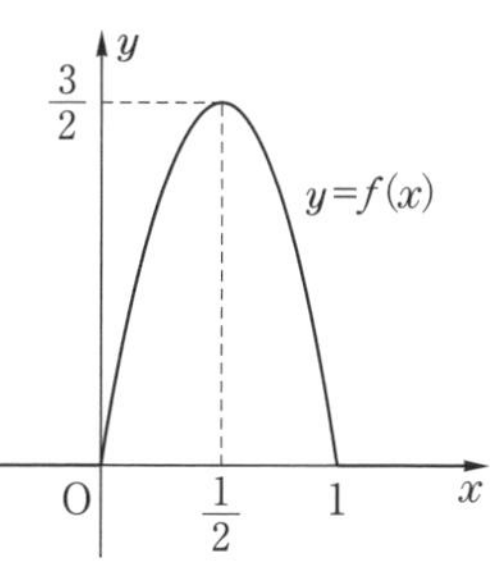

(1) $\displaystyle\int_{-\infty}^{\infty} f(x)\,dx=\int_0^1 kx(1-x)\,dx$

$\displaystyle=k\left(\frac{1}{2}-\frac{1}{3}\right)=\frac{k}{6}=1$

$\therefore\quad k=6$

よって

$\displaystyle P\left(X\leqq\frac{1}{4}\right)=\int_{-\infty}^{\frac{1}{4}} f(x)\,dx=\int_0^{\frac{1}{4}} 6x(1-x)\,dx$

$\displaystyle=\Big[3x^2-2x^3\Big]_0^{\frac{1}{4}}=\frac{3}{16}-\frac{1}{32}$

$\displaystyle=\mathbf{\frac{5}{32}}$

(2) $\displaystyle E(X)=\int_{-\infty}^{\infty} xf(x)\,dx=\int_0^1 6x^2(1-x)\,dx$

$\displaystyle=6\left(\frac{1}{3}-\frac{1}{4}\right)=\mathbf{\frac{1}{2}}$

⬅ $y=f(x)$ は $x=\frac{1}{2}$ に関して対称だから，直感通り

また

$\displaystyle E(X^2)=\int_{-\infty}^{\infty} x^2f(x)\,dx=\int_0^1 6x^3(1-x)\,dx$

$\displaystyle=6\left(\frac{1}{4}-\frac{1}{5}\right)=\frac{3}{10}$

であるから

$V(X)=E(X^2)-\{E(X)\}^2$

$\displaystyle=\frac{3}{10}-\left(\frac{1}{2}\right)^2$

$\displaystyle=\mathbf{\frac{1}{20}}$

⬅ 標準偏差は
$\sigma(X)=\frac{1}{\sqrt{20}}\sim0.22$

第11章

52 正規分布

1000 人の集団の身長は正規分布することが知られているとする．しかも平均が 167 cm で標準偏差が 5 cm であるという．この集団において，175 cm 以上の人はほぼ何人ぐらいいるか．また，157 cm 以上の人はほぼ何人ぐらいいるか．ただし，巻末の正規分布表を用いよ．（和歌山県医大）

精講 連続型確率変数 X の確率密度関数 $f(x)$ が

$$f(x)=\frac{1}{\sqrt{2\pi}\sigma}e^{-\frac{(x-m)^2}{2\sigma^2}}$$

で与えられるとき，X は**正規分布** (Normal distribution) $\boldsymbol{N(m,\ \sigma^2)}$ **に従う**といいます．このとき

$$\boldsymbol{E(X)=m,\quad \sigma(X)=\sigma} \quad \cdots\cdots ㋐$$

となることを**解説**で証明します．また，$y=f(x)$ のグラフである正規分布曲線は

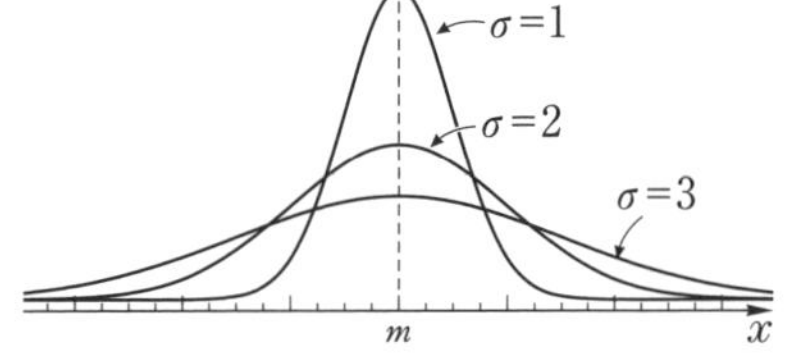

(i) $x=m$ で最大値をとり，直線 $x=m$ に関して対称である

(ii) $x=m\pm\sigma$ は変曲点の x 座標であり，σ が大きくなるにつれて，高さが低く横に広がる

という特徴があります．

実際に，確率

$$P(a\leqq X\leqq b)=\int_a^b\frac{1}{\sqrt{2\pi}\sigma}e^{-\frac{(x-m)^2}{2\sigma^2}}dx \quad \cdots\cdots ㋑$$

を計算するには，新たに確率変数

$$\boldsymbol{Z=\frac{X-m}{\sigma}} \quad \cdots\cdots ㋒$$

を考えます．すると，

$$\begin{aligned}P(a\leqq X\leqq b)&=P(\alpha\leqq Z\leqq\beta)\\&=\int_\alpha^\beta\frac{1}{\sqrt{2\pi}\sigma}e^{-\frac{z^2}{2}}\cdot\sigma\,dz\\&=\int_\alpha^\beta\frac{1}{\sqrt{2\pi}}e^{-\frac{z^2}{2}}dz\end{aligned} \quad \cdots\cdots ㋓$$

⇐ $\dfrac{a-m}{\sigma}=\alpha$，$\dfrac{b-m}{\sigma}=\beta$ とおくと，$z:\alpha\longrightarrow\beta$，かつ $dx=\sigma dz$

$y=\dfrac{1}{\sqrt{2\pi}}e^{-\frac{x^2}{2}}$

$u(z)$

すなわち，$\boldsymbol{Z}$ **は** $\boldsymbol{N(0,\ 1)}$ **に従います．**

したがって予め $(\alpha,\ \beta)=(0,\ z)$ $(z\geqq0)$

に対する積分㊁の値を表にしておけば，確率㋑はすべてこの表から計算できることになります．

変換㋒を**標準化**といい，$N(0,\ 1)$ を**標準正規分布**といいます．

ガウスは天体の測定誤差を調べるうちに正規分布を発見しました．そのため，正規分布を**ガウス分布**あるいは**誤差分布**ということもあります．正規分布に従う変数としては，測定誤差の他に，一定の規格を満たすように作られた製品の固体差や身長などがあります．体重や試験の得点などは，状況に大きく依存するので一概にはいえません．それに対して，**n が十分大きいとき，二項分布 $B(n,\ p)$ を正規分布 $N(np,\ npq)$ とみてよい**ことは理論的に証明することができます（**54** 参照）．

解　答

身長 X は正規分布 $N(167,\ 25)$ に従うから

$$Z=\frac{X-167}{5}$$

は $N(0,\ 1)$ に従う．よって

$$\begin{aligned}&P(X\geqq 175)\\&=P\left(Z\geqq\frac{175-167}{5}\right)\\&=P(Z\geqq 1.6)\\&=0.5-0.4452=0.0548\end{aligned}$$

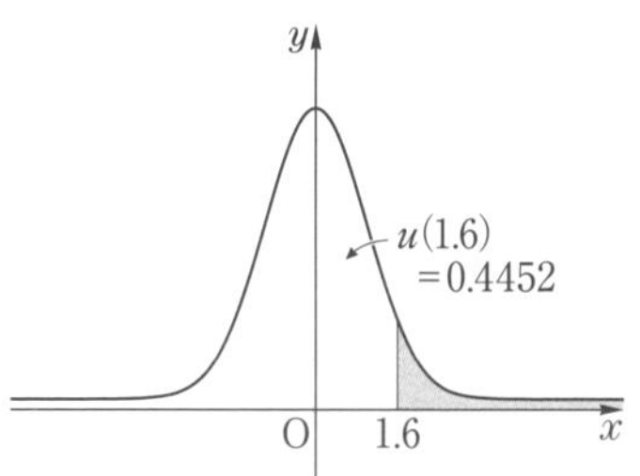

すなわち，175 cm 以上の人は，全体の 5.48％であるから

ほぼ 55 人

また，157 cm 以上の場合は

$$\begin{aligned}&P(X\geqq 157)\\&=P(Z\geqq -2)\\&=u(2)+0.5\\&=0.4772+0.5=0.9772\end{aligned}$$

すなわち，157 cm 以上の人は，全体の 97.72％であるから

ほぼ 977 人

解説　確率変数 X が $N(m,\ \sigma^2)$ に従うとき，**精講**㋐が成り立つことを証明しましょう．基礎になるのは次の**ガウス積分**です．

$$\int_{-\infty}^{\infty}e^{-x^2}dx=\sqrt{\pi}$$

大学に入ると最初に習う結果ですから，覚えておいて損はありません．
すると

$$E(X)=\int_{-\infty}^{\infty} x\cdot\frac{1}{\sqrt{2\pi}\sigma}e^{-\frac{(x-m)^2}{2\sigma^2}}dx \quad \Leftarrow \frac{x-m}{\sqrt{2}\sigma}=t \text{ とおく}$$

$$=\int_{-\infty}^{\infty}(m+\sqrt{2}\sigma t)\cdot\frac{1}{\sqrt{2\pi}\sigma}e^{-t^2}\cdot\sqrt{2}\sigma dt$$

$$=\int_{-\infty}^{\infty}(m+\sqrt{2}\sigma t)\cdot\frac{1}{\sqrt{\pi}}e^{-t^2}dt$$

$$=\frac{m}{\sqrt{\pi}}\int_{-\infty}^{\infty}e^{-t^2}dt+\sqrt{\frac{2}{\pi}}\sigma\int_{-\infty}^{\infty}te^{-t^2}dt \quad \Leftarrow te^{-t^2} \text{ は奇関数}$$

$$=\frac{m}{\sqrt{\pi}}\cdot\sqrt{\pi}+0=m$$

分散については

$$V(X)=\int_{-\infty}^{\infty}(x-m)^2\cdot\frac{1}{\sqrt{2\pi}\sigma}e^{-\frac{(x-m)^2}{2\sigma^2}}dx \quad \Leftarrow \frac{x-m}{\sqrt{2}\sigma}=t \text{ とおく}$$

$$=\int_{-\infty}^{\infty}2\sigma^2t^2\cdot\frac{1}{\sqrt{\pi}}e^{-t^2}dt$$

$$=-\frac{\sigma^2}{\sqrt{\pi}}\int_{-\infty}^{\infty}t(e^{-t^2})'dt \quad \Leftarrow \text{部分積分}$$

$$=-\frac{\sigma^2}{\sqrt{\pi}}\left\{\left[te^{-t^2}\right]_{-\infty}^{\infty}-\int_{-\infty}^{\infty}e^{-t^2}dt\right\} \quad \Leftarrow \lim_{t\to\pm\infty}te^{-t^2}=0$$

$$=\frac{\sigma^2}{\sqrt{\pi}}\int_{-\infty}^{\infty}e^{-t^2}dt$$

$$=\frac{\sigma^2}{\sqrt{\pi}}\cdot\sqrt{\pi}=\sigma^2$$

となります．

演習問題

52 ある企業の入社試験は採用枠 300 名のところ 500 名の応募があった．試験の結果は 500 点満点の試験に対し，平均点 245 点，標準偏差 50 点であった．得点の分布が正規分布であるとみなせるとき，合格最低点はおよそ何点であるか．小数点以下を切り上げて答えよ．ただし，巻末の正規分布表を用いよ．

（鹿児島大）

53 $\log(1+x)$ の整級数展開

nを自然数とする．関数$f(x)$に対して2つの正の定数a，Aが存在して

$$|f(x)| \leqq A|x^n| \quad (|x| \leqq a)$$

が成り立つとき，$f(x)$は $x \longrightarrow 0$ のときx^nで押さえられる無限小であるといい

$$f(x) \prec x^n$$

で表す．

(1) 自然数nに対して

$$\begin{cases} f_n(t)=\dfrac{1}{1+t}-\{1-t+t^2-\cdots+(-1)^{n-1}t^{n-1}\} \\ F_n(x)=\displaystyle\int_0^x f_n(t)\,dt \end{cases}$$

とおく．$x \geqq 0$ のとき

$$|F_n(x)| \leqq \frac{1}{n+1}x^{n+1}$$

が成り立つことを示せ．

(2) (1)の$F_n(x)$について

$$|F_n(x)| \leqq \frac{2}{n+1}|x^{n+1}| \quad \left(|x| \leqq \frac{1}{2}\right)$$

が成り立つことを示せ．

(3) 次式が成り立つことを示せ．

$$\begin{cases} \log(1+x)=x-\dfrac{x^2}{2}+\dfrac{x^3}{3}-\cdots+(-1)^n\dfrac{x^n}{n}+F_n(x) \\ F_n(x) \prec x^{n+1} \end{cases}$$

精講 (1) $\{\cdot\}$の中身を等比数列の和の公式を使ってまとめてみます．

(2) $-\dfrac{1}{2} \leqq x \leqq 0$ のとき，定積分$F_n(x)$において，$-t=u$ と置換すると見やすくなります．本質的には，**9**，解説2°と同じことです．

解　答

(1) $f_n(t)=\dfrac{1}{1+t}-\dfrac{1-(-t)^n}{1+t}=\dfrac{(-t)^n}{1+t}$ より

$$F_n(x)=\int_0^x \frac{(-t)^n}{1+t}dt$$

したがって，$x \geqq 0$ のとき

$$|F_n(x)|=\int_0^x \frac{t^n}{1+t}dt$$

$$\leqq \int_0^x t^n dt=\frac{1}{n+1}x^{n+1} \quad \cdots\cdots ①$$

(2) $-\frac{1}{2} \leqq x \leqq 0$ のとき

$$F_n(x)=\int_0^x \frac{(-t)^n}{1+t}dt \quad (-t=u \text{ とおく})$$

$$=\int_0^{-x} \frac{u^n}{1-u}(-du)$$

したがって

$$|F_n(x)|=\int_0^{-x} \frac{u^n}{1-u}du$$

⬅ $0 \leqq u \leqq \frac{1}{2}$ より $1-u \geqq \frac{1}{2}$

$$\leqq 2\int_0^{-x} u^n du$$

$$=\frac{2}{n+1}(-x)^{n+1}=\frac{2}{n+1}|x^{n+1}| \quad \cdots\cdots ②$$

①，②より

$$|F_n(x)| \leqq \frac{2}{n+1}|x^{n+1}| \quad \left(|x| \leqq \frac{1}{2}\right) \quad \cdots\cdots ③$$

(3) $f_n(t)$ の定義より

$$F_n(x)=\int_0^x \left[\frac{1}{1+t}-\{1-t+t^2-\cdots+(-1)^{n-1}t^{n-1}\}\right]dt$$

$$=\log(1+x)-\left\{x-\frac{x^2}{2}+\frac{x^3}{3}-\cdots+(-1)^{n-1}\frac{x^n}{n}\right\} \quad \cdots\cdots ④$$

一方，③において $\frac{2}{n+1} \leqq 1$ であるから

$$F_n(x) \prec x^{n+1} \quad \cdots\cdots ⑤$$

④，⑤より

$$\begin{cases} \log(1+x)=x-\frac{x^2}{2}+\frac{x^3}{3}-\cdots+(-1)^{n-1}\frac{x^n}{n}+F_n(x) \\ F_n(x) \prec x^{n+1} \end{cases} \quad \cdots\cdots ⑥$$

解説 次の **54**，解説 1° では，⑥の $n=2$ の場合

$$\begin{cases} \log(1+x)=x-\frac{x^2}{2}+F_2(x) \\ F_2(x) \prec x^3 \end{cases}$$

を使います．

54 二項分布と正規分布

ある国では，その国民の血液型の割合は，O 型 30%，A 型 35%，B 型 25%，AB 型 10% であるといわれている．いま無作為に 400 人を選ぶとき，AB 型の人が 37 人以上 49 人以下となる確率を求めよ．ただし，必要ならば巻末の正規分布表を用いてよい． （旭川医大）

精講 400 人中の AB 型の人数を X とすると，X は二項分布 $\boldsymbol{B(400,\ 0.1)}$ に従う離散型確率変数です．したがって，求める確率 P は

$$P=\sum_{k=37}^{49} {}_{400}\mathrm{C}_k\left(\frac{1}{10}\right)^k\left(\frac{9}{10}\right)^{400-k}$$

となりますが，まさかこれを計算するわけにはいきません．そこで，${}_{400}\mathrm{C}_k$ に含まれる □! を **49** で学んだ**スターリングの公式を使って滑らかな関数で近似すると**，正規分布の確率密度関数が立ち現れます．すなわち，

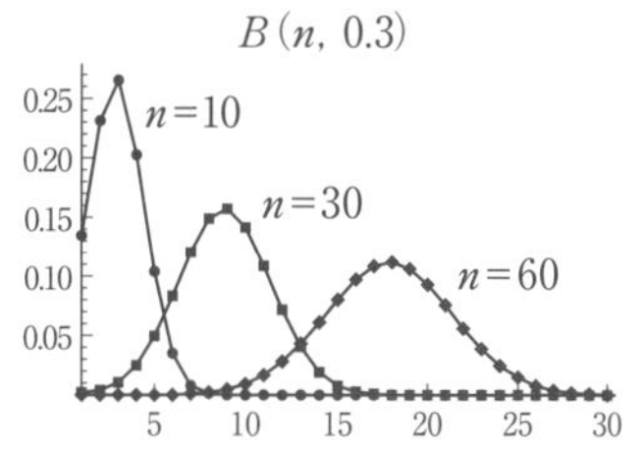

〈ド・モアブル-ラプラスの定理〉 確率変数 X が二項分布 $B(n,\ p)$ に従うとき，n が十分大きいならば，X は同じ平均と分散の正規分布

$$\boldsymbol{N(np,\ np(1-p))}$$

に近似的に従う (右図参照)．

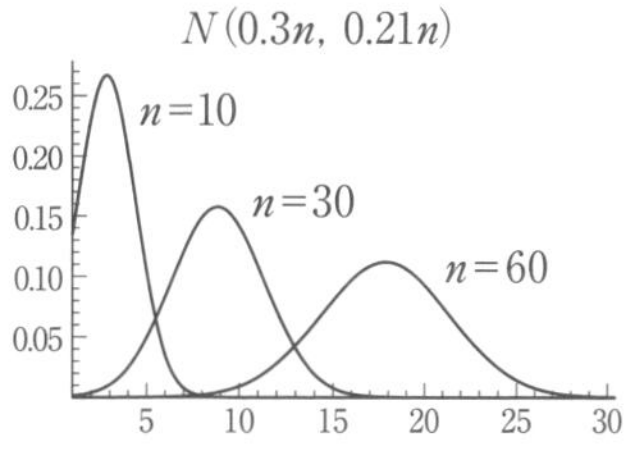

実用上は，$np>5$，$n(1-p)>5$ ならば，十分な精度で近似できるといわれています．本問はこの条件を満たします．また，右図の例では，$n=30$，60 の場合がこの条件を満たします．

ド・モアブル-ラプラスの定理を用いて正規分布で近似したら，X を標準化すると**標準正規分布表**を利用できるようになります．

解答

AB 型の人数 X は二項分布 $B(400,\ 0.1)$ に従う．
このとき

$$E(X)=400\times0.1=40$$
$$\sigma^2(X)=400\times0.1\times0.9=36$$

であり，標本サイズ(400 人)は十分大きいから X は正規分布 $N(40,\ 36)$ に近似的に従う．

したがって

$$Z=\frac{X-40}{6}$$

は $N(0,\ 1)$ に従うとみなせる．ゆえに

$$\begin{aligned} &P(37\leqq X\leqq 49)\\ &=P(-0.5\leqq Z\leqq 1.5) \quad \cdots\cdots ①\\ &=0.1915+0.4332\\ &=\mathbf{0.6247} \end{aligned}$$

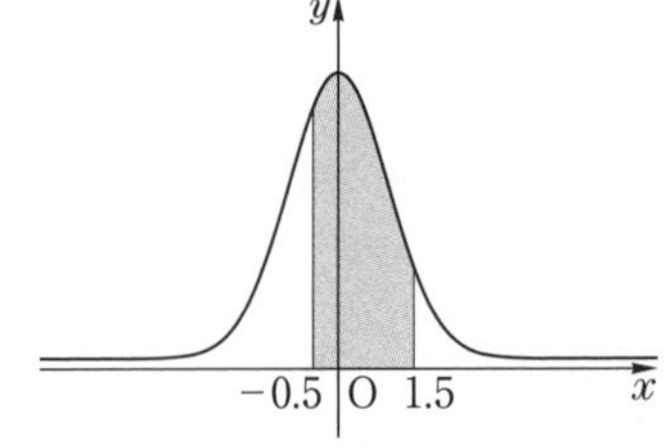

解説 1° 〈ド・モアブル-ラプラスの定理の証明〉

精講で説明した方針に従って本問に沿った形で証明します．ただし，初めから標準化して考えます．

Step 1

$$P=\sum_{k=37}^{49}{}_{400}\mathrm{C}_k\left(\frac{1}{10}\right)^k\left(\frac{9}{10}\right)^{400-k}$$

において，見やすいように

$$\begin{cases} n=400\\ 400-k=n-k=l\\ p=\dfrac{1}{10},\ \ q=1-p=\dfrac{9}{10} \end{cases}$$

とおくと

$$P=\sum_{k=37}^{49}\frac{n!}{k!\,l!}p^kq^l \quad \cdots\cdots ㋐$$

ここで

$$t=\frac{k-np}{\sqrt{npq}}\quad \left(=\frac{k-40}{6}\right) \quad \cdots\cdots ㋑$$

← 標準化 $k\longrightarrow t$ を，離散変数から連続変数への移行とみる

とおいて標準化すると

$$\begin{cases} k=np+\sqrt{npq}\,t\\ l=n-k=nq-\sqrt{npq}\,t \end{cases} \quad \cdots\cdots ㋒$$

であり

$$\begin{cases} k:37\longrightarrow 49 \text{ のとき，} t:-\dfrac{1}{2}\longrightarrow \dfrac{3}{2} \cdots\cdots ㋓\\ dt\sim\dfrac{1}{\sqrt{npq}}\quad (n\longrightarrow\infty) \quad \cdots\cdots ㋔ \end{cases}$$

← ㋔の右辺は㋑において $k\longrightarrow k+1$ としたときの t の増分

㋔は，$n=400$ を忘れて $n\longrightarrow\infty$ とするとき，

dt が $\dfrac{1}{\sqrt{npq}}$ と同位の無限小（**46**，**解説 1°**）として定義されるという意味です．

したがって，$n=400$ は十分大きいから，㋐，㋓，㋔より

$$P=\frac{1}{\sqrt{npq}}\sum_{k=37}^{49}\frac{n!}{k!\,l!}p^k q^l\sqrt{npq}$$

⬅ 微小幅 $\dfrac{1}{\sqrt{npq}}$ を引き出すための変形

$$\sim\int_{-\frac{1}{2}}^{\frac{3}{2}}\frac{n!}{k!\,l!}p^k q^l\sqrt{npq}\,dt \quad \cdots\cdots ㋕$$

⬅ ㋒より，k，l は t の関数

Step 2　**49**，**解説**のスターリングの公式

$$n!\sim\sqrt{2\pi}\,n^{n+\frac{1}{2}}e^{-n}$$

を㋕に適用します．

$$P\sim\int_{-\frac{1}{2}}^{\frac{3}{2}}\frac{\sqrt{2\pi}\,n^{n+\frac{1}{2}}e^{-n}}{\sqrt{2\pi}\,k^{k+\frac{1}{2}}e^{-k}\cdot\sqrt{2\pi}\,l^{l+\frac{1}{2}}e^{-l}}\sqrt{n}\,p^{k+\frac{1}{2}}q^{l+\frac{1}{2}}dt$$

$$=\frac{1}{\sqrt{2\pi}}\int_{-\frac{1}{2}}^{\frac{3}{2}}\frac{n^{k+l+1}}{k^{k+\frac{1}{2}}l^{l+\frac{1}{2}}}p^{k+\frac{1}{2}}q^{l+\frac{1}{2}}dt$$

⬅ $n=k+l$ より

$$=\frac{1}{\sqrt{2\pi}}\int_{-\frac{1}{2}}^{\frac{3}{2}}\left(\frac{pn}{k}\right)^{k+\frac{1}{2}}\left(\frac{qn}{l}\right)^{l+\frac{1}{2}}dt$$

⬅ $k+l+1=\left(k+\frac{1}{2}\right)+\left(l+\frac{1}{2}\right)$ より

$$=\frac{1}{\sqrt{2\pi}}\int_{-\frac{1}{2}}^{\frac{3}{2}}\left(\frac{k}{pn}\right)^{-k-\frac{1}{2}}\left(\frac{l}{qn}\right)^{-l-\frac{1}{2}}dt$$

ここで，㋒を代入すると

$$P\sim\frac{1}{\sqrt{2\pi}}\int_{-\frac{1}{2}}^{\frac{3}{2}}\left(1+\sqrt{\frac{q}{np}}\,t\right)^{-np-\sqrt{npq}\,t-\frac{1}{2}}\left(1-\sqrt{\frac{p}{nq}}\,t\right)^{-nq+\sqrt{npq}\,t-\frac{1}{2}}dt \quad \cdots\cdots ㋖$$

Step 3　㋖の被積分関数を F とすると

$$-\log F=\left(np+\sqrt{npq}\,t+\frac{1}{2}\right)\log\left(1+\sqrt{\frac{q}{np}}\,t\right)+\left(nq-\sqrt{npq}\,t+\frac{1}{2}\right)\log\left(1-\sqrt{\frac{p}{nq}}\,t\right)$$

ここで，$-\dfrac{1}{2}\leqq t\leqq\dfrac{3}{2}$ の範囲にある t に対して，2 つの $\log(\cdot)$ を **53**，**解説**の式を用いて展開します．

第11章

$$-\log F=\left(np+\sqrt{npq}\,t+\frac{1}{2}\right)\left\{\sqrt{\frac{q}{np}}\,t-\frac{q}{2np}t^2+f\left(\sqrt{\frac{q}{np}}\,t\right)\right\} \quad\cdots\cdots ㋗$$

$$+\left(nq-\sqrt{npq}\,t+\frac{1}{2}\right)\left\{-\sqrt{\frac{p}{nq}}\,t-\frac{p}{2nq}t^2+g\left(\sqrt{\frac{p}{nq}}\,t\right)\right\} \quad\cdots\cdots ㋘$$

ここで,

$$\left|f\left(\frac{q}{np}t\right)\right|\prec\left|\left(\sqrt{\frac{q}{np}}\,t\right)^3\right|=\left(\sqrt{\frac{q}{p}}\,t\right)^3\left(\frac{1}{\sqrt{n}}\right)^3$$

よって，$F\left(\dfrac{1}{\sqrt{n}}\right)=f\left(\sqrt{\dfrac{q}{np}}\,t\right)$ とおくと，$|t|\leqq\dfrac{3}{2}$，$\dfrac{q}{p}=9$ より

$\left|\left(\sqrt{\dfrac{q}{p}}\,t\right)^3\right|\leqq\left(\dfrac{9}{2}\right)^3$ であるから，n が十分大きいとき

$$F\left(\frac{1}{\sqrt{n}}\right)\prec\left(\frac{1}{\sqrt{n}}\right)^3 \quad\cdots\cdots ㋙$$

同様に，$G\left(\dfrac{1}{\sqrt{n}}\right)=g\left(\sqrt{\dfrac{p}{nq}}\,t\right)$ とおくと

$$G\left(\frac{1}{\sqrt{n}}\right)\prec\left(\frac{1}{\sqrt{n}}\right)^3 \quad\cdots\cdots ㋚$$

㋙に注意して，㋗を $\dfrac{1}{\sqrt{n}}$ に関して昇べきの順に展開する．

$$\begin{aligned}㋗=\underbrace{\sqrt{npq}\,t}_{-1\text{次}}\underbrace{-\frac{q}{2}t^2}_{0\text{次}}&\boxed{+\underbrace{npF\left(\frac{1}{\sqrt{n}}\right)}_{1\text{次以上}}}\\ +qt^2&\boxed{-\frac{1}{2}\sqrt{\frac{q^3}{np}}\,t^3+\underbrace{\sqrt{npq}\,tF\left(\frac{1}{\sqrt{n}}\right)}_{2\text{次以上}}}\\ &\boxed{+\frac{1}{2}\left\{\sqrt{\frac{q}{np}}\,t-\frac{q}{2np}t^2+F\left(\frac{1}{\sqrt{n}}\right)\right\}}\end{aligned}$$

囲みの内部を $S\left(\dfrac{1}{\sqrt{n}}\right)$ とおくと，㋙より

$$㋗=\sqrt{npq}\,t+\frac{q}{2}t^2+S\left(\frac{1}{\sqrt{n}}\right),\quad S\left(\frac{1}{\sqrt{n}}\right)\prec\frac{1}{\sqrt{n}} \quad\cdots\cdots ㋛$$

同様に㋘を展開すると

$$\begin{aligned}㋘=-\sqrt{npq}\,t-\frac{p}{2}t^2&\boxed{+nqG\left(\frac{1}{\sqrt{n}}\right)}\\ +pt^2&\boxed{+\frac{1}{2}\sqrt{\frac{p^3}{nq}}\,t^3-\sqrt{npq}\,tG\left(\frac{1}{\sqrt{n}}\right)}\\ &\boxed{+\frac{1}{2}\left\{-\sqrt{\frac{p}{nq}}\,t-\frac{p}{2nq}t^2+G\left(\frac{1}{\sqrt{n}}\right)\right\}}\end{aligned}$$

さらに，$\frac{1}{\sqrt{n}}$ で押さえられる無限小の部分を $T\left(\frac{1}{\sqrt{n}}\right)$ とおくと

$$ⓚ=-\sqrt{npq}\,t+\frac{p}{2}t^2+T\left(\frac{1}{\sqrt{n}}\right),\quad T\left(\frac{1}{\sqrt{n}}\right)\prec\frac{1}{\sqrt{n}} \qquad \cdots\cdots ⓢ$$

ⓢ，ⓢより

$$-\log F=\frac{p+q}{2}t^2+S\left(\frac{1}{\sqrt{n}}\right)+T\left(\frac{1}{\sqrt{n}}\right)$$

$S\left(\frac{1}{\sqrt{n}}\right)+T\left(\frac{1}{\sqrt{n}}\right)=\varepsilon\left(\frac{1}{\sqrt{n}}\right)$ とおくと，$\varepsilon\left(\frac{1}{\sqrt{n}}\right)\prec\frac{1}{\sqrt{n}}$ であるから

$$-\log F=\frac{1}{2}t^2+\varepsilon\left(\frac{1}{\sqrt{n}}\right)$$
$$\sim\frac{1}{2}t^2$$

⬅ n は十分大きいから $\varepsilon\left(\frac{1}{\sqrt{n}}\right)$ は無視できる

ゆえに，

$$F\sim e^{-\frac{t^2}{2}}$$

これをⓚに代入すると，**解答**の①に相当する結果

$$P\sim\int_{-\frac{1}{2}}^{\frac{3}{2}}\frac{1}{\sqrt{2\pi}}e^{-\frac{t^2}{2}}dt$$

が得られます．

以上の証明は一般の場合にもほとんどそのまま通用します．

2° 〈正規分布の特徴付け〉

ド・モアブル-ラプラスの定理より，血液型を決める DNA の微細な個人差が多数累積すると**正規分布になる**ことが分かります．逆にいうと，正規分布はそのようなものとして特徴付けられるということです．ですから観測誤差に強い関心を持っていた王者ガウスが，正規分布を発見したのは当然の成り行きでした．

演習問題の解答

2 (1) 法線 l_1, l_2 の方程式

$$y=-\frac{1}{f'(p)}(x-p)+f(p) \quad \cdots\cdots ①, \qquad y=-\frac{1}{f'(t)}(x-t)+f(t)$$

から y を消去すると

$$\left\{\frac{1}{f'(t)}-\frac{1}{f'(p)}\right\}x=\frac{t}{f'(t)}-\frac{p}{f'(p)}+f(t)-f(p)$$

$$\therefore \quad \{f'(p)-f'(t)\}x=tf'(p)-pf'(t)+f'(t)f'(p)\{f(t)-f(p)\}$$

$$\therefore \quad x=\frac{pf'(t)-tf'(p)}{f'(t)-f'(p)}-f'(t)f'(p)\frac{f(t)-f(p)}{f'(t)-f'(p)}$$

ここで，ロピタルの定理より

$$\lim_{t\to p}\frac{pf'(t)-tf'(p)}{f'(t)-f'(p)}=\lim_{t\to p}\frac{pf''(t)-f'(p)}{f''(t)}$$

$$=p-\frac{f'(p)}{f''(p)}$$

⬅ $F(p)=G(p)=0$，かつ $\lim_{t\to p}\frac{F'(t)}{G'(t)}$ が存在すれば $\lim_{t\to p}\frac{F(t)}{G(t)}=\lim_{t\to p}\frac{F'(t)}{G'(t)}$

$$\lim_{t\to p}\frac{f(t)-f(p)}{f'(t)-f'(p)}=\lim_{t\to p}\frac{f'(t)}{f''(t)}=\frac{f'(p)}{f''(p)}$$

ゆえに

$$\lim_{t\to p}x=p-\frac{f'(p)}{f''(p)}-\frac{(f'(p))^3}{f''(p)}=p-\frac{f'(p)\{1+(f'(p))^2\}}{f''(p)}$$

これを①に代入して

$$\lim_{t\to p}y=f(p)+\frac{1+(f'(p))^2}{f''(p)}$$

したがって，$t \longrightarrow p$ のとき，X が限りなく近づく点は

$$\boldsymbol{\left(p-\frac{f'(p)\{1+(f'(p))^2\}}{f''(p)},\ f(p)+\frac{1+(f'(p))^2}{f''(p)}\right)}$$

(2) (1)より

$$\lim_{t\to p}\mathrm{PX}=\sqrt{\frac{(f'(p))^2\{1+(f'(p))^2\}^2}{(f''(p))^2}+\frac{\{1+(f'(p))\}^2}{(f''(p))^2}}$$

$$=\sqrt{\frac{\{1+(f'(p))^2\}^3}{(f''(p))^2}}=\boldsymbol{\frac{\{1+(f'(p))^2\}^{\frac{3}{2}}}{|f''(p)|}}$$

〈注〉 解説 1° の結果㋕，㋖と一致している．

3 $y=\arccos x$ より，$x=\cos y$ $(0\leqq y\leqq\pi)$.

したがって，$\sin y\geqq 0$ に注意すると

$$\frac{dy}{dx}=\frac{1}{\frac{dx}{dy}}=\frac{1}{-\sin y}$$

$$=-\frac{1}{\sqrt{1-\cos^2 y}}=-\boldsymbol{\frac{1}{\sqrt{1-x^2}}}$$

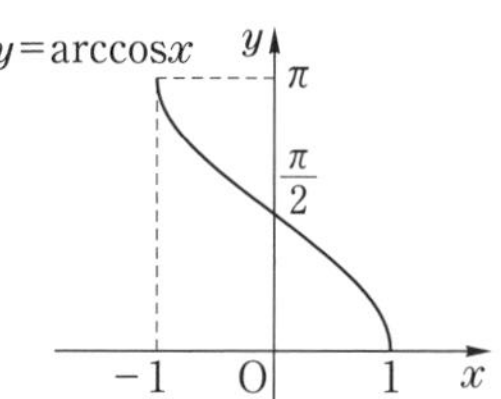

4 (1) $y=\sqrt{x^2+1}$ ……㋒ より，$y^2-x^2=1$ ……㋓

$x=m(y+1)$ ……㋔ とおくと

$$y=\frac{1+m^2}{1-m^2} \quad ……㋕,\qquad x=\frac{2m}{1-m^2} \quad ……㋖$$

このとき

$$I=\int\frac{1}{\sqrt{x^2+1}}dx=\int\frac{1}{y}dx=\int\frac{1}{y}\cdot\frac{dx}{dm}dm$$ ⬅㋒

$$=\int\frac{1-m^2}{1+m^2}\cdot 2\frac{1-m^2-m(-2m)}{(1-m^2)^2}dm$$ ⬅㋕，㋖

$$=2\int\frac{1}{1-m^2}dm=\int\left(\frac{1}{1+m}+\frac{1}{1-m}\right)dm$$

$$=\log\left|\frac{1+m}{1-m}\right|=\log\left|\frac{1+y+x}{1+y-x}\right|$$ ⬅㋔より，$m=\frac{x}{1+y}$

ここで，㋓より

$$1+y+x=(y^2-x^2)+y+x$$

$$=(y+x)(y-x+1)$$

よって

$$I=\log|y+x|$$ ⬅㋒

$$=\boldsymbol{\log(\sqrt{x^2+1}+x)}$$ ⬅積分定数省略

〈注〉 通常の方法で，$\dfrac{1+y+x}{1+y-x}=\dfrac{1+\sqrt{x^2+1}+x}{1+\sqrt{x^2+1}-x}$ を $\sqrt{x^2+1}+x$ に直すには2度有理化しなければならない．結局，積分の計算量は，双曲線上の定点として $P_0(0,\ -1)$ よりも A_∞ を選ぶ方が軽減される．

(2) $y+x=t$ ……㋗ とおくと

$$x=\frac{1}{2}\left(t-\frac{1}{t}\right) \quad ……③,\qquad y=\frac{1}{2}\left(t+\frac{1}{t}\right) \quad ……④$$

このとき

$$J=\int\sqrt{x^2+1}\,dx=\int y\,dx=\int y\frac{dx}{dt}dt$$

$$=\int\frac{t^2+1}{2t}\cdot\frac{1}{2}\left(1+\frac{1}{t^2}\right)dt=\frac{1}{4}\int\frac{(t^2+1)^2}{t^3}dt$$

$$=\frac{1}{4}\int\frac{t^4+2t^2+1}{t^3}dt=\frac{1}{4}\int\left(t+\frac{2}{t}+\frac{1}{t^3}\right)dt$$

$$=\frac{1}{4}\left(\frac{1}{2}t^2+2\log|t|-\frac{1}{2}\cdot\frac{1}{t^2}\right)$$

$$=\frac{1}{2}\left\{\frac{1}{4}\left(t+\frac{1}{t}\right)\left(t-\frac{1}{t}\right)+\log|t|\right\}$$ ⬅ ③，④，㋒

$$=\boldsymbol{\frac{1}{2}\{x\sqrt{x^2+1}+\log(x+\sqrt{x^2+1})\}}$$ ⬅ 積分定数省略

(5) $I=\int\frac{1}{\sqrt{x^2+1}}dx$ において，$x=\frac{e^t-e^{-t}}{2}$ ……① とおくと，

5，(1)，(i)：$\left(\frac{e^t+e^{-t}}{2}\right)^2-\left(\frac{e^t-e^{-t}}{2}\right)^2=1$ より，$\frac{e^t+e^{-t}}{2}=\sqrt{x^2+1}$ ……②

よって

$$I=\int\frac{1}{\sqrt{x^2+1}}\cdot\frac{dx}{dt}dt=\int\frac{2}{e^t+e^{-t}}\cdot\frac{e^t+e^{-t}}{2}dt=\int dt=t+C$$

一方，①+② より

$$e^t=x+\sqrt{x^2+1}\qquad\therefore\quad t=\log(x+\sqrt{x^2+1})$$

ゆえに

$$\boldsymbol{I=\log(x+\sqrt{x^2+1})+C}$$

(7) (1) $\mathrm{OP}=r$，$\mathrm{PH}=r\cos\theta-d$ を

$\mathrm{OP}=e\mathrm{PH}$ に代入して

$$r=e(r\cos\theta-d)$$

$$\therefore\quad r=\frac{-de}{1-e\cos\theta}$$

ただし，$1-e\cos\theta<0$ より

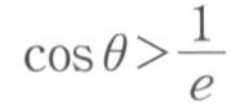

$$\cos\theta>\frac{1}{e}$$

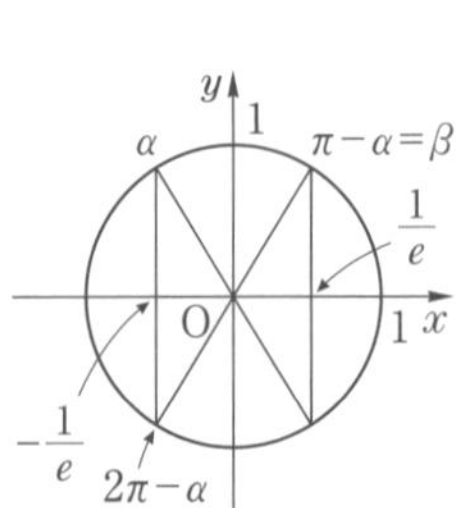

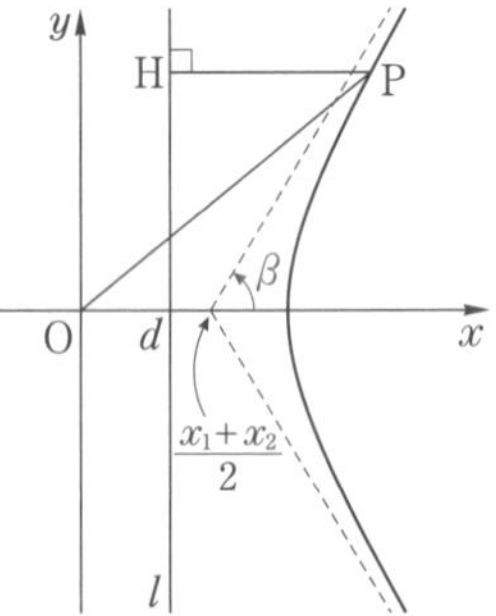

したがって，$-\beta<\theta<\beta$ である．

(2) $r=\dfrac{de}{1+e\cos\theta}$ ……②

$\alpha<\theta<2\pi-\alpha$ ……ⓐ において，$1+e\cos\theta<0$ であるから，

$$r'=-r,\quad \theta'=\theta-\pi$$

とおくと，$(r,\ \theta)$ は点 $(r',\ \theta')$ を表す．$r=-r'$，$\theta=\theta'+\pi$ を②に代入すると

$$-r'=\frac{de}{1+e\cos(\theta'+\pi)}\qquad \therefore\quad r'=\frac{-de}{1-e\cos\theta'}\quad \cdots\cdots ⓑ$$

ただし，ⓐより，$\alpha<\theta'+\pi<2\pi-\alpha$，すなわち

$$-(\pi-\alpha)<\theta'<\pi-\alpha\qquad \therefore\quad -\beta<\theta'<\beta\quad \cdots\cdots ⓒ$$

ⓑ，ⓒは(1)の結果と一致するから，極方程式②をⓐの範囲で考えると，双曲線⑤の右の枝を表す．

10 (1) 一般に，$a_k\neq 0$ のとき

$$a_1\cdot a_2\cdot\cdots\cdot a_n\longrightarrow A(\neq 0)\quad (n\longrightarrow\infty)$$

となるためには，

$$a_n=\frac{a_1\cdot a_2\cdot\cdots\cdot a_{n-1}\cdot a_n}{a_1\cdot a_2\cdot\cdots\cdot a_{n-1}}\longrightarrow\frac{A}{A}=1\quad (n\longrightarrow\infty)$$

となることが必要である．したがって，$\sin x=0$ の解が

$$x=0,\ \pm\pi,\ \pm 2\pi,\ \cdots,\ \pm n\pi,\ \cdots$$

であることから

$$\sin x=px(x^2-\pi^2)(x^2-(2\pi)^2)\cdot\cdots\cdot(x^2-(n\pi)^2)\cdot\cdots$$

としても右辺が収束しない．そこで

$$\sin x=qx\left(1-\frac{x^2}{\pi^2}\right)\left(1-\frac{x^2}{(2\pi)^2}\right)\cdot\cdots\cdot\left(1-\frac{x^2}{(n\pi)^2}\right)\cdot\cdots$$

とする．今度は，与えられた x に対して

$$1-\frac{x^2}{(n\pi)^2}\longrightarrow 1\quad (n\longrightarrow\infty)\qquad \cdots\cdots ①$$

である．次に，定数 q を決めるために両辺を x で割る．

$$\frac{\sin x}{x}=q\left(1-\frac{x^2}{\pi^2}\right)\left(1-\frac{x^2}{(2\pi)^2}\right)\cdot\cdots\cdot\left(1-\frac{x^2}{(n\pi)^2}\right)\cdot\cdots$$

$x\longrightarrow 0$ とすると，$\dfrac{\sin x}{x}\longrightarrow 1$ であるから，$q=1$ である．ゆえに

$$\sin x=x\left(1-\frac{x^2}{\pi^2}\right)\left(1-\frac{x^2}{(2\pi)^2}\right)\cdot\cdots\cdot\left(1-\frac{x^2}{(n\pi)^2}\right)\cdot\cdots\qquad \cdots\cdots ②$$

(2) **10**, (2)より

$$\sin x = x - \frac{x^3}{3!} + \frac{x^5}{5!} - \frac{x^7}{7!} + \cdots + (-1)^n \frac{x^{2n+1}}{(2n+1)!} + \cdots \qquad \cdots\cdots ③$$

②と③の x^3 の係数を比較すると

$$-\left\{\frac{1}{\pi^2} + \frac{1}{(2\pi)^2} + \cdots + \frac{1}{(n\pi)^2} + \cdots\right\} = -\frac{1}{3!}$$

$$\therefore \quad \sum_{n=1}^{\infty} \frac{1}{n^2} = 1 + \frac{1}{2^2} + \frac{1}{3^2} + \cdots + \frac{1}{n^2} + \cdots = \frac{\pi^2}{6}$$

〈注〉 ①は②の右辺が収束するための必要条件である．しかし，この場合は，①の収束する速さが②の右辺が収束するために十分であることが示される．

11 (1) 解説の㋒より，$\boldsymbol{\tan(ix) = i\tanh x}$

(2) $\tan(x+y) = \dfrac{\tan x + \tan y}{1 - \tan x \tan y}$ において，x，y をそれぞれ ix，iy とおくと，(1)より

$$i\tanh(x+y) = \frac{i\tanh x + i\tanh y}{1 - (i\tanh x)(i\tanh y)}$$

$$\therefore \quad \boldsymbol{\tanh(x+y) = \frac{\tanh x + \tanh y}{1 + \tanh x \tanh y}}$$

12 (1) $$\sum_{k=1}^{n} \cos 2k\theta = \frac{\cos(n+1)\theta \sin n\theta}{\sin\theta} \qquad \cdots\cdots ①$$

$$\iff \sum_{k=1}^{n} \cos 2k\theta \sin\theta = \cos(n+1)\theta \sin n\theta \qquad \cdots\cdots ②$$

であるから，②を示す．積を差に直す公式より

$$\cos 2k\theta \sin\theta$$
$$= \frac{1}{2}\{\sin(2k+1)\theta - \sin(2k-1)\theta\}$$

⬅ $\cos\alpha\sin\beta = \dfrac{1}{2}\{\sin(\alpha+\beta) - \sin(\alpha-\beta)\}$

であるから

$$\sum_{k=1}^{n} \cos 2k\theta \sin\theta$$
$$= \frac{1}{2}\sum_{k=1}^{n} \{\sin(2k+1)\theta - \sin(2k-1)\theta\}$$

⬅ 途中が相殺される

$$= \frac{1}{2}\{\sin(2n+1)\theta - \sin\theta\}$$

⬅ $\sin\alpha - \sin\beta = 2\cos\dfrac{\alpha+\beta}{2}\sin\dfrac{\alpha-\beta}{2}$

$=\cos(n+1)\theta\sin n\theta$

(2) $\displaystyle\sum_{k=1}^{100}\cos^2\frac{k\pi}{100}$

$\displaystyle=\sum_{k=1}^{100}\frac{1}{2}\left\{1+\cos\left(2k\cdot\frac{\pi}{100}\right)\right\}$

$\displaystyle=\frac{1}{2}\cdot100+\frac{1}{2}\sum_{k=1}^{100}\cos\left(2k\cdot\frac{\pi}{100}\right)$ ⇐①で，$n=100$，$\theta=\frac{\pi}{100}$ とおく

$\displaystyle=50+\frac{1}{2}\cdot\frac{\cos\frac{101}{100}\pi\sin\pi}{\sin\frac{\pi}{100}}$ ⇐ $\sin\pi=0$

$=\mathbf{50}$

(15-1) (1) $\dfrac{dN}{dt}=kN$ の一般解は，$N=Ce^{kt}$ （Cは任意定数）

$t=0$ のとき $N=N_0$ であるから，$C=N_0$．よって

$\boldsymbol{N=N_0e^{kt}}$

(2) 2時間後に $N=2N_0$ より，$2N_0=N_0e^{2k}$ であるから

$k=\dfrac{1}{2}\log2$

一方，T時間後に最初の1万倍になるとすると，$10^4N_0=N_0e^{kT}$ より

$T=\dfrac{4\log10}{k}=8\dfrac{\log10}{\log2}=8\dfrac{\log_{10}10}{\log_{10}2}=8\cdot\dfrac{1}{\log_{10}2}=26.57\cdots$

ゆえに，$T=$**26.6（時間後）**

〈注〉 2倍になるのに2時間かかるが，1万倍に増殖するのに要する時間はわずか1日余りである．しかし，個々のバクテリアは決してラストスパートするわけではなく，つねにマイペース $\dfrac{1}{N}\cdot\dfrac{dN}{dt}=k$ を守っている．集団の法則 $\dfrac{dN}{dt}=kN$ と個体の法則 $\dfrac{1}{N}\cdot\dfrac{dN}{dt}=k$ が乖離してみえるのは不思議である．

(15-2) (1) 前問と同様にして，$\boldsymbol{N=N_0e^{-kt}}$

(2) $\dfrac{1}{10}N_0=N_0e^{-5k}$ より，$k=\dfrac{1}{5}\log10$

T 年後に強さが $\frac{1}{2}N_0$ になるとすると，$\frac{1}{2}N_0 = N_0 e^{-kT}$ より

$$T = \frac{1}{k}\log 2 = 5\frac{\log 2}{\log 10} = 5\frac{\log_{10} 2}{\log_{10} 10} = 5\log_{10} 2 = 1.50\cdots$$

ゆえに，$T = \mathbf{1.5}$ **(年後)**

15-3 (1) $\frac{dv}{dt} = -\frac{k}{m}v + g = -\frac{k}{m}\left(v - \frac{mg}{k}\right)$ より

$$\frac{d}{dt}\left(v - \frac{mg}{k}\right) = -\frac{k}{m}\left(v - \frac{mg}{k}\right)$$

$$v - \frac{mg}{k} = Ce^{-\frac{k}{m}t} \quad (C\text{は任意定数})$$

$t=0$ のとき $v=0$ より，$C = -\frac{mg}{k}$

$$\therefore \quad \boldsymbol{v = \frac{mg}{k}\left(1 - e^{-\frac{k}{m}t}\right)}$$

(2) $\lim_{t \to \infty} v = \boldsymbol{\frac{mg}{k}}$

〈注〉 この物体を雨粒と考える．空気の抵抗がなければ，高さ h の位置から落ち始めた雨粒の地表付近での落下速度 v は，力学的エネルギーの保存則より

$$mgh = \frac{1}{2}mv^2$$

$$\therefore \quad v = \sqrt{2gh}$$

例えば，1000 m 上空から雨粒が落下し始めるものとすると

$$v = \sqrt{2 \times 9.8 \times 10^3} = 140 \text{ m/s}$$

にもなる．これはエアライフルの弾丸並みの速さだそうである．しかし，実際にそうならないのは，比較的早く空気抵抗 kv が重力 mg と釣り合い，それ以降は一定の速度 $\frac{mg}{k}$（**終端速度**（しゅうたん）という）で落下するからである．

雨粒の半径を r とすると，空気抵抗は表面積に比例するから

$k \propto r^2$ （k は r^2 に比例することを表す）

また，$mg \propto r^3$ であるから

$$\frac{mg}{k} \propto \frac{r^3}{r^2} = r$$

すなわち，終端速度は半径が小さいほど小さくなる．

種　類	半　径	終端速度
典型的な雲の粒	0.01 mm	0.01 m/s
典型的な雨の粒	1.00 mm	6.5 m/s

表より，雲の粒は 1 分で 0.6 m，1 時間で 36 m 落下するだけである．さらに，上昇気流の影響もあり，雲は落下しないように見える．

18　(1)　$\lim_{t\to\infty}\frac{f(t)}{F(t)}=\alpha\ (\neq 0)$，$\lim_{t\to\infty}\frac{g(t)}{G(t)}=\beta\ (\neq 0)$ とすると，

$$\lim_{t\to\infty}\frac{f(t)}{g(t)}=\lim_{t\to\infty}\frac{f(t)}{F(t)}\cdot\frac{F(t)}{G(t)}\cdot\frac{G(t)}{g(t)}=\alpha\cdot 0\cdot\frac{1}{\beta}=0$$

(2)　$\cosh x=\frac{e^x+e^{-x}}{2}\approx e^x$，$\sinh x=\frac{e^x-e^{-x}}{2}\approx e^x$ であることに注意すると

$$x_\lambda(t)\approx e^{-\lambda t}e^{\sqrt{\lambda^2-\omega^2}t}=e^{(-\lambda+\sqrt{\lambda^2-\omega^2})t} \quad \cdots\cdots ①$$

$$x_\omega(t)\approx te^{-\omega t} \quad \cdots\cdots ②$$

②の右辺を①の右辺で割ると

$$te^{(\lambda-\omega-\sqrt{\lambda^2-\omega^2})t} \quad \cdots\cdots ③$$

ここで，$(\lambda-\omega)^2-(\sqrt{\lambda^2-\omega^2})^2=2\omega(\omega-\lambda)<0\quad(\lambda>\omega)$ ゆえ

$$\lambda-\omega-\sqrt{\lambda^2-\omega^2}<0$$

よって，③ $\longrightarrow 0\quad(t\longrightarrow\infty)$．ゆえに，(1)より

$$\lim_{t\to\infty}\frac{x_\omega(t)}{x_\lambda(t)}=0\quad(\lambda>\omega)$$

20-1

(1)　$y^2=ax$ の両辺を x で微分すると

$$2y\frac{dy}{dx}=a$$

$$\therefore\quad \frac{dy}{dx}=a\cdot\frac{1}{2y}=\frac{y^2}{x}\cdot\frac{1}{2y}=\frac{y}{2x}$$

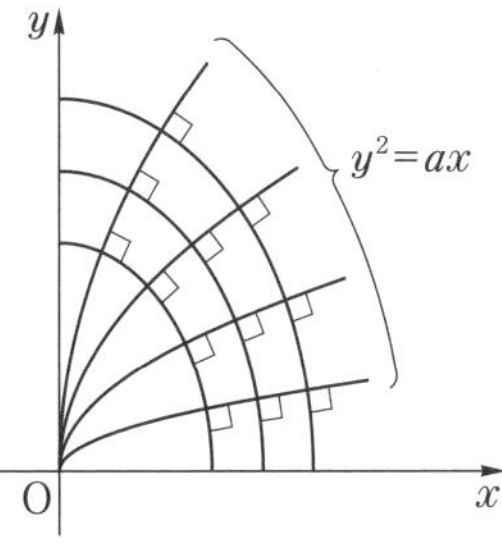

ゆえに，点 $(x_0,\ y_0)$ における接線の傾きは

$\dfrac{y_0}{2x_0}$

(2) すべての C_a $(a>0)$ と直交する曲線の点 $(x_0,\ y_0)$ における接線の傾きは $-\dfrac{2x_0}{y_0}$ であるから，求める微分方程式は

$$\boldsymbol{\frac{dy}{dx}=-\frac{2x}{y}}$$

(3) (2)より，$\displaystyle\int y\,dy=-\int 2x\,dx$，すなわち，$\dfrac{1}{2}y^2=-x^2+C$

$$\therefore\quad 2x^2+y^2=2C$$

点 $(1,\ 1)$ を通るから，$2C=3$. よって

$$\boldsymbol{2x^2+y^2=3}\quad \textbf{（楕円）}$$

20-2 (1) 時刻 t における水の体積を V とすると

$$V=\int_0^h \pi(\sqrt{y}\,)^2\,dy=\int_0^h \pi y\,dy$$

$$\therefore\quad \frac{dV}{dt}=\frac{dV}{dh}\cdot\frac{dh}{dt}=\pi h\frac{dh}{dt}$$

一方，条件より，$\dfrac{dV}{dt}=-\sqrt{h}$ であるから

$$\pi h\frac{dh}{dt}=-\sqrt{h}\qquad \therefore\quad \boldsymbol{\frac{dh}{dt}=-\frac{1}{\pi}\cdot\frac{1}{\sqrt{h}}}$$

(2) $t:0\longrightarrow T$ のとき，$h:1\longrightarrow H$ とすると，(1)より

$$\int_1^H \sqrt{h}\,dh=-\frac{1}{\pi}\int_0^T dt\qquad \left[\frac{2}{3}h^{\frac{3}{2}}\right]_1^H=-\frac{1}{\pi}T$$

$$\therefore\quad \frac{2}{3}(H^{\frac{3}{2}}-1)=-\frac{1}{\pi}T$$

H，T をそれぞれ h，t とおいて，h について解くと

$$\boldsymbol{h=\left(1-\frac{3}{2\pi}t\right)^{\frac{2}{3}}}$$

23 $(\cosh x)'=\sinh x$，$(\sinh x)'=\cosh x$ に注意する．

$f(a)=a\cosh\left(\dfrac{x_0}{a}\right)-a$ より

$$f'(a)=\cosh\left(\frac{x_0}{a}\right)+a\sinh\left(\frac{x_0}{a}\right)\left(-\frac{x_0}{a^2}\right)-1$$

$$=\cosh\left(\frac{x_0}{a}\right)-\frac{x_0}{a}\sinh\left(\frac{x_0}{a}\right)-1$$

$$f''(a)=\sinh\left(\frac{x_0}{a}\right)\left(-\frac{x_0}{a^2}\right)+\frac{x_0}{a^2}\sinh\left(\frac{x_0}{a}\right)-\frac{x_0}{a}\cosh\left(\frac{x_0}{a}\right)\left(-\frac{x_0}{a^2}\right)$$

$$=\frac{{x_0}^2}{a^3}\cosh\left(\frac{x_0}{a}\right)>0 \quad (a>0)$$

よって，$f'(a)$ は単調に増加し，$f'(a)\longrightarrow 0$ $(a\longrightarrow\infty)$ であるから

$$f'(a)<0 \quad (a>0)$$

ゆえに，$f(a)$ は単調に減少する．次に，解説の㋐における整級数の無限和は有限和と同じ扱いができるから

$$f(a)\longrightarrow\infty \quad (a\longrightarrow 0)$$

$$f(a)\longrightarrow 0 \quad (a\longrightarrow\infty)$$

24 (1) $\left(\dfrac{dx}{d\theta},\ \dfrac{dy}{d\theta}\right)$

$$=(1-\cos\theta,\ \sin\theta)$$

$$=2\sin\frac{\theta}{2}\left(\sin\frac{\theta}{2},\ \cos\frac{\theta}{2}\right) \quad \cdots\cdots ①$$

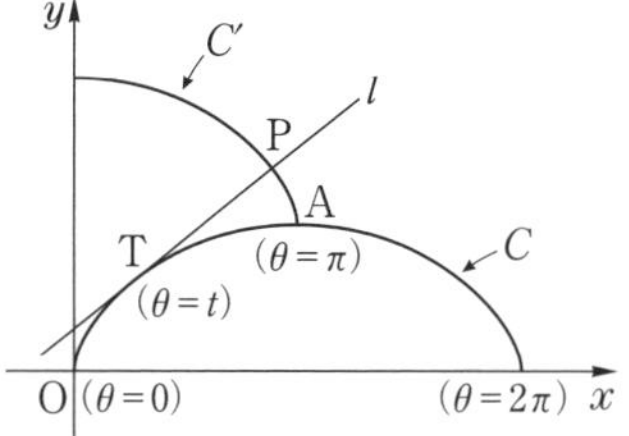

よって

$$L=\int_t^{\pi}\sqrt{\left(\frac{dx}{d\theta}\right)^2+\left(\frac{dy}{d\theta}\right)^2}\,d\theta$$

$$=\int_t^{\pi}2\sin\frac{\theta}{2}\,d\theta=\left[-4\cos\frac{\theta}{2}\right]_t^{\pi}=\mathbf{4\cos\frac{t}{2}}$$

(2) ①より $\overrightarrow{\mathrm{TP}}$ と同じ向きの単位ベクトルは $\left(\sin\dfrac{t}{2},\ \cos\dfrac{t}{2}\right)$ であるから

$$\overrightarrow{\mathrm{OP}}=\overrightarrow{\mathrm{OT}}+\overrightarrow{\mathrm{TP}}$$

$$=(t-\sin t,\ 1-\cos t)+4\cos\frac{t}{2}\left(\sin\frac{t}{2},\ \cos\frac{t}{2}\right)$$

$$=(t-\sin t,\ 1-\cos t)+2(\sin t,\ 1+\cos t)$$

$$=(t+\sin t,\ 3+\cos t)$$

$\therefore$ **P$(t+\sin t,\ 3+\cos t)$**

(3) 点Pを x 軸方向に π，y 軸方向に -2 だけ平行移動した点をQとすると

$$\mathrm{Q}(t+\sin t+\pi,\ 1+\cos t)$$

ここで，$t+\pi=u$，すなわち $t=u-\pi$ とおくと

$$\mathrm{Q}(u-\sin u,\ 1-\cos u)\quad (\pi<u<2\pi)$$

ゆえに，C' は同じ平行移動で，C の $\pi<x<2\pi$ の範囲にある部分に重なる．

(25) $\dfrac{y}{x}=$(OP の傾き) とみると，

$\dfrac{y}{x}\longrightarrow\infty\ (\theta\longrightarrow 0)$ を除けばほぼ明らかだが，

よい練習になるので計算で証明する．

$f(\theta)=\dfrac{1-\cos\theta}{\theta-\sin\theta}\ (0<\theta<2\pi)$ とおくと

$$f'(\theta)=\frac{\sin\theta(\theta-\sin\theta)-(1-\cos\theta)^2}{(\theta-\sin\theta)^2}=\frac{\theta\sin\theta+2\cos\theta-2}{(\theta-\sin\theta)^2}$$

$$(\text{分子})=\theta\sin\theta-4\sin^2\frac{\theta}{2}=2\sin\frac{\theta}{2}\left(\theta\cos\frac{\theta}{2}-2\sin\frac{\theta}{2}\right)$$

そこで，$g(\theta)=\theta\cos\dfrac{\theta}{2}-2\sin\dfrac{\theta}{2}$ とおくと

$$g'(\theta)=\cos\frac{\theta}{2}-\frac{1}{2}\theta\sin\frac{\theta}{2}-\cos\frac{\theta}{2}=-\frac{1}{2}\theta\sin\frac{\theta}{2}<0$$

すなわち，$g(\theta)$ は単調に減少し，$g(0)=0$ であるから，$g(\theta)<0$.

$$\therefore\quad f'(\theta)<0$$

よって，$f(\theta)$ は $0<\theta<2\pi$ における減少関数である．

次に，$f(\theta)\longrightarrow 0\ (\theta\longrightarrow 2\pi)$ は明らかであるから，$f(\theta)\longrightarrow\infty$ $(\theta\longrightarrow 0)$ を示す．**10** の整級数展開を使うと

$$1-\cos\theta=1-\left(1-\frac{\theta^2}{2!}+\frac{\theta^4}{4!}-\cdots\right)=\frac{1}{2}\theta^2-\frac{1}{24}\theta^4+\cdots$$

$$\theta-\sin\theta=\theta-\left(\theta-\frac{\theta^3}{3!}+\frac{\theta^5}{5!}-\cdots\right)=\frac{1}{6}\theta^3-\frac{1}{120}\theta^5+\cdots$$

ゆえに

$$f(\theta)=\frac{\frac{1}{2}\theta^2-\frac{1}{24}\theta^4+\cdots}{\frac{1}{6}\theta^3-\frac{1}{120}\theta^5+\cdots}=\frac{\frac{1}{2}-\frac{1}{24}\theta^2+\cdots}{\frac{1}{6}\theta-\frac{1}{120}\theta^3+\cdots}\longrightarrow\infty\quad(\theta\longrightarrow 0)$$

(26) $(\vec{a}+\vec{b})\times\vec{c}=-\vec{c}\times(\vec{a}+\vec{b})$

$=-(\vec{c}\times\vec{a}+\vec{c}\times\vec{b})$ （本問の(5)による）

$$=\vec{a}\times\vec{c}+\vec{b}\times\vec{c}$$

27 (1) ⑪より

$$\dot{z}=(\dot{r}+ir\dot{\theta})(\cos\theta+i\sin\theta)$$
$$=\dot{r}\cos\theta-r\dot{\theta}\sin\theta+i(r\dot{\theta}\cos\theta+\dot{r}\sin\theta)$$
$$\therefore\quad \boldsymbol{\vec{v}=(\dot{r}\cos\theta-r\dot{\theta}\sin\theta,\ r\dot{\theta}\cos\theta+\dot{r}\sin\theta,\ 0)}$$

(2) **26**，(6)の結果は，$\vec{r}=(r_1,\ r_2,\ r_3)$，$\vec{v}=(v_1,\ v_2,\ v_3)$，$\vec{L}=(L_1,\ L_2,\ L_3)$ とおくとき

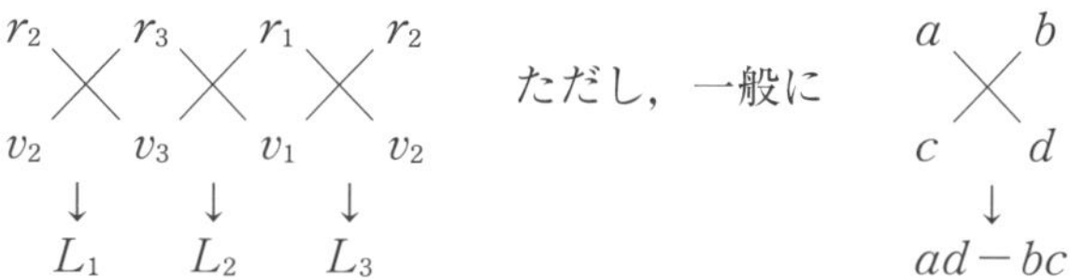

と表すと覚えやすい．

いま，$r_3=v_3=0$ であるから，$L_1=L_2=0$ であり，

$$L_3=r_1v_2-r_2v_1$$
$$=r\cos\theta(r\dot{\theta}\cos\theta+\dot{r}\sin\theta)-r\sin\theta(\dot{r}\cos\theta-r\dot{\theta}\sin\theta)$$
$$=r^2\dot{\theta}(\cos^2\theta+\sin^2\theta)$$
$$=r^2\dot{\theta}$$
$$\therefore\quad |\vec{L}|=r^2\dot{\theta}$$

一方，⑬より，$\dfrac{dS}{dt}=\dfrac{1}{2}r^2\dot{\theta}$ であるから

$$\frac{dS}{dt}=\frac{1}{2}|\vec{L}|\quad(\text{一定})$$

となる．

28 $a^2+b^2=c^2$ とすると，$S=\dfrac{1}{2}ab$ であるから，ab が 4 の倍数であることを示せばよい．a，b がともに奇数であるとすると，c は偶数である．よって a^2+b^2 を 4 で割ると 2 余り，c^2 は 4 で割り切れるから不合理．したがって，a，b のうち少なくとも一方は偶数である．どちらが偶数でも同様であるから，a が偶数であるとする．

(i) b が偶数のとき，ab は 4 の倍数である．

(ii) b が奇数のとき，c も奇数であるから

$a=2k,\ b=2l+1,\ c=2n+1$ ⬅ k が偶数になることを示す

とおける．$a^2=c^2-b^2$ に代入すると

$4k^2=4(n^2+n-l^2-l)$

$\therefore\ \ k^2=n(n+1)-l(l+1)=$(偶数)

よって，k は偶数であり，a は 4 の倍数であるから，ab も 4 の倍数である．

(32-1) [㋐の証明] $a,\ b\in R^\times$ より，$a^{-1},\ b^{-1}$ が存在して，$aa^{-1}=bb^{-1}=1$ となるから

$ab(b^{-1}a^{-1})=a(bb^{-1})a^{-1}=aa^{-1}=1$ ……①

ゆえに，$ab\in R^\times$ である．

[㋑の証明] $aa^{-1}=1$ より，$a^{-1}a=1$.

ゆえに，$a^{-1}\in R^\times$ である．

〈注〉 1° 本書では，環 R といえば，$ab=ba$ $(a,\ b\in R)$ を満たすものだけを考える．したがって，①の証明は

$ab(a^{-1}b^{-1})=ba(a^{-1}b^{-1})=b(aa^{-1})b^{-1}=bb^{-1}=1$

などとしてもよい．

2° ㋐が証明できれば，$a,\ b,\ c\in R^\times$ のとき，$a,\ b,\ c\in R$ であるから

$(ab)c=a(bc)$

が成り立ち，$R^\times$ でも結合法則が成り立つ．

また，$R^\times$ の要素 a を一つとると，㋑より $a^{-1}\in R^\times$ であるから，㋐より

$1=aa^{-1}\in R^\times$

ゆえに，$R^\times$ は**コラム 3．群とシンメトリー**で定義した群の要件を満たす．

(32-2) n は素数でないと仮定して

$$\begin{cases} n=ab & \cdots\cdots ① \\ 1<a<n,\ 1<b<n & \cdots\cdots ② \end{cases}$$

とすると，①より，$\overline{a}\cdot\overline{b}=\overline{0}$．ところが，$\boldsymbol{Z}_n$ は体であるから，

$\overline{a}=\overline{0}$ または $\overline{b}=\overline{0}$

いずれの場合も②に反する．

ゆえに，$\boldsymbol{Z}_n$ が体ならば，n は素数である．

(33) 合同式の法を 11 に固定する．**32**，(3)と同様にして

$$6789 \equiv -6+7-8+9=2 \qquad \therefore \quad 6789^{5432} \equiv 2^{5432}$$

一方，フェルマーの定理より，$2^{10} \equiv 1$ であるから

$$6789^{5432} \equiv (2^{10})^{543} 2^2 \equiv 4$$

ゆえに，求める余りは **4** である．

(34) $\overline{a}^2 = -\overline{1}$ とする．a と p は互いに素であるから，フェルマーの小定理より

$$\overline{a}^{p-1} = \overline{1}$$

一方

$$\overline{a}^{p-1} = (\overline{a}^2)^{\frac{p-1}{2}} = (-\overline{1})^{\frac{p-1}{2}}$$

$$\therefore \quad \overline{1} = (-\overline{1})^{\frac{p-1}{2}}$$

よって，$\dfrac{p-1}{2}$ は偶数であり，$\dfrac{p-1}{2} = 2k$（k は自然数）と表せるから

$$p = 4k+1$$

(35) $\boldsymbol{Q}(i)$ が除法に関して閉じていることを示せばよい．

$a+bi$，$c+di(\neq 0) \in \boldsymbol{Q}(i)$ とすると

$$\frac{a+bi}{c+di} = \frac{(a+bi)(c-di)}{(c+di)(c-di)} = \frac{ac+bd+(-ad+bc)i}{c^2+d^2}$$

$$= \frac{ac+bd}{c^2+d^2} + \frac{-ad+bc}{c^2+d^2} i$$

a，b，c，$d \in \boldsymbol{Q}$ より，$\dfrac{ac+bd}{c^2+d^2}$，$\dfrac{-ad+bc}{c^2+d^2} \in \boldsymbol{Q}$ であるから

$$\frac{a+bi}{c+di} \in \boldsymbol{Q}(i)$$

ゆえに，$\boldsymbol{Q}(i)$ は体をなす．

(37-1) (1) (i) $a|b$ ならば，$b=ac$（$c \in R$）と表せるから

$$(b) = (ac) \subset (a)$$

逆に，$(b)\subset(a)$ ならば，$b\in(a)$ であるから

$$a|b$$

(ii) (i)より

$$(a)=(b) \iff \begin{cases}(a)\subset(b)\\(b)\subset(a)\end{cases} \iff \begin{cases}b|a\\a|b\end{cases} \iff a\text{ と }b\text{ は同伴}$$

(2) $a\in R$ が素元でないならば，単元でなく，a と同伴でもない a の約元 b が存在して

$$a=bc\ (c\in R) \quad \cdots\cdots ①$$

と表せる．ここで，c が a と同伴であるとすると

$$c=ua\ (u\in R\text{ は単元}) \quad \cdots\cdots ②$$

と表せる．②を①に代入すると

$$a=bua \qquad \therefore\ a(bu-1)=0$$

R は整域で，$a\neq 0$ であるから

$$bu=1$$

これは b が単元でないことに反する．ゆえに，c は a と同伴でない．

また，b は a と同伴でないから，c は単元でもない．

(3) 背理法で証明することにして，0 でも単元でもない元 $a\in R$ が素元の積で表せないとする．

$a_1=a$ とすると，a_1 は素元でないから，(2)より

$$a_1=b_1c_1 \quad (b_1,\ c_1\text{ は単元でなく，}a_1\text{ と同伴でもない})$$

と表せる．b_1，c_1 のうち少なくとも一方は素元の積で表せないから，それを a_2 とする．a_2 は素元でないから，(2)より

$$a_2=b_2c_2 \quad (b_2,\ c_2\text{ は単元でなく，}a_2\text{ と同伴でもない})$$

と表せる．b_2，c_2 のうち少なくとも一方は素元の積で表せないから，それを a_3 とする．

以下，同様にして素元の積で表せない単元でない元の列 a_1，a_2，a_3，…で

$$a_{k+1}|a_k,\ a_{k+1}\text{ は }a_k\text{ と同伴でない}$$

ものが存在する．これをイデアルを使って表すと，(1)より

$$(a_1)\subsetneqq(a_2)\subsetneqq(a_3)\subsetneqq\cdots\subsetneqq(1)=R$$

ここで，イデアル (a_k) $(k=1,\ 2,\ \cdots)$ すべての和集合 $\bigcup_k(a_k)$ を考えると（まるごと論法），$\bigcup_k(a_k)$ もイデアルである（**→注**）．一方，R は単項イデアル整域で

あるから，ある $b\in R$ が存在して

$$\bigcup_k (a_k)=(b)$$

このとき，$b\in(a_n)$ なる自然数 n が存在するから

$$(b)\subset(a_n)\subsetneqq(a_{n+1})\subsetneqq(a_{n+2})\subsetneqq\cdots\subset(b)$$

これは不合理である．

〈注〉 $a,\ b\in\bigcup_k(a_k)$ とすると

$$a\in(a_i),\ b\in(a_j)$$

なる $i,\ j$ が存在する．いずれでも同様だから $i\leqq j$ とすると，$(a_i)\subset(a_j)$．よって

$$a,\ b\in(a_j)$$

(a_j) はイデアルであるから

$$a+b\in(a_j)\subset\bigcup_k(a_k)$$

また，$a\in(a_i)$ で，(a_i) はイデアルであるから，任意の $r\in R$ に対して

$$ra\in(a_i)\subset\bigcup_k(a_k)$$

ゆえに，$\bigcup_k(a_k)$ は R のイデアルである．

(37-2) (1) $\arg(2+i)=\dfrac{m}{n}\pi+k\pi$ ……㋑

㋑の両辺を n 倍すると

$$\arg(2+i)^n=(m+nk)\pi$$

$m+nk$ は整数であるから，$(2+i)^n$ は実数である．よって

$$(2+i)^n=\overline{(2+i)^n}=(2-i)^n \quad \cdots\cdots ㋒$$

(2) $N(2\pm i)=5$ (有理素数) であるから，**35**，(3)より，$2\pm i$ はガウス素数であり，両者は同伴ではない．したがって，㋒はガウス素数分解の一意性に反する．

(39) (1) $a+ib=\pi_1\pi_2\cdots\pi_r$ ……①

いずれでも同様であるから，$\pi_1=p$ (有理素数) とすると

$$\frac{a}{p}+i\frac{b}{p}=\pi_2\cdots\pi_r\in\boldsymbol{Z}[i] \qquad \therefore\ p|a,\ p|b$$

これはaとbが互いに素であることに反する．

(2) (1)と **38** より，$N(\pi_k)=p_k$（4で割ると1余る有理素数）$(k=1, 2, \cdots, r)$であるから，①の両辺のノルムをとると

$$n=p_1p_2\cdots p_r$$

したがって，nの任意の約数 $m\in\boldsymbol{Z}$ は，$p_1, \cdots, p_r$のいくつかの積

$$m=p_{i_1}p_{i_2}\cdots p_{i_s} \quad (1\leqq i_1<i_2<\cdots<i_s\leqq r)$$

である．よって

$$m=N(\pi_{i_1})N(\pi_{i_2})\cdots N(\pi_{i_s})=N(\pi_{i_1}\pi_{i_2}\cdots\pi_{i_s})$$

そこで，$\pi_{i_1}\pi_{i_2}\cdots\pi_{i_s}=c+di\in\boldsymbol{Z}[i]$ ……② とおくと

$$m=c^2+d^2$$

次に，c，dが公約数$g\,(>1)$をもつとする．①，②より

$$a+bi=(c+di)(x+yi),\ x+yi\in\boldsymbol{Z}[i]$$

と表せるから，$g|c$，$g|d$より

$$\frac{a}{g}+\frac{b}{g}i\in\boldsymbol{Z}[i] \qquad \therefore\ g|a,\ g|b$$

これはaとbは互いに素であることに反する．ゆえに，cとdは互いに素である．

〈注〉 1° 証明の流れは次図のようになる．

$\boldsymbol{Z}[i]$	$a+bi=\pi_1\pi_2\pi_3\pi_4$		$\pi_1\pi_2\pi_4=c+di$
	$\uparrow \quad \downarrow N$		$\uparrow \quad \downarrow N$
$\boldsymbol{Z}$	$n=a^2+b^2=p_1p_2p_3p_4$	$\xrightarrow{\text{約数}}$	$m=p_1p_2p_4=c^2+d^2$

2° **39** より，平方和で表せるという性質は積で保たれることが分かる（**30**，**解説**でも別の観点から注意した）．これに対して本問は，ある条件の下で，1以外の約数についてもこの性質が保たれることを主張している．

42-1 eとfが互いに素でないとき，その最大公約数を$d\,(>1)$とすると

$$e=e'd,\ f=f'd,\ e' \text{と} f' \text{は互いに素}$$

ただし，fはeの約数ではないから，$f'>1$ である．

ここで

$$\begin{cases} d\text{の因子のうち}f'\text{と互いに素であるものの積を}d_1 \\ d\text{の因子のうち}e'\text{と互いに素であるものの積を}d_2 \end{cases}$$

とする．ただし，e' と f' の両方と互いに素である因子は，どちらか一方に含める．すると

$x=e'd_1$ と $y=f'd_2$ は互いに素，$d=d_1d_2$

このとき

$\overline{a}^{\frac{e}{x}}(=\overline{a}^{d_2})$ の位数は x，$\overline{b}^{\frac{f}{y}}(=\overline{b}^{d_1})$ の位数は y

であるから，補題 2 より，$\overline{a}^{d_2}\overline{b}^{d_1}$ の位数は

$xy=e'f'd=ef'>e$

ゆえに，この操作を繰り返せば，有限回で位数が $p-1$ の $\boldsymbol{Z}_p{}^{\times}$ の元が得られる．

42-2　$p\equiv1\pmod 4$ である素数 p に対して

$x^2\equiv-1\pmod p$

を満たす $x\in\boldsymbol{Z}$ が存在することを示す．

巡回群 $\boldsymbol{Z}_p{}^{\times}$ の生成元を $\overline{a}$ とする．$\dfrac{p-1}{4}$ は整数であるから，$\overline{d}=\overline{a}^{\frac{p-1}{4}}$ とおく．

$\overline{d}$ の位数は 4 であるから，$\overline{d}^4=\overline{1}$ より

$(\overline{d}^2-\overline{1})(\overline{d}^2+\overline{1})=\overline{0}$

$\overline{d}^2\neq\overline{1}$ より

$\overline{d}^2=-\overline{1}$

ゆえに，$d^2\equiv-1\pmod p$ が成り立つ．

43　$a^2+b^2-ab\pmod 3$ は次表のようになる．

a ＼ b	0	1	2
0	0	1	1
1	1	1	0
2	1	0	1

ゆえに，$a^2+b^2-ab\equiv0,\ 1\pmod 3$ である．

44-1　共役数は次の性質を満たすことが，簡単な計算で分かる (共役な複素数の場合と同様である)．α，$\beta\in\boldsymbol{Z}[\sqrt{2}]$ のとき

(i)　$(\alpha\pm\beta)'=\alpha'\pm\beta'$　　(複号同順)

(ii)　$(\alpha\beta)'=\alpha'\beta'$

(iii) $\left(\dfrac{\alpha}{\beta}\right)'=\dfrac{\alpha'}{\beta'}$ $(\beta\neq 0)$

とくに，(ii)を用いると

$$N(\alpha\beta)=\alpha\beta(\alpha\beta)'=\alpha\beta(\alpha'\beta')=\alpha\alpha'(\beta\beta')$$
$$=N(\alpha)N(\beta)$$

(44-2) **40**，(3)とほとんど同じである．α が単数であるとすると，

$$\alpha\beta=1$$

を満たす $\beta\in \boldsymbol{Z}[\sqrt{2}]$ が存在する．そこで，両辺のノルムをとると，前問より

$$N(\alpha)N(\beta)=1$$

$N(\alpha)$，$N(\beta)$ は（正とは限らない）整数であるから

$$N(\alpha)=\pm 1$$

逆に，$N(\alpha)=\alpha\alpha'=\pm 1$ とする．$\alpha\alpha'=-1$ のとき

$$\alpha(-\alpha')=1$$

となるから，いずれにしても $\alpha\beta=1$ を満たす $\beta\in \boldsymbol{Z}[\sqrt{2}]$ が存在する．ゆえに，α は単数である．

〈注〉 もちろん，(44-1)，(44-2)は，$\boldsymbol{Z}[\sqrt{2}]$ 以外の実 2 次体においても成立する．

(46-1) 余事象は同じ誕生日の学生がいないことであるから

$$1-p=\frac{365(365-1)(365-2)\cdots(365-39)}{365^{40}}$$
$$=\left(1-\frac{1}{365}\right)\left(1-\frac{2}{365}\right)\cdot\cdots\cdot\left(1-\frac{39}{365}\right)$$

よって

$$\log(1-p)=\sum_{k=1}^{39}\log\left(1-\frac{k}{365}\right)$$

⬅ $|x|\ll 1$ のとき $\log(1+x)\sim x$

$$\sim\sum_{k=1}^{39}\left(-\frac{k}{365}\right)$$
$$=-\frac{1}{365}\times\frac{39\times 40}{2}=-\frac{780}{365}\sim -2.137$$

ゆえに

$$1-p\sim e^{-2.137}=e^{-2}e^{-0.137}$$

⬅ $|x|\ll 1$ のとき $e^{x}\sim 1+x$

$$\sim\frac{1-0.137}{(2.718)^2}\sim\frac{0.863}{7.388}\sim 0.117$$

$$\therefore\quad p\sim 1-0.117=\mathbf{0.883}$$

〈注〉 Mathematica によると，0.891232 であるから，誤差は 0.01 未満である．

(46-2) $x>1$ に対して，$n^2\leqq x<(n+1)^2$ を満たす自然数 n がただ 1 つ存在する．このとき，$\sigma(x)=n$.

一方，$n\leqq\sqrt{x}<n+1$ より，$\dfrac{1}{n+1}<\dfrac{1}{\sqrt{x}}\leqq\dfrac{1}{n}$. よって

$$\frac{n}{n+1}<\frac{\sigma(x)}{\sqrt{x}}\leqq 1$$

$x\longrightarrow\infty$ のとき，$n\longrightarrow\infty$ であるから，$\displaystyle\lim_{x\to\infty}\frac{\sigma(x)}{\sqrt{x}}=1$.

(46-3) (1) $m=(2p_1p_2\cdot\cdots\cdot p_l)^2+1$ ……①

m が素数であるとすると，$4k+1$ 型であり，p_1, p_2, …, p_l のどれよりも大きい．これは，$4k+1$ 型の素数が p_1, p_2, …, p_l しかないことに反する．

ゆえに，m は合成数である．

(2) (1)より，m は素因数 p をもつ．よって，①より

$$(2p_1p_2\cdot\cdots\cdot p_l)^2\equiv -1 \pmod{p}$$

すなわち，$x^2\equiv -1 \pmod{p}$ は解をもつから，**演習問題**(34)より，p は $4k+1$ 型である．

(3) (2)より，p は p_1, p_2, …, p_l のいずれかであるが，m をこれらで割ると 1 余る．これは p が m の約数であることに反する．

ゆえに，$4k+1$ 型の素数は無限に存在する．

(47) $a_k={}_{2n}\mathrm{C}_k$ とおく．$0\leqq k\leqq 2n-1$ のとき

$$\frac{a_{k+1}}{a_k}=\frac{(2n)!}{(k+1)!(2n-k-1)!}\cdot\frac{k!(2n-k)!}{(2n)!}=\frac{2n-k}{k+1}$$

$\dfrac{a_{k+1}}{a_k}-1=\dfrac{2n-2k-1}{k+1}>0$ より，$k<n-\dfrac{1}{2}$ であるから

$$\begin{cases} a_k < a_{k+1} & (0 \leqq k \leqq n-1) \\ a_k > a_{k+1} & (n \leqq k \leqq 2n-1) \end{cases}$$

$\therefore\ a_0 < a_1 < \cdots < a_{n-1} < a_n > a_{n+1} > \cdots > a_{2n}$

ゆえに，$k=n$ のとき最大となる．

48 (1) 箱の中に $m-1$ 個の白球と 1 個の赤球が入っている．この箱から r 個の球を取り出す．

(i) r 個の中に赤球が含まれるとき，$m-1$ 個の白球から $r-1$ 個を選んで，赤球を付け加えればよい．

(ii) r 個の中に赤球が含まれないとき，$m-1$ 個の白球から丸ごと r 個を選べばよい．

$\therefore\ {}_m\mathrm{C}_r = {}_{m-1}\mathrm{C}_{r-1} + {}_{m-1}\mathrm{C}_r \quad (1 \leqq r \leqq m)$

(2) m 個の白球から r 個を選び，さらにその中の 1 個を選んで赤く塗ることは，初めに m 個の白球から 1 個を選んで赤く塗り，残り $m-1$ 個の白球から $r-1$ 個選んで，赤く塗った球と組にすることと同じである．

$\therefore\ r\,{}_m\mathrm{C}_r = m\,{}_{m-1}\mathrm{C}_{r-1} \quad (1 \leqq r \leqq m)$

52 500 名の得点 X は正規分布 $N(245,\ 50^2)$ に従うから $Z=\dfrac{X-245}{50}$ は標準正規分布 $N(0,\ 1)$ に従う．

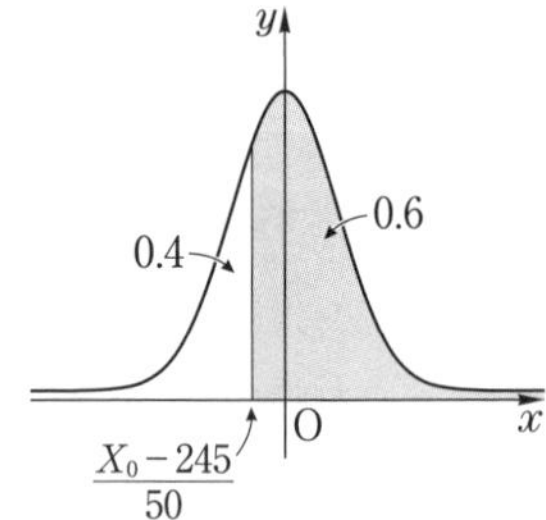

合格最低得点を X_0 とすると，合格率は

$$P(X \geqq X_0) = P\left(Z \geqq \frac{X_0-245}{50}\right) = \frac{300}{500} = 0.6$$

したがって

$$P\left(Z \geqq \frac{245-X_0}{50}\right) = 0.4$$

正規分布表において，$u(z)=0.5-0.4=0.1$ に最も近いのは $u(0.25)=0.0987$ である．よって

$$\frac{245-X_0}{50} = 0.25 \qquad \therefore\ X_0 = 245-12.5 = 232.5$$

ゆえに，合格最低点は，**およそ 233 点**．

ア 行

カ 行

サ 行

タ 行

ナ 行

ハ 行

マ 行

ヤ 行

正規分布表

次の表は，標準正規分布の分布曲線における右図の斜線部分の面積の値をまとめたものである．

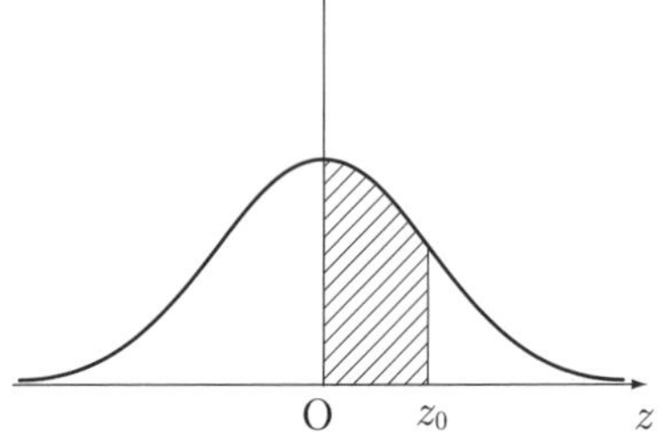

z_0	0.00	0.01	0.02	0.03	0.04	0.05	0.06	0.07	0.08	0.09
0.0	0.0000	0.0040	0.0080	0.0120	0.0160	0.0199	0.0239	0.0279	0.0319	0.0359
0.1	0.0398	0.0438	0.0478	0.0517	0.0557	0.0596	0.0636	0.0675	0.0714	0.0753
0.2	0.0793	0.0832	0.0871	0.0910	0.0948	0.0987	0.1026	0.1064	0.1103	0.1141
0.3	0.1179	0.1217	0.1255	0.1293	0.1331	0.1368	0.1406	0.1443	0.1480	0.1517
0.4	0.1554	0.1591	0.1628	0.1664	0.1700	0.1736	0.1772	0.1808	0.1844	0.1879
0.5	0.1915	0.1950	0.1985	0.2019	0.2054	0.2088	0.2123	0.2157	0.2190	0.2224
0.6	0.2257	0.2291	0.2324	0.2357	0.2389	0.2422	0.2454	0.2486	0.2517	0.2549
0.7	0.2580	0.2611	0.2642	0.2673	0.2704	0.2734	0.2764	0.2794	0.2823	0.2852
0.8	0.2881	0.2910	0.2939	0.2967	0.2995	0.3023	0.3051	0.3078	0.3106	0.3133
0.9	0.3159	0.3186	0.3212	0.3238	0.3264	0.3289	0.3315	0.3340	0.3365	0.3389
1.0	0.3413	0.3438	0.3461	0.3485	0.3508	0.3531	0.3554	0.3577	0.3599	0.3621
1.1	0.3643	0.3665	0.3686	0.3708	0.3729	0.3749	0.3770	0.3790	0.3810	0.3830
1.2	0.3849	0.3869	0.3888	0.3907	0.3925	0.3944	0.3962	0.3980	0.3997	0.4015
1.3	0.4032	0.4049	0.4066	0.4082	0.4099	0.4115	0.4131	0.4147	0.4162	0.4177
1.4	0.4192	0.4207	0.4222	0.4236	0.4251	0.4265	0.4279	0.4292	0.4306	0.4319
1.5	0.4332	0.4345	0.4357	0.4370	0.4382	0.4394	0.4406	0.4418	0.4429	0.4441
1.6	0.4452	0.4463	0.4474	0.4484	0.4495	0.4505	0.4515	0.4525	0.4535	0.4545
1.7	0.4554	0.4564	0.4573	0.4582	0.4591	0.4599	0.4608	0.4616	0.4625	0.4633
1.8	0.4641	0.4649	0.4656	0.4664	0.4671	0.4678	0.4686	0.4693	0.4699	0.4706
1.9	0.4713	0.4719	0.4726	0.4732	0.4738	0.4744	0.4750	0.4756	0.4761	0.4767
2.0	0.4772	0.4778	0.4783	0.4788	0.4793	0.4798	0.4803	0.4808	0.4812	0.4817
2.1	0.4821	0.4826	0.4830	0.4834	0.4838	0.4842	0.4846	0.4850	0.4854	0.4857
2.2	0.4861	0.4864	0.4868	0.4871	0.4875	0.4878	0.4881	0.4884	0.4887	0.4890
2.3	0.4893	0.4896	0.4898	0.4901	0.4904	0.4906	0.4909	0.4911	0.4913	0.4916
2.4	0.4918	0.4920	0.4922	0.4925	0.4927	0.4929	0.4931	0.4932	0.4934	0.4936
2.5	0.4938	0.4940	0.4941	0.4943	0.4945	0.4946	0.4948	0.4949	0.4951	0.4952
2.6	0.4953	0.4955	0.4956	0.4957	0.4959	0.4960	0.4961	0.4962	0.4963	0.4964
2.7	0.4965	0.4966	0.4967	0.4968	0.4969	0.4970	0.4971	0.4972	0.4973	0.4974
2.8	0.4974	0.4975	0.4976	0.4977	0.4977	0.4978	0.4979	0.4979	0.4980	0.4981
2.9	0.4981	0.4982	0.4982	0.4983	0.4984	0.4984	0.4985	0.4985	0.4986	0.4986
3.0	0.4987	0.4987	0.4987	0.4988	0.4988	0.4989	0.4989	0.4989	0.4990	0.4990

写像について

4，**コラム3**，**38**，**45** の本文，あるいは**解答**，**解説**で，教科書にはない写像の用語や図を用いている．簡単に意味が推測できるものばかりだが，ここでまとめて説明しておこう．

1. 定義

E，F を2つの集合($E=F$ でもよい)とする．E の各要素 x に対して，F の要素 y をただ1つ対応させる規則 f が与えられているとき

$$y=f(x) \qquad \cdots\cdots ⓐ$$

と書き，f を E から F への**写像**と呼んで

$$f : E \longrightarrow F, \text{ あるいは，} E \xrightarrow{f} F \qquad \cdots\cdots ⓑ$$

と表す．ⓐとⓑを合わせて

$$\begin{array}{ccc} E & \xrightarrow{f} & F \\ \Downarrow & & \Downarrow \\ x & \longrightarrow & y \end{array}, \text{ あるいは単に，} \begin{array}{ccc} E & \xrightarrow{f} & F \\ x & \longrightarrow & y \end{array}$$

と表すこともある．とくに，E と F が実数全体 $\boldsymbol{R}$ または複素数全体の $\boldsymbol{C}$ の部分集合のとき，写像 $f : E \longrightarrow F$ を**関数**と呼ぶ．

〈例1〉 各項が実数である数列 $\{a_n\}$ は，自然数全体 $\boldsymbol{N}$ から実数全体 $\boldsymbol{R}$ への写像(関数)にほかならない．

$$\begin{array}{ccc} \boldsymbol{N} & \xrightarrow{f} & \boldsymbol{R} \\ n & \longrightarrow & f(n)=a_n \end{array}$$

さて，この関数を「微分」してみよう．

$$f'(n)=\frac{f(n+1)-f(n)}{1}=a_{n+1}-a_n \qquad \Leftarrow b_n\ (n \geqq 1) \text{ とおく}$$

とするのが妥当だから，導関数は階差数列ということになる．したがって

$$f(n)-f(1)=\int_1^n f'(x)\,dx \quad \text{には} \quad a_n-a_1=\sum_{k=1}^{n-1} b_k \text{ が対応する}$$

ことも自然に了解できる．

〈例2〉 **25** を別の視点から考える．原点Oと点A$(x_0,\ y_0)$を結ぶ滑らかな曲線

$$C : y=y(x)\ ;\ y(0)=0,\ y(x_0)=y_0$$

の全体を Γ とする．ボールが C の微小部分 ds を通過するのに要する時間は，**解答**，①より

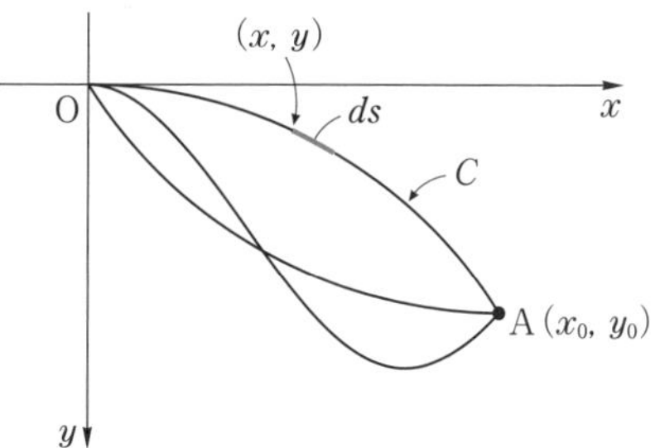

$$\frac{ds}{v}=\frac{1}{\sqrt{2gy}}\cdot\frac{ds}{dx}dx=\sqrt{\frac{1+(y')^2}{2gy}}\,dx$$ ⬅ y, $y'=\frac{dy}{dx}$ は x の関数

したがって，原点から出発したボールが点Aに達するまでの所要時間は

$$T=\int_0^{x_0}f(x,\ y,\ y')\,dx \quad \cdots\cdots ⓒ$$

ただし，$f(x,\ y,\ y')=\sqrt{\dfrac{1+(y')^2}{2gy}}$ ……ⓓ

となる．よって，写像 $F:\Gamma\longrightarrow\boldsymbol{R}$ が

$$F(C)=T$$

によって定義される．経路Cはそれを定める関数yと同一視できるから，Fは関数の集合上の広義の関数とみなせる．その意味でFを**汎関数**(はんかんすう)という．

次に，Fを最小にする経路を求めるために，なんとかFを「微分」したい．そこで，$h(0)=h(x_0)=0$ を満たす滑らかな関数 $h(x)$ と，十分 0 に近い定数εを用いて，経路 $C:y=y(x)$ を

$$C_{h,\varepsilon}:y=y(x)+\varepsilon h(x)$$

へと変形する．hを変形の方向，εを変形の強度という．$\varepsilon=0$ のときは元のままである．$C_{h,\varepsilon}$に対する所要時間は

$$F(C_{h,\varepsilon})=\int_0^{x_0}f(x,\ y+\varepsilon h,\ y'+\varepsilon h')\,dx$$

で与えられるから，汎関数Fのh方向の微分を

$$F_h{}'(C)=\lim_{\varepsilon\to 0}\frac{F(C_{h,\varepsilon})-F(C_{h,0})}{\varepsilon}$$ ⬅ $C_{h,0}=C$

によって定義する．このとき，FがC，すなわちyで極値をとる条件は

任意の方向hに対して，$F_h{}'(C)=0$ ……ⓔ

とするのが適切だろう．

ⓔを書き直すと（大学初年級の知識が必要だからできなくてよい．）

$$\frac{\partial f}{\partial y}-\frac{d}{dx}\left(\frac{\partial f}{\partial y'}\right)=0 \quad \cdots\cdots ⓕ$$

となる．ここで，例えば $\dfrac{\partial f}{\partial y}$ は，x，y，y' を独立した変数とみるとき，$f(x,\ y,\ y')$ に含まれるy以外の変数x，y'を定数とみて，yで微分することを意味する．ⓕを**オイラーの方程式**という．

ⓓをⓕに代入して計算すると（これもできなくてよい），**25**，**解答**の④

$$\frac{dy}{dx}=\pm\sqrt{\frac{2a-y}{y}}$$

が得られる．以上，細部にこだわらずに大筋をつかんでほしい．

例 2 では，関数の概念を写像の一種であるⓒの形をした汎関数まで拡張した．このとき，微分の概念も自然に拡張されて，極値問題がオイラーの方程式ⓕを用

いて統一的に扱えるようになったことに注目しよう．

2. 全射と単射

写像 $f : E \longrightarrow F$ について

任意の $y \in F$ に対して，$f(x)=y$ となる $x \in E$ が存在する

とき，f を E から F への**全射**（または，上への写像）という．また

$$x_1 \neq x_2 \Longrightarrow f(x_1) \neq f(x_2)$$

同じことだが

$$f(x_1)=f(x_2) \Longrightarrow x_1=x_2$$

が成り立つとき，f を E から F への**単射**（または，1対1の写像）という．そして，全射かつ単射であるとき，**全単射**であるという．

次に，この単純な概念が活躍する様子をみてみよう．まず，次の定理から始める．これはどの教科書にもある練習問題を一般化したものである．

＜中国式剰余定理＞　m と n を互いに素な自然数とする．このとき，任意の整数 a，b に対して

$$\begin{cases} x \equiv a \pmod{m} \\ x \equiv b \pmod{n} \end{cases} \quad \cdots\cdots \text{ⓖ}$$

を満たす整数 x が mn を法としてただ1つ存在する．

⇐ 剰余類が存在して，その剰余類に属するすべての整数が解になるということ

証明

(i)　存在

$x=a+mp=b+nq$ より

$$mp-nq=b-a \quad \cdots\cdots \text{ⓗ}$$

$(m,\ n)=1$ であるから，**31**，**解説 1°** より，ⓗの解 $(p,\ q)=(p_0,\ q_0)$ が存在する．そこで

$$x_0=a+mp_0(=b+nq_0)$$

とおくと，x_0 はⓖを満たす．

また，$x \equiv x_0 \pmod{mn}$ なるすべての整数 x もⓖを満たす．

(ii)　一意性

x_1 をもう1つの解とすると

$$\begin{cases} x_0 \equiv a \pmod{m} \\ x_0 \equiv b \pmod{n} \end{cases},\ \text{かつ} \begin{cases} x_1 \equiv a \pmod{m} \\ x_1 \equiv b \pmod{n} \end{cases}$$

$$\therefore \quad x_0 \equiv x_1 \pmod{m},\ x_0 \equiv x_1 \pmod{n}$$

$(m,\ n)=1$ であるから，$x_0 \equiv x_1 \pmod{mn}$ となり，解は mn を法としてただ1つである．▌

さて，m，n は上記の定理と同じとする．以下，異なる法に関する剰余類を考えたいので，$\overline{x} \in \boldsymbol{Z}_m$（**32**，**解説 1°**）を $x \bmod m$ で表し

$$\boldsymbol{Z}_m\times\boldsymbol{Z}_n=\{(x \bmod m,\ y \bmod n)\,|\,x=0,\ 1,\ \cdots,\ m-1\,;\,y=0,\ 1,\ \cdots,\ n-1\}$$
と定義する．このとき，次が成り立つ．

〈例 3〉　写像 $f:\boldsymbol{Z}_{mn}\longrightarrow\boldsymbol{Z}_m\times\boldsymbol{Z}_n$ を

$$f(x \bmod mn)=(x \bmod m,\ x \bmod n)$$

によって定めると，f は全単射である．

実際，任意の $(a \bmod m,\ b \bmod n)\in\boldsymbol{Z}_m\times\boldsymbol{Z}_n$ に対して
$f(x \bmod mn)=(a \bmod m,\ b \bmod n)$ とおくと，定義より

$$\begin{cases} x \bmod m=a \bmod m \\ x \bmod n=b \bmod n \end{cases}$$

$$\therefore\quad \begin{cases} x\equiv a \pmod{m} \\ x\equiv b \pmod{n} \end{cases}$$

これを満たす整数 x は，中国式剰余定理より存在するから，f は全射である．
f が単射であることの証明は，(ii)と同様である．

つまり，連立合同式ⓖが解をもつことは，f が全射であると言い換えられる．
また，その解が mn を法としてただ1つ存在することは，f が単射であると言ってもよい．因みにこういう場合にありがちな，どちらの表現が役立つか，という問いは不毛であろう．必要に応じて二つの表現を往き来できる柔軟さが大切である．

$\overline{x}\in\boldsymbol{Z}_m$ は，$(x,\ m)=1$ のとき，法 m に関する**既約剰余類**であるという．
$y\in\overline{x}\Longrightarrow(y,\ m)=1$ であるから，既約剰余類は矛盾なく定義できている．

$(x,\ m)=1\Longleftrightarrow xp+mq=1$ を満たす整数 p，q がある
$\Longleftrightarrow\overline{x}\,\overline{p}=1$
$\Longleftrightarrow\overline{x}$ は $\boldsymbol{Z}_m$ の単元

であることに注意すると，$\boldsymbol{Z}_m$ の既約剰余類の全体は，$\boldsymbol{Z}_m$ の単元群 $\boldsymbol{Z}_m{}^{\times}$ と一致することが分かる．さらに

$$(x,\ mn)=1\Longleftrightarrow(x,\ m)=(x,\ n)=1$$

であることから，次が成り立つ．

〈例 4〉　例3の写像 f は，自然に $\boldsymbol{Z}_{mn}{}^{\times}$ から $\boldsymbol{Z}_m{}^{\times}\times\boldsymbol{Z}_n{}^{\times}$ への写像

$$f:\boldsymbol{Z}_{mn}{}^{\times}\longrightarrow\boldsymbol{Z}_m{}^{\times}\times\boldsymbol{Z}_n{}^{\times}$$

とみることができて，この場合にも全単射である．

例4から何が分かるだろうか？　自然数 n に対して，1，2，……，n のうち，n と互いに素な自然数の個数を $\varphi(n)$ で表し，**オイラーの関数**という．例えば

$$\varphi(4)=2,\ \varphi(5)=4,\ \varphi(9)=6$$

では，$\varphi(180)$ はどうなるか．

一般に，有限集合 S の要素の個数を $|S|$ で表すと，既約剰余類の定義から

$$\varphi(n)=|\boldsymbol{Z}_n{}^{\times}|$$

一方，例 4 より

$$|\boldsymbol{Z}_{mn}{}^{\times}|=|\boldsymbol{Z}_{m}{}^{\times}\times\boldsymbol{Z}_{n}{}^{\times}|=|\boldsymbol{Z}_{m}{}^{\times}||\boldsymbol{Z}_{n}{}^{\times}|$$

である．よって，$(m,\ n)=1$ のとき

$$\varphi(mn)=\varphi(m)\varphi(n) \qquad \cdots\cdots ⓘ$$

が成り立つ．

$\varphi(180)$ に戻ると，$180=4\times5\times9$ であるから

$$\varphi(180)=\varphi(4)\times\varphi(5)\times\varphi(9)=2\times4\times6=48$$

となる．

p を素数，α を自然数とするとき，p^{α} 以下の p^{α} と互いに素でない自然数は

$$1\cdot p,\ 2\cdot p,\ \cdots,\ p^{\alpha-1}\cdot p \quad (p^{\alpha-1}\text{ 個})$$

だけあるから，

$$\varphi(p^{\alpha})=p^{\alpha}-p^{\alpha-1}=p^{\alpha}\left(1-\frac{1}{p}\right) \qquad \cdots\cdots ⓙ$$

となる．したがって，自然数 n の素因数分解が

$$n=p_1{}^{\alpha_1}p_2{}^{\alpha_2}\cdots\cdots p_k{}^{\alpha_k}$$

であるとき，ⓘ，ⓙより

$$\begin{aligned}\varphi(n)&=\varphi(p_1{}^{\alpha_1})\varphi(p_2{}^{\alpha_2})\cdots\cdots\varphi(p_k{}^{\alpha_k})\\&=p_1{}^{\alpha_1}\left(1-\frac{1}{p_1}\right)\cdot p_2{}^{\alpha_2}\left(1-\frac{1}{p_2}\right)\cdot\cdots\cdots\cdot p_k{}^{\alpha_k}\left(1-\frac{1}{p_k}\right)\\&=n\left(1-\frac{1}{p_1}\right)\left(1-\frac{1}{p_2}\right)\cdot\cdots\cdots\cdot\left(1-\frac{1}{p_k}\right)\end{aligned}$$

と表せることも分かる．

なお，逆写像や合成写像は，関数の場合と同じことであるから，繰り返さない．